U0317363

金属材料与热处理

主　编　吴广河　沈景祥　庄　蕾
副主编　李祥福　李凡国　范开原
主　审　翟　建

北京理工大学出版社
BEIJING INSTITUTE OF TECHNOLOGY PRESS

内 容 简 介

本书在编写过程中充分突出了高等教育的特点，降低了理论知识难度，突出了实用性，在内容安排上尽量选择与生产实践相关的题材。

本书主要讲授金属材料与热处理及金属工艺方面的基本知识，内容包括金属材料的力学性能、金属的构造与结晶、金属的塑性变形与再结晶、铁碳合金相图和碳钢、钢的热处理、合金结构钢、特殊性能钢、粉末冶金与硬质合金、铸铁、非铁金属、铸造、锻压、焊接等。为加深理解和学用结合，本书每章后附有思考题。

本书可供高等院校机械类、机电类、近机类专业使用，也可作为成人教育、职工教育的教学用书。

版权专有　侵权必究

图书在版编目（CIP）数据

金属材料与热处理/吴广河，沈景祥，庄蕾主编. —北京：北京理工大学出版社，2018.8
ISBN 978 - 7 - 5682 - 6143 - 2

Ⅰ. ①金… Ⅱ. ①吴… ②沈… ③庄… Ⅲ. ①金属材料 - 高等学校 - 教材②热处理 - 高等学校 - 教材 Ⅳ. ①TG14②TG15

中国版本图书馆 CIP 数据核字（2018）第 189865 号

出版发行 / 北京理工大学出版社有限责任公司
社　　址 / 北京市海淀区中关村南大街 5 号
邮　　编 / 100081
电　　话 / （010）68914775（总编室）
　　　　　（010）82562903（教材售后服务热线）
　　　　　（010）68948351（其他图书服务热线）
网　　址 / http：//www. bitpress. com. cn
经　　销 / 全国各地新华书店
印　　刷 / 三河市天利华印刷装订有限公司
开　　本 / 787 毫米 ×1092 毫米　1/16
印　　张 / 15　　　　　　　　　　　　　　　　　责任编辑 / 张旭莉
字　　数 / 341 千字　　　　　　　　　　　　　　文案编辑 / 张旭莉
版　　次 / 2018 年 8 月第 1 版　2018 年 8 月第 1 次印刷　责任校对 / 周瑞红
定　　价 / 56.00 元　　　　　　　　　　　　　　责任印制 / 李　洋

图书出现印装质量问题，请拨打售后服务热线，本社负责调换

前　言

　　本书贯彻了高等教育"必须、够用"的指导原则，在保证基础知识和基本理论的前提下对知识内容进行了简化，结合职业岗位要求，突出教学内容的针对性、实用性，培养学生分析问题、解决问题的能力，达到会选材料、会选工艺方法的目的。本书介绍了新技术、新工艺、新方法，可开阔学生视野。本书可供高等院校机械类、机电类、近机电类专业使用，也可作为成人教育、职工教育的教学用书。

　　本书具有以下特点：第一，注重在理论知识、素质、能力、技能等方面对学生进行全面的培养；第二，注重吸取现有相关教材的优点，充实新知识、新工艺、新技术等内容，并采用最新标准；第三，突出高等教育特色，做到图解直观形象，尽量联系现场实际；第四，紧密结合生产实际，突出知识应用；第五，语言文字叙述精练，通俗易懂，总结归纳提纲挈领。

　　本书由吴广河、沈景祥、庄蕾任主编，李祥福、李凡国、范开原任副主编。具体编写分工为：吴广河编写第七、八、九章，沈景祥编写第五、六章，庄蕾编写第十、十二章，李祥福编写第一、二章，李凡国编写第三、四章，上汽通用五菱汽车股份有限公司青岛分公司范开原编写第十一章。本书由翟建审稿。本书在编写过程中得到了领导和同行们的大力支持和帮助，以及有关科研单位、企业的支持和帮助，在此一并表示衷心的感谢。

　　由于编者水平有限，书中难免存在不妥之处，敬请读者批评指正。

编　者

目录

目 录 >>>

第一章 材料的力学性能

哥伦比亚航天器

第一节 概　　述

为研究材料的成分、组织、性能之间的关系，合理选择和使用材料，应首先了解材料的各种性能。

材料的性能分使用性能和工艺性能两种。使用性能是指材料在使用时所表现出的各种性能，它包括物理性能（如密度、熔点、导热性、导电性、磁性、热膨胀性等），化学性能（如耐蚀性、抗氧化性等）和力学性能（如强度、塑性、韧性、硬度、疲劳强度等）。工艺性能是指材料在加工制造时所表现出的性能，根据制造工艺的不同，分为铸造性、可锻性、焊接性、热处理性能及切削加工性等。由于机械零件的用途不同，对材料性能的要求也有所不同。如设计电机、电器零件时要考虑材料的导电性，设计化工设备、医疗器械时要考虑材料的耐蚀性。大量的机械零件主要是在受力情况下工作的，因此选材时应首先考虑材料的力学性能。

每种材料的性能各不相同，为了在设计和制造机械零件时，比较和选用材料，对材料的各种性能常采用一定的指标作为评定标准，并定出统一的测试方法来测定各种性能指标。

第二节　材料的力学性能指标

材料的力学性能是材料抵抗外力作用的能力，常用的力学性能指标有强度、硬度、塑性、韧性和疲劳强度等。

一、强度和塑性

强度是材料抵抗变形和断裂的能力，塑性是材料产生塑性变形而又不被破坏的性能，它们是通过拉伸试验来测定的。拉伸试验能测出材料的静载荷（指缓慢增加的载荷）作用下的一系列基本性能指标，如弹性极限、屈服强度、抗拉强度和塑性等。进行拉伸试验时，先将材料加工成一定形状和尺寸的标准试样，如图 1 - 1 所示。然后在拉伸试验机上将试样夹紧，施加缓慢增加的拉力（载荷），一直到试样被拉断为止。在此过程中，试验机能自动绘制出载荷 F 和试样变形量 Δl 的关系曲线，此曲线叫做拉伸曲线。

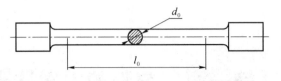

图 1-1　圆形拉伸试样

图 1-2 为低碳钢的拉伸曲线，图中的纵坐标是载荷 F，单位为 N（牛顿）；横坐标是伸长量 Δl，单位为 mm（毫米）。由图可见，当试样由零开始受载荷到 F_e 点以前，试样只产生弹性变形。此时去掉载荷，试样能恢复原来的形状。当载荷超过 F_e 点后，试样开始塑性变形，此时去掉载荷，试样已不能完全恢复原状，而出现一部分残留伸长。载荷消失后不能恢复的变形称为塑性（或永久）变形。当载荷达到 F_s 点时，图上出现水平线段，这表示载荷虽然不增加，变形却继续增大，这种现象叫做屈服现象。此时若继续加大载荷，试样将发生明显变形伸长。当载荷增至 F_b 点时，试样最弱的某一部分截面开始急剧缩小，出现缩颈现象。由于试样截面缩小，载荷逐渐降低，当到达 k 点时，试样便在缩颈处拉断。

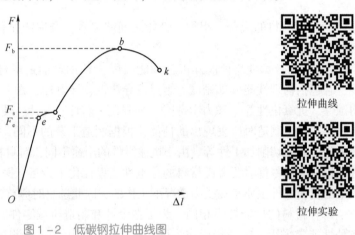

拉伸曲线

拉伸实验

图 1-2　低碳钢拉伸曲线图

（一）强度指标

金属材料的强度指标有弹性极限、屈服点和强度极限，用应力表示。材料受到外力（载荷）作用时，在材料内部会产生一个与外力大小相等、方向相反的抵抗力（又称内力），单位面积上的内力称为应力，用符号 σ 表示。

1. 弹性极限

弹性极限（弹性强度）是材料所能承受的、不产生永久变形的最大应力，用符号 σ_e（MPa）表示。

$$\sigma_e = F_e / S_0$$

式中　F_e——试样不产生塑性变形的最大载荷（N）；

　　　S_0——试样原始截面积（mm^2）。

2. 屈服点（屈服强度）

屈服点是材料开始产生明显塑性变形（即屈服）时的应力，用符号 σ_s（MPa）表示。

$$\sigma_s = F_s / S_0$$

式中　F_s——试样发生屈服现象时的载荷（N）；

　　　S_0——试样原始截面积（mm²）。

有些材料（如高碳钢）在拉伸曲线上没有明显的屈服现象，它的屈服点很难测定。在这种情况下，工程技术上把试样产生 0.2% 残留变形的应力值作为屈服点，又称条件屈服点，用符号 $\sigma_{0.2}$ 表示。

机械零件在工作中一般不允许发生塑性变形，所以屈服点是衡量材料强度的重要力学性能指标，是设计和选材的主要依据之一。

3. 强度极限（抗拉强度）

强度极限是材料在断裂前所能承受的最大应力，用符号 σ_b（MPa）表示。

$$\sigma_b = F_b / S_0$$

式中　F_b——试样在断裂前的最大载荷（N）；

　　　S_0——试样原始截面积（mm）。

强度极限反映材料最大均匀变形的抗力，是材料在拉伸条件下所能承受的最大载荷的应力值。它是设计和选材的主要依据，也是衡量材料性能的主要指标。当机械零件工作中承受的应力大于材料的抗拉强度时，零件就会产生断裂。所以 σ_b 表征材料抵抗断裂的能力。σ_b 越大，则材料的破断抗力越大。零件不可能在接近 σ_b 的应力状态下工作，因为在这样大的应力下，材料已经产生了大量的塑性变形，但从保证零件不产生断裂的安全角度出发，同时考虑测量 σ_b 最简便，测得的数据比较准确（特别是脆性材料），所以有许多设计中直接用 σ_b 作为设计依据，但要采用更大的安全系数。

4. 弹性模量（刚度）

弹性模量 E 是指材料在弹性状态下的应力与应变的比值，即

$$E = \sigma / \varepsilon$$

式中　σ——应力（MPa）；

　　　ε——应变，即单位长度的伸长量 $\varepsilon = \Delta L / L$。

弹性模量 E 表征材料产生单位弹性变形所需要的应力，反映了材料产生弹性变形的难易程度，在工程上称为材料的刚度。弹性模量 E 值越大，材料的刚度越大，材料抵抗弹性变形的能力就越大。

绝大多数的机械零件都是在弹性状态下进行工作的，对其刚度都有一定的要求。提高零件刚度的办法除改变零件的截面尺寸或结构外，从金属材料性能上考虑，就必须增加其弹性模量 E。弹性模量 E 的大小，主要取决于材料的本性，而合金化、热处理、冷变形等对它的影响很小。通常过渡族金属如铁、镍等具有较高的弹性模量。所以从刚度出发，选用一般的钢材即可，不必选用合金钢。一些金属的弹性模量见表 1-1。

表 1-1　常用金属弹性模量

金属	E/MPa	G/MPa	金属	E/MPa	G/MPa
铝（Al）	72 000	27 000	铁（Fe）	214 000	84 000
铜（Cu）	121 000	44 000	镍（Ni）	121 000	84 000
银（Ag）	80 000	27 000	钛（Ti）	118 010	44 670

（二）塑性指标

塑性是反映材料在载荷（外力）作用下，产生塑性变形而不发生破坏的能力。材料塑性的好坏，用伸长率 δ 和断面收缩率 ψ 来衡量。

伸长率 δ 是指试样拉断后的伸长量与试样原长度比值的百分数，即

$$\delta = (L_1 - L_0) / L_0 \times 100\%$$

式中　L_1——试样拉断后的标距长度（mm）；

　　　　L_0——试样原来的标距长度（mm）。

应当指出，在材料手册中常可以看到 δ_5 和 δ_{10} 两种符号，它分别表示用 $L_0 = 5d$ 和 $L_0 = 10d$（d 为试棒直径）两种不同长度试棒测定的伸长率。L_1 是试棒的均匀伸长和产生细颈后伸长的总和，相对来说短试棒中细颈的伸长量所占的比例大。故同一材料所测得的 δ_5 和 δ_{10} 值是不同的，δ_5 的值较大，如钢材的 δ_5 大约为 δ_{10} 的 1.2 倍。所以相同符号的伸长率才能进行相互比较。

断面收缩率 ψ 是指试样拉断处的横截面积的收缩量与试样原横截面积之比的百分数，即

$$\psi = (S_0 - S_1) / S_0 \times 100\%$$

式中　S_1——试样拉断处的最小横截面积（mm）；

　　　　S_0——试样原横截面积（mm）。

断面收缩率不受试棒标距长度的影响，因此能更可靠地反映材料的塑性。

材料的伸长率 δ 和断面收缩率 ψ 的数值越大，则材料的塑性越好。由于断面收缩率比伸长率能更真实地反映材料的塑性，所以用断面收缩率比伸长率更为合理。

塑性是材料很重要的性能之一，它反映了材料的变形工艺性，塑性好的材料，易于冲压、拉深、冷弯、成形等。在零件设计时，往往要求材料具有一定的塑性，零件使用过程中偶然过载时，由于能发生一定的塑性变形而不至于突然破坏。同时，在零件的应力集中处，塑性能起着削减应力峰（即局部的最大应力）的作用，从而使得零件不至于早期断裂，这就是大多数零件除要求高强度外，还要求具有一定塑性的原因。但塑性指标不能直接用于设计计算，选材的塑性要求一般是根据经验。

二、硬度指标

硬度是指材料表面抵抗其他更硬物体压入的能力。它反映了材料局部的塑性变形抗力，硬度越高，材料抵抗塑性变形的抗力越大，塑性变形越困难。因此，硬度指标和强度指标之间有一定的对应关系。

硬度试验的方法简单方便，又无损于零件，因此在生产和科研中得到普遍应用。

硬度也是材料重要的力学性能指标。常用的硬度有布氏硬度、洛氏硬度、维氏硬度等。

（一）布氏硬度

布氏硬度是用布氏硬度计测定的。其原理是在一定载荷的作用下，将一定直径的淬火钢球（或硬质合金钢圆球）压入材料表面，并保持载荷至规定的时间后卸载，然后测得压痕的直径，根据所用载荷的大小和所得压痕面积，算出压痕表面所承受的平均应力值。这个应力值就是布氏硬度。布氏硬度用符号 HBS（或 HBW）表示，即

布氏硬度

$$布氏硬度 = \frac{F}{S} = \frac{2F}{\pi D\left(D - \sqrt{D^2 - d^2}\right)}$$

式中　F——载荷（kgf[①]）；

　　　S——压痕凹印表面积（mm^2）；

　　　D——钢球直径（mm）；

　　　d——压痕直径（mm）。

若 F 的单位为 N，D、d 单位为 mm，则

布氏硬度测试方法　　　布氏硬度计原理

$$布氏硬度（MPa）= 0.102 \times \frac{2F}{\pi D\left(D - \sqrt{D^2 - d^2}\right)}$$

国标（GB 231—1984 "金属布氏硬度试验方法"）规定，布氏硬度值在 450 以下用淬火钢球压头，用 HBS 表示，硬度值在 450 以上（含 450）选用硬质合金钢球压头，并用 HBW 表示，硬度试验原理示意图如图 1-3 所示。

在进行硬度试验时，钢球直径 D、施加载荷 F 与载荷保持时间，应根据测试材料的种类和硬度范围，按照表 1-2 布氏硬度试验规范进行选择。

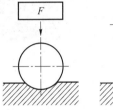
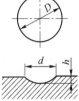

图 1-3　布氏硬度试验原理示意图

表 1-2　布氏硬度试验规范

材料种类	布氏硬度使用范围	球直径 D/mm	F/D^2 $(0.102F/D^2)$	实验载荷 F/kgf（N）	实验载荷保持时间 t/s	其他
钢，铸铁	≥140	10 5 2.5	30	3 000（29 420） 750（7 355） 187.5（1 839）	10	压痕中心距试样边缘距离不应小于压痕平均直径的 2.5 倍，两相邻压痕中心距离不应小于压痕平均直径的 4 倍。
	<140	10 5 2.5	10	1 000（9 807） 250（2 452） 62.5（612.9）	10~15	
铜及铜合金	≥130	10 5 2.5	30	3 000（29 420） 750（7 355） 187.5（1 839）	30	
	35~100	10 5 2.5	10	1 000（9 807） 250（2 452） 62.5（612.9）	30	
轻金属及其合金	<35	10 5 2.5	2.5	250（2 452） 62.5（612.9） 15.625（153.2）	60	

注：1. 试样厚度至少应为压痕深度的 10 倍。试验后，试样支撑面应无可见变形痕迹。

　　2. 括号中的数字单位为 N。

---

① 1 kgf = 9.806 65 N。

试验后只要用放大镜测得压痕直径，便可直接查表得到布氏硬度值。标注时只需标注其符号和数值而不标注单位，如200HBS、400HBS等。

布氏硬度的优点是测量的数据较准确，此外还可以根据布氏硬度近似地估算出金属材料的强度极限，其经验换算关系为：

低碳钢 $\sigma_b = 0.36HBS$；高碳钢 $\sigma_b = 0.34HBS$；调质合金钢 $\sigma_b = 0.325HBS$；灰铸铁 $\sigma_b \approx 0.1HBS$。

布氏硬度常用于测量退火、正火、调质钢件和铸铁及有色金属的硬度，其缺点是压痕较大，易损坏成品表面和不能测量较薄的试样。

| 洛氏 | 洛氏硬度 | 洛氏硬度原理 |

（二）洛氏硬度

洛氏硬度是以顶角为120°的金刚石圆锥体或直径为1.588 mm的钢球作为压头，载荷分两次施加（初载荷为100 N）的硬度试验法。洛氏硬度试验原理如图1-4所示。其硬度值是以压痕深度 h 来衡量，但如果直接用压痕深度来计量指标，则会出现材料越硬，压痕的深度越小，硬度读数越小的状况，这与通常习惯的表示方法相矛盾。因此，洛氏硬度采用某个选定的常数 k 减去压痕深度值 h，并规定压痕深度0.002 mm为1°，则

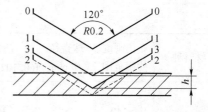

$$洛氏硬度 = k - h/0.002$$

此值在硬度计上可直接读出。根据所用压头种类和所加载荷的不同，洛氏硬度分为HRA、HRB、HRC三种级别。三种级别的试验范围见表1-3。

图1-4 洛氏硬度试验原理示意图

表1-3 常用的三种洛氏硬度试验范围

符号	压头	总负荷/N	硬度值有效范围	使用范围
HRA	120°金刚石圆锥	588	60~85HRA	测量硬质合金，表面淬硬层或渗碳层
HRB	$\frac{1''}{16}$钢球	980	25~100HRB	测量有色金属或退火、正火钢等
HRC	120°金刚石圆锥	1 470	20~67HRC	测量调质钢、淬火钢等

洛氏硬度操作简便、压痕小，不损伤工件表面，可以测量从较软到较硬的厚度较薄曲面积较小的材料的硬度，故洛氏硬度广泛应用于工厂热处理车间的质量检验。

（三）维氏硬度

维氏硬度用符号HV表示，它的测定原理基本上和布氏硬度的相同，根据压痕单位面积上所承受的载荷大小来测量硬度值，不同的是维氏硬度采用锥面夹角136°的金刚石四棱锥体作为压头。它适用于测量零件表面硬化层及经化学热处理的表面层（如渗氮层）的硬度。

此外，还有其他类型的硬度试验方法，例如测定大而笨的零件的硬度，常用弹性回跳法的肖氏硬度试验方法来测定，其硬度值称为肖氏硬度，用符号HS表示。

三、韧性指标

材料抵抗冲击载荷的能力称为冲击韧性，其大小用冲击韧度表示，可用一次冲击试验法来测定。将材料首先制成标准试样，放在冲击试验机的支座上，试样的缺口背向摆锤的冲击方向，如图 1－5（a）所示。将摆锤举到一定高度，如图 1－5（b）所示，让摆锤自由落下，冲击试样。这时，试验机表盘上指针即指出试样折断时所吸收的功 A_{ku}，A_{ku} 值即代表材料冲击韧度的高低。但习惯是采用冲击韧度值 α_{ku} 来表示材料的冲击韧性。冲击韧度值是用击断试样所吸收的功除以试样缺口处的截面积表示。即

$$\alpha_{ku} = A_{ku}/S$$

式中　α_{ku}——冲击韧度值（J/cm^2）；

　　　A_{ku}——试样折断时所吸收的功（J）；

　　　S——试样缺口处的截面积（cm^2）。

冲击试验　　　　　冲试样

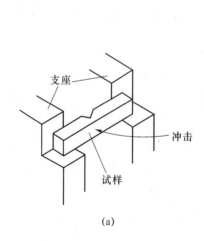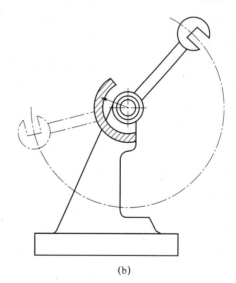

(a)　　　　　　　　　　　　　　　　(b)

图 1－5　摆锤式冲击试验原理示意图

（a）试样安放位置；（b）摆锤式冲击试验机

冲击韧度值与试验的温度有关，有些材料在室温时并不显示脆性，而在较低温度下则可能发生脆断。为了确定材料（特别是低温使用的材料）由塑性状态向脆性状态转化的倾向，可在不同温度下测定冲击韧度值，并绘制成曲线，如图 1－6 所示。由图可见，α_{ku} 值随温度的降低而减小。在某一温度范围时，α_{ku} 值突然下降。冲击韧度值发生突然下降时所对应的温度范围称为材料的脆性转变温度范围（又称冷脆转变温度）。此温度越低，材料的低温冲击韧性越好。在低温和严寒地区工作的构件（如储气罐、船体、桥梁、输送管道等）或零件，要对脆性转化温度及在最低使用温度下应具有的最低韧性值做出规定。

冲击韧度值还与试样的尺寸、形状、表面粗糙度、内部组织等有关。因此，冲击韧度值一般只作为选择材料的参考。

一次冲击试验测定的冲击韧度，是判断材料在大能量冲击下的性能数据，而实际工作中的零件很多只承受小能量多次冲击。对于承受多次冲击的零件，如果冲击能量低、冲击次数较多，材料多冲抗力主要取决于材料的强度；如果冲击能量较高时，材料的多冲抗力主要取

决于材料的塑性。

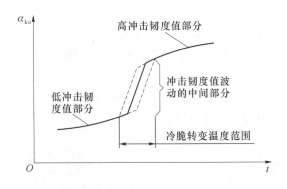

图1-6 温度对冲击韧度的影响

四、材料的疲劳强度（疲劳极限）

某些机械零件在工作时要承受交变载荷，其应力大小、方向是周期性变化的，如轴、齿轮、连杆、弹簧等。这些承受交变载荷的零件在发生断裂时的应力远低于该材料的屈服点，这种现象叫做疲劳破坏。不论是韧性材料还是脆性材料，疲劳破坏总是发生在多次的应力循环之后，并且总是呈脆性断裂。据统计，零件疲劳破坏占失效事例的70%以上，为此，疲劳破坏已引起人们的极大关注。

金属材料抗疲劳的能力用疲劳强度 σ_{-1} 来表示。疲劳强度是材料在无数次重复交变载荷的作用下不致引起断裂的最大应力。因实际上不可能进行无数次试验，故一般给各种材料规定一个应力循环基数。对钢材来说，如应力循环次数 N 达 10^7 仍不发生疲劳破坏，就认为不会再发生疲劳破坏，所以钢以 10^7 为基数。有色金属和超高强度钢则常取 10^8 为基数。

产生疲劳破坏的原因很多，一般由于材料有夹杂、表面划痕及其他能引起应力集中的缺陷，从而导致微裂纹的产生，这种微裂纹又随应力循环次数的增加而逐渐扩展，致使零件的有效截面不断减小，最后承受不住所加载荷而突然破坏。

为了提高零件的疲劳强度，除改善其结构形状、避免应力集中外，还可以通过降低零件表面粗糙度及对零件表面进行强化处理来达到，如喷丸处理、表面淬火及化学热处理等。

思考题

一、判断题

1. 导热性差的金属在加热和冷却时会产生较大的内外温度差，导致内外金属不同的膨胀或收缩，产生较大的内应力，从而使金属变形，甚至产生开裂。 （　　）

2. 塑性变形能随载荷的去除而消失。 （　　）

3. 所有金属材料在拉伸试验时都会出现显著的屈服现象。 （　　）

4. 金属材料的硬度是指材料在常温、静载下抵抗产生塑性变形或断裂的能力。 （　　）

5. 硬度是金属材料的一个综合机械性能指标，它和其他性能指标之间有一定内在联系。（　　）

6. 断面收缩率 ψ 的数值与作用试样尺寸的关系很大。（　　）

7. 金属材料的疲劳强度是指金属材料在指定循环基数下不产生疲劳断裂所能承受的最大应力。（　　）

8. 材料的 α 值大小，可以在一定程度上反映材料的耐冲击能力。（　　）

9. 小能量多次冲击抗力的大小主要取决于材料的强度高低。（　　）

10. 在设计机械零件时，如果要求零件刚度大时，应选用具有较高弹性模量的材料。（　　）

11. 断后伸长率 δ 的数值与作用试样尺寸的关系很大。（　　）

12. 金属在外力作用下产生的变形都不能恢复。（　　）

13. 所有金属在拉伸试验过程中都会产生"屈服"现象和"颈缩"现象。（　　）

14. 一般低碳钢的塑性优于高碳钢，而硬度低于高碳钢。（　　）

15. 低碳钢、变形铝合金等塑性良好的金属适合于各种塑性加工。（　　）

16. 布氏硬度试验法适合于成品的硬度测量。（　　）

17. 硬度试验测量简便，属非破坏性试验，且能反映其他力学性能，因此是生产中最常见的力学性能测量法。（　　）

18. 材料韧性的主要判据是冲击吸收功。（　　）

19. 一般金属材料在低温时比高温时脆性大。（　　）

20. 机械零件所受的应力小于屈服点时，是不可能发生断裂的。（　　）

21. 钢具有良好的力学性能，适宜制造航天飞机机身等结构件。（　　）

22. 金属的工艺性能好，表明加工容易，加工质量容易保证，加工成本也较低。（　　）

二、简答题

1. 画出低碳钢力－伸长曲线，并简述拉伸变形的几个阶段。

2. 下列硬度标注方法是否正确？如何改正？

（1）HBW210～240　　　　（2）450～480HBW

（3）HRC15～20　　　　　（4）HV30

3. 采用布氏硬度试验测取材料的硬度值有哪些优缺点？

4. 有一钢试样，其直径为 10 mm，标距长度为 50 mm，当载荷达到 18 840 N 时试样产生屈服现象；载荷加至 36 110 N 时，试样产生缩颈现象，然后被拉断；拉断后标距长度为 73 mm，断裂处直径为 6.7 mm，求试样的 σ_s、σ_b、δ 和 ψ。

5. 什么叫材料的使用性能？什么叫工艺性能？

6. 什么叫强度？强度有哪些常用的判据？

7. 为什么零件在强度设计时主要参考依据采用 σ_s？

8. 常用的硬度测量方法有哪些？为什么硬度试验是最常用的力学性能试验法？

9. 金属的疲劳断裂是怎样产生的？

10. 下列材料各宜采用何种硬度试验方法来测定其硬度值？

供应态碳钢　淬火钢　铸铁　铝合金　硬质合金

第二章　金属的晶体构造与结晶

工程材料的性能，特别是力学性能，主要由内部的成分及构造决定。

就金属材料而言，成分指所含的化学元素种类及它们的相对量，又叫化学成分。构造则指具体的结构、组织状态等。其中，结构指原子排列组合为晶体的方式，又叫晶体结构。组织则是指用肉眼或借助各种显微镜看到的材料内部颗粒物，又叫晶粒组织，有种类、形状、大小、相对数量和分布状况等区别。一般地说，构成材料的成分不同，力学性能不同（见表2-1）；原子排列为晶体的方式不一样，力学性能也不一样，材料的组织粗大，力学性能低，组织细小，力学性能高（见表2-2）。

表2-1　加入1%Ni、Mn、Si后纯铁的力学性能

成分	硬度 HBS	抗拉强度 σ_b/MPa
工业纯铁	80	250
工业纯铁加 Ni1%	90	270
工业纯铁加 Mn1%	100	280
工业纯铁加 Si1%	120	360

表2-2　纯铁铸态力学性能与晶粒大小的关系

晶粒截面平均直径 $\times 10^{-2}$/mm	伸长率 δ/%	抗拉强度 σ_b/MPa
9.7	28.8	163
7.0	30.6	184
2.5	39.5	215

由于上述原因，研究金属材料的构造规律，研究金属的构造与性能的关系，成了本章和以后几章的基本内容。也鉴于此，成分、结构和组织这三个概念，显得非常重要，不得不在一开始就提出来，并加以明确。

第一节　金属的理想晶体结构

一、晶体与非晶体

依照内部原子聚集状态不同，工程材料分为晶体和非晶体两大类。晶体是指内部原子在

空间呈规则排列的固体物。晶体材料的共同点是都有一定熔点、规则的几何外形以及各方向上力学性能不同（各向异性）。相对来说，非晶体则是指内部原子作杂乱堆积的固体物，不具备上述三个特点。研究表明，一般情况下，固态金属的内部原子在空间是作规则排列的（现代超骤冷技术获得的非晶态金属除外），并具备上述三个特点，因此固态金属是晶体。金属材料外形不呈规则几何外形是由别的原因造成的，这不排除它有能力形成规则的几何外形。

二、晶体结构的基本概念

为了研究晶体，把在一定位置上作微弱热振动的正离子当成一个个静止不动的刚性小球，这些刚性小球的堆垛便表示晶体中的原子排列规则，如图 2-1 所示。

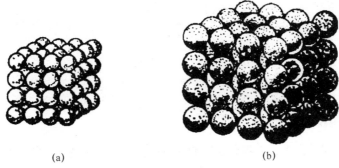

晶体结构模型

(a)　　　　　　　　　　　　(b)

图 2-1　表示原子排列规则不同的两种刚球堆垛

（a）原子排列立方形，中心不含原子；（b）原子排列立方形，中心含原子

这种刚性小球的堆垛形象性强、直观，但绘制麻烦，同时内部原子排列也不容易表达清楚。为了便于研究，再把这些刚性小球看成一个个小点，代表正离子，而用一根根短直线代表将它们结合起来的静电引力，这样晶体中原子的聚集状态便抽象为空间几何的格架。表示晶体中原子排列规律的空间几何格架叫晶格。很显然，晶格类型不同，即指晶体结构不同。如图 2-2（a）所示。

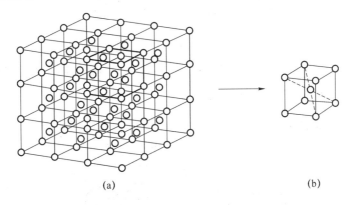

(a)　　　　　　　　　　　　(b)

图 2-2　从刚球堆垛图 2-1（b）中抽象出来的晶格及晶胞

（a）晶格；（b）晶胞

为了清楚表明各晶格类型的区别，以及对晶体研究的需要，又从晶格中取出一个具有该晶格特征的结构单元，并叫它晶胞。如图 2-2（b）所示。晶格类型不同，晶胞的核边长度也不

同。人们把晶胞的核边长度叫晶格常数，以 Å（埃）或 nm（纳米）为单位（1Å = 0.1 nm = 10^{-8} cm）。一般用 a、b、c 表示三个方向上的核边长度。三核边的夹角则用 α、β、γ 表示（图 2 – 3）。晶胞是非常小的结构单元，肉眼或一般显微镜观察不到。人们一般看到的是由无数晶胞堆积成的颗粒组织。

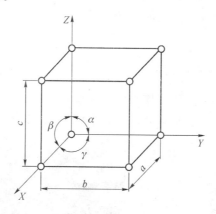

图 2 – 3　晶胞的晶格常数和晶轴间夹角

三、常见的金属晶格类型

在已知的 80 多种金属元素中，大部分金属的晶体结构可以归为下述三种类型。

1. 体心立方晶格

体心立方晶格的晶胞如图 2 – 4 所示，是一个长、宽、高都相等的立方体，在立方体的 8 个顶角和立方体的中心各有一个原子。晶格常数 $a = b = c$，其晶格常数通常只用一个常数 a 即可表示。

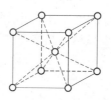

体心立方 结构模型

图 2 – 4　体心立方晶胞示意图

属于体心立方晶格的金属有 α – 铁、铬（Cr）、钼（Mo）、钨（W）、钒（V）等。

2. 面心立方晶格

面心立方晶格的晶胞如图 2 – 5 所示，也是一个长、宽、高都相等的立方体，在立方体的 8 个顶角和 6 个面的中心上各有一个原子。晶格常数 $a = b = c$，属于面心立方晶格的原子有 γ – 铁、铝（Al）、铜（Cu）、镍（Ni）、铅（Pb）等。

面心立方 结构模型

图 2 – 5　面心立方晶胞示意图

3. 密排六方晶格

密排六方晶格的晶胞如图 2-6 所示，是一个正六方柱体，在六方体的 12 个顶角和上下两个正六方形底面的中心各有一个原子，另外，在晶胞内部还有三个原子。密排六方晶胞的晶格常数通常用柱体的高度 c 和六方底面的边长 a 来表示，属于密排六方晶格的金属有镁（Mg）、锌（Zn）、铍（Be）、镉（Cd）等。

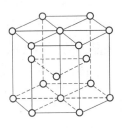

密排立方 结构模型

图 2-6 密排六方晶胞示意图

应当指出，某些金属的晶体结构不是一成不变的。相反，在一定温度下，它们会从原来结构转变为另一种结构，这种现象叫金属的同素异构转变。在金属材料的使用中有重要意义。

第二节 金属晶体的实际构造

如果晶胞在结构上没有问题（或者说是没有缺陷存在的），由没有缺陷的晶胞整整齐齐堆积成了一个可以看见的大晶体，这种构造可以称为理想构造。这种在一定容积内只含一颗晶粒的晶体称为单晶体，如图 2-7（a）所示。单晶体金属材料是今后金属材料的发展方向之一。

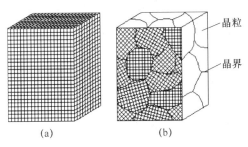

晶粒

晶界

(a)　　(b)

图 2-7 单晶体与多晶体示意图

（a）单晶体；（b）多晶体

目前在半导体元件、磁性材料、高温合金材料等方面，单晶体金属材料已得到开发和应用。单晶体之所以受到重视，是因为它有许多特点，上面提到的各向异性，便是其中之一。

但是在目前，单晶体金属材料的制取，还相当困难。目前使用的金属材料，大部分在构造上还是跟单晶体金属不同。在制取方法上还是传统的，即由自然熔炼、自然凝固等方法得到的。在使用要求上，也限于满足常规内的用途。现在要讨论的，便是这类用传统方法获得的金属的实际构造。

金属材料的实际构造，称为金属的实际构造。与理想构造相比，存在两大不同：一是金属实际上具有多晶体组织特征，二是金属实际上存在晶体缺陷。

一、实际金属的多晶体组织特征

实际的金属块是由许多外形不规则的晶体颗粒所组成（简称晶粒）。这些晶粒内仍保持整齐的晶胞堆积，这种情况叫金属的多晶体组织特征。如图2-7（b）所示。在多晶体中，各晶粒之间的界面叫晶界。有无晶界存在，是单晶体与多晶体的一个区别。多晶体中，各晶粒的位向有相互抵消的作用，使得单晶体中的各向异性在多晶体中并不存在，这种情况叫多晶体的"伪各向同性"。

二、实际金属在构造上存在的缺陷

（一）结构上的缺陷

结构上的缺陷有空位、间隙原子、置换原子等点状缺陷，以及刃形位错、螺形位错等线状缺陷。

1. 点缺陷

晶体内存在空位、间隙原子、置换原子的情况如图2-8所示。没有原子的结点叫空位。存在于间隙处的原子叫间隙原子。异类原子占据晶格的结点，叫置换原子。从图看出，空位使周围原子失去平衡，由于相互间的作用力会向空位处偏移，造成晶格发生畸形变化（叫晶格畸变），所以是一种缺陷。同样，间隙原子或置换原子的存在也使各自周围的原子失去平衡而产生晶格畸变。

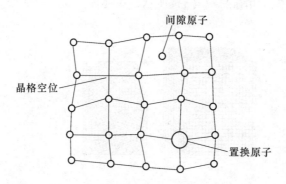

图2-8　点缺陷示意图

2. 线缺陷

位错是晶体中的某处有一列或若干列原子发生了某种有规律的错排。其中晶体上下两部分的原子排列数不同，好像沿着某一晶面插入了半个原子平面的叫刃形位错，如图2-9所示。对于晶体上下两部分的原子排列面在某些区域上下吻合的次序发生错动，此不吻合的过渡区域的原子排列呈螺旋形的，叫螺形位错，如图2-10所示。

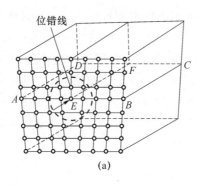
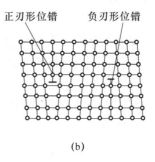

图 2 – 9 线缺陷：刃形位错示意图

（a）示意图；（b）平面示意符号

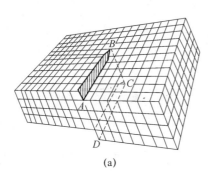
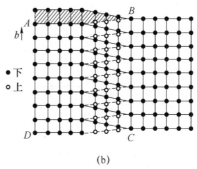

图 2 – 10 线缺陷：螺形位错示意图

不论哪种位错，都会造成晶格畸变。位错在晶体中的存在对其密度的变化，对金属的性能如强度、塑性、疲劳、原子扩散及相变等具有重要作用。

（二）组织上的缺陷

组织上的缺陷有晶界、亚晶界等，如图 2 – 11 所示。从图中可以看出，晶界处原子排列比较紊乱，并且含有杂质原子，它其实是两颗晶粒之间的过渡带，厚度在几个原子间距至几百个原子间距内变动。亚晶是指一颗晶粒内位向差略有不同的几部分小晶块，其位向差通常在几十分到 1°~2°。亚晶之间的界面叫亚晶界。在该处的原子排列也存在某种紊乱。晶界和亚晶界从几何形状看，叫面缺陷。考虑到它们只存在于多晶体组织中，故归为组织上缺陷。

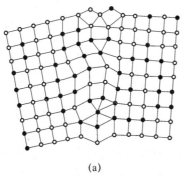
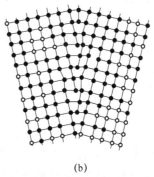

图 2 – 11 面缺陷：晶界和亚晶界示意图

15

应当指出，金属在实际状态下存在的多晶体组织现象和各种缺陷，对材料的性能产生着重大影响。

从力学性能方面分析，首先它们使金属的实际强度只有理论计算值的1/1 000左右。其次，研究和实践表明，当材料内部上述缺陷较多时（用缺陷密度表示），可使材料强度有所提高。如图2－12所示。钢铁生产中加合金元素的强化措施，铸铁生产中的细化晶粒措施，就是通过形成间隙原子、置换原子或增加晶界（晶粒细晶界也多），去增加缺陷密度，达到提高钢铁强度的目的。

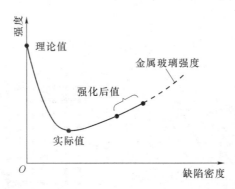

图2－12　金属缺陷密度与强度关系

说明：金属玻璃又叫非晶态金属，它的内部原子杂乱堆积，不存在晶体，缺陷密度近似百分之百。

从物理化学性能方面分析，多晶体组织现象的存在和各种缺陷的存在，使材料在导电性、耐热性、磁性及耐腐蚀性等方面都不如单晶体。

这里还要指出，多晶体的客观存在也产生了粗晶粒和细晶粒的区别，并提出了如何获得细小晶粒组织的问题。关于这一点后面将加以论述。

第三节　纯金属的结晶过程

金属的实际构造同理想构造相比为什么会存在不小差异呢？下面通过对纯金属的结晶研究，去寻找一些原因。

一、纯金属的结晶过程及规律

金属的结晶是金属原子组合状态从一种转变为另一种的过程，即新结构的形成过程。纯金属的结晶过程，通常用冷却曲线图和结晶过程示意图来表示。

纯金属的冷却曲线图可用热分析方法绘制。其内容是：先将金属熔化并测出其熔点 T_0，记在摄氏温度与时间关系的坐标图上；然后将熔化后的金属缓慢冷却，并将温度与时间的对应点记在坐标图上；最后连点为曲线。图2－13便是用此法绘制的纯金属冷却曲线图。在这里，具体的金属材料名称、温度值和时间都可省略，只作定性说明。

分析该冷却曲线图可以看出以下两点：

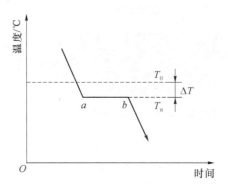

金属的结晶过程1

图2－13　纯金属的冷却曲线

1. 结晶过程中有结晶潜热放出

如图2－13所示，T_n表示测出的实际凝固点（实际结晶温度），b以前表示金属处于液态，b以后表示凝固完毕，a、b之间叫凝固区（结晶区）。a、b之间线段的长短表示凝固完所需要的时间，这里多少时间并不重要。重要的是，a、b之间连线作为一条水平线，表明结晶自始至终是在恒温下进行的。它意味着结晶时液体中有潜热放出，并且在此冷却速度下刚好能够补偿液体散失在空气中的热量，因此显示不出温度的下降。结晶时原子内散发出的热量叫结晶潜热。研究表明，金属结晶时总有潜热放出，在冷却速度较慢时能够补偿液体散失在空气中的热量（冷却速度过快时或有其他成分时一般不能完全补偿）。

2. 结晶时存在过冷现象

图中T_n在T_0之下，说明实际结晶温度比理论结晶温度低，这种现象叫过冷现象。理论结晶温度T_0与实际结晶温度T_n的差值叫过冷度，用ΔT表示。

$$\Delta T = T_0 - T_n$$

研究表明，金属的凝固点T_n不是恒定值，与结晶时的冷却速度有关。当冷却速度较快时，T_n就低些，从而过冷度ΔT值就大些；反之冷却速度慢时，T_n高些，从而过冷度ΔT值就小些。即过冷度ΔT大小与结晶时冷却速度成某种正态函数关系。在一般条件下，结晶时的冷却速度不可能很大，因而过冷度ΔT也不可能很大，大约在摄氏几度之间变动，最高在$10 ℃ \sim 30 ℃$之间变动。另外，当ΔT值减小时只能逐渐接近零值但不可能为零值。因为若$\Delta T = 0$，则表明$T_n = T_0$，而这是不可能的。研究表明，液态金属只有在过冷条件下才能结晶，这是金属结晶的必要条件之一。

纯金属的结晶过程形象图如图2－14所示。可以看出，金属在达到结晶温度时，首先产生若干极小的原子集团，它们作为结晶核心（称晶核）不断吸收周围液态的原子长大。与此同时，液体中其他地方又产生出若干小晶核并且也相应长大。整个结晶过程，就是晶核不断产生和不断长大的过程。先产生的小晶核，可以吸收到较多的原子长为较大颗粒的晶粒，后产生出的晶核，只能吸收到较少的原子长成为较细小的晶粒。这个示意图也表明，由于金属含有其他成分原子或其他因素，结晶时不可能只产生一种晶核（只有一颗晶核则形成单晶体，在特定条件下才能得到）。另外，结晶时若受到振动，生长着的晶体可能断裂为许多新的小晶核，从而增加晶粒数目。总的来说，在一般情况下，结晶时产生若干晶核的情况是不可避免的，因而金属具有多晶体组织的特征也是必然的。

图2-14 纯金属结晶过程示意图

综上所述，冷却曲线图和结晶过程示意图揭示的金属结晶的基本规律是：在过冷条件下结晶，有潜热放出，有晶核的产生与长大两个同步过程。

二、晶核的生成与长大

结晶时之所以有较多晶核出现，原因在于晶核的来源有几个：一是元素自身的原子集团在一定条件下作规则排列为晶核，这种生核叫自发形核（又叫均质形核）。二是由于杂质元素的存在，使液态原子可以附在上面生核，这种生核叫非自发形核（又叫异质形核）。这两种形核方式在金属的结晶过程中都存在，加上散热无方向性等因素，因此金属一般不可能得到单晶体。考虑到金属一般都含有杂质元素，绝对的纯是做不到的，所以非自发形核在一般情况下起主要作用。这一点在生产中也得到自觉运用。

晶核生成后按什么方式长大呢？研究表明，对于立方体晶格的金属来说，作为晶核的晶胞生成后，首先是在立方体的八个顶角处吸收液态原子生长，而不是在晶面处吸收原子生长。这之后，又在新晶胞的八个顶角处吸收液态原子生长，如此反复下去，形成树枝状柱晶。如图2-15所示。当结晶整个过程接近完毕，液态原子被吸收差不多时，各晶柱长成的枝晶彼此接触，便停止生长。剩余还未接触的枝晶吸收剩余液态原子长至接触。由于枝晶相互接触有先后，最后形成的晶粒是外形不规则、大小也各异的。如图2-16所示。在对金属铸锭断面组织的分析中，常常可以观察到树枝状晶体。

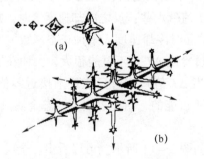

柱状树枝晶生长录相

金属的结晶过程3

图2-15 晶核生长示意图

晶核为什么要按树枝状生长呢？一是晶胞的突出部分（顶角、核边等）散热条件比平面上优越；二是顶角及核边上的缺陷多，液体的原子容易固定在上面；三是树枝形状表面积最大，便于从周围液体中获得尽可能多原子，尽快凝固完毕。由此也可以看出，按树枝状方式生长实际上主要取决于散热条件、降温速度、杂质成分等情况。只要控制这些因素，也就可以控制晶核的长大方式。

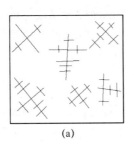
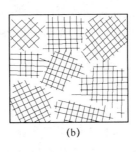

(a) (b)

图 2-16 多晶体晶粒形成示意图

金属结晶中，晶核除了按树枝状长大外，也有按平面方式长大的，但这仅仅出现在极少数金属中。

三、金属凝固后晶粒大小及控制

前面提到晶粒大小对材料性能影响很大，在机械制造业中，怎样获得细小的晶粒是普遍关注的问题。这里限于讨论如何从铸造角度获得细小晶粒。

从上面对结晶过程及晶核生成长大的分析看出，晶粒大小直接取决于结晶过程中晶核数目多少以及长大的速度。单位时间单位体积内生成晶核数量的多少叫形核率，用 N 表示，长大速度用 u 表示。如图 2-17 所示。

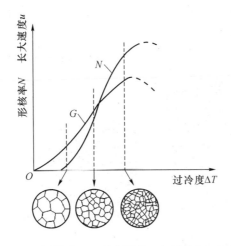

金属的结晶过程 4

图 2-17 形核率 N、长大速度 u 与过冷度 ΔT 关系

在生产中，一般从三种途径来获得细小的铸态晶粒组织：

1. 加大冷却速度以增加过冷度

常用办法是采用散热条件更好的金属铸模代替砂型铸模。但这种办法加大冷却速度的能力有限，一是因为金属模在空气中的传热能力有限，二是液体中部的散热问题尚未解决。故此办法只适合零件截面尺寸小的场合或生产率不高的地方。连续铸钢采取了改进的方法：先将钢液注入类似铸模的结晶器中，而结晶器是置于循环水中的，这样靠近结晶器的钢液迅速凝固，形成一层坯壳，紧接着将坯壳拉出，进入二次冷却区直接喷水，使坯壳内的钢液也迅速凝固。这种办法可获得较大冷却速度，从而提高过冷度，组织因此更细小，生产率也因此大大提高。

值得注意的是，现代的科学技术已经达到可以使液体金属以每秒100万摄氏度的冷却速度降温，从而获得极大过冷度。但在极大过冷条件下，得到的是非晶体状态金属即前面提到的金属玻璃。

2. 进行变质处理

在液态金属结晶前，人为地将一定重量其他金属或非金属粉块加入其中，增加非自发形核的数量从而细化晶粒，这种方法叫变质处理，又称孕育处理。在铸铁中加入硅、钙，在铸造铝硅合金中加入钠或钠盐，都属孕育处理，都是为了达到细化晶粒的目的。

3. 附加振动

结晶过程中采用机械的方法或物理的方法（如电磁、超声波等），使液体中的枝晶受到振动，断为许多小晶核，以增加形核率。

第四节　铸锭组织

冶炼出来的金属，一般都要将液体浇铸为一定尺寸的块锭，再进行其他加工如轧制、铸造。因此浇铸出的金属块锭（铸锭）的组织，就是从液态结晶出来的组织。分析这些组织的特点，可以找出其缺陷和影响因素。

典型金属铸锭组织状态如图2-18所示。由图可看出，铸锭组织按形态可分为三类。

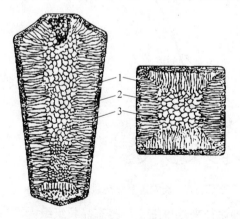

图2-18　典型金属铸锭组织示意图

1—表面细晶粒层；2—柱状晶粒层；3—中心等轴晶粒层

一、表面细晶粒层

这部分晶粒组织细小，但厚度薄，分布在靠近铸模的地方。形成原因是靠近铸模的地方散热条件优于其他地方，冷却速度较快，因而该区域液态金属结晶时有较大过冷度存在。

二、柱状晶粒层

这部分晶粒组织形如圆柱堆垛起来，分布在铸件表层与中心之间，厚度较大。从形成原因看，结晶时该区域的热量要经表层细晶粒传导，再经铸模散发，故过冷度较小。由于铸模在高度方向上的尺寸大于截面的尺寸，并且铸模侧面到中心温差较大，只有在垂直铸模壁面的方向上散热条件相对好些，因此枝晶的生长就向此方向发展，最后形成柱状晶粒。研究发现，当铸模表面与铸模中心温差过大并且材料比较纯时，柱状晶可穿过铸锭中心生长，成为穿晶组织。此时第三层晶粒组织便不存在，整个铸锭断面就分两层。反过来，当内外温差较小时，柱状层也不会很厚，甚至不存在。许多砂型铸件的断面组织说明了这种情况。

三、中心等轴晶粒层

该处的晶粒在各方向上的尺寸接近均等，呈颗粒状分布，并且粗大。从形成原因看，这是由于铸锭中心的液体散热条件最差，当铸锭内外温差不是太大时，在柱状晶粒层形成后，中心的散热方向性不太明显，加上杂质元素的存在，使温度较高的液体在过冷度较小的条件下也开始结晶，晶核便均匀生长，尺寸也就较大。

表面细晶粒层组织致密，力学性能因而较好，但晶粒数量有限。柱状晶粒层组织也较致密，但在各晶粒的结合部是脆弱区。对于钢锭来说，在轧制或锻压时材料容易从此处开裂，故轧制的钢锭一般不希望柱状层或限制它的厚度。不过，柱状晶粒层在长度方向上的力学性能和其他物理化学性能较好，甚至超过表面细晶粒层，因此受到人们重视。某些零件如喷气发动机叶片、燃气轮机叶片，要在高温下经受很大离心力，故需要蠕变强度大、耐热疲劳，这就需要柱状晶粒组织，常常采用定向凝固的方法去获得它。另外，某些有色金属如 Cu、Al 也希望得到柱状晶粒以获得较好致密性。等轴晶粒层组织粗大、疏松、性能比以上两类的差。

思 考 题

一、判断题

1. 晶体中的原子在空间是有序排列的。　　　　　　　　　　　　　　　　（　　）
2. 凡由液体转变为固体的过程都叫结晶。　　　　　　　　　　　　　　　（　　）
3. 一般金属件结晶后，表面晶粒比心部晶粒细小。　　　　　　　　　　　（　　）
4. 金属都能用热处理的方法来强化。　　　　　　　　　　　　　　　　　（　　）
5. 晶体具有一定的熔点和各向异性，而非晶体则没有一定熔点，并且是各向同性。

　　　　　　　　　　　　　　　　　　　　　　　　　　　　　　　　　　（　　）
6. 纯金属的结晶过程是一个恒温过程。　　　　　　　　　　　　　　　　（　　）
7. 金属铸锭中其柱状晶粒区的出现主要是因为金属铸锭受垂直于模壁散热方向的影响。

　　　　　　　　　　　　　　　　　　　　　　　　　　　　　　　　　　（　　）

8. 在一般冷却条件下，冷却速度提高结晶后晶粒细化，是因为形核率增大而长大率减小。 （　　）

9. 实际金属的晶体结构不仅是多晶体，而且还存在着多种缺陷。 （　　）

10. 金属在固态下都有同素异构转变现象。 （　　）

11. 一般金属在固态下是晶体。 （　　）

12. 金属结晶时冷却速度越大，结晶晶粒越细。 （　　）

13. 一般情况下，金属的晶粒越细，力学性能越好。 （　　）

14. 纯铁在912℃将发生 $\alpha - Fe$ 和 $\gamma - Fe$ 的同素异构转变。 （　　）

15. 结晶就是原子由不规则的排列状态过渡到规则排列状态的过程。 （　　）

16. 通常金属的晶粒越细小，其强度和硬度越低，而塑性和韧性较好。 （　　）

17. 任何金属在固态时随温度变化都会发生晶格类型变化的现象，这种现象称为同素异构转变。 （　　）

18. 由于多晶体是晶体，符合晶体的力学特征，所以它呈各向异性。 （　　）

19. 由于晶体缺陷使正常的晶格发生了扭曲，造成晶格畸变。晶格畸变使得金属能量上升，金属的强度、硬度和电阻减小。 （　　）

20. 晶界处原子排列不规则，因此对金属的塑性变形起着阻碍作用，晶界越多，其作用越明显。显然，晶粒越细，晶界总面积就越小，金属的强度和硬度也就越低。 （　　）

21. 金属中的晶体缺陷使得力学性能变坏，故必须加以消除。 （　　）

二、简答题

1. 常见的金属晶格类型有哪几种？试绘图说明。

2. 实际金属晶体中存在哪些晶体缺陷？对性能有何影响？

3. 什么是过冷现象和过冷度？过冷度与冷却速度有什么关系？

4. 纯金属的结晶是怎样进行的？影响晶粒大小的主要因素是什么？

5. 何为金属的同素异构转变？试画出纯铁的结晶冷却曲线和晶体结构变化图。

第三章　合金的结构与二元合金相图

在不考虑合金中含有极少杂质元素原子的情况下，只含一种元素的金属称为纯金属。纯金属材料的命名，基本上是以化学元素的中文名词为主，如纯铝、纯铜、纯铁等。在机器制造业中，纯金属的运用很少。这不仅是因为纯金属成本较高，更主要是由于纯金属的某些性能主要是力学性能，很难满足机器制造业的需要。人们在长期的生产实践中发现，在纯金属中有意加入另一些化学元素（可以是金属，也可以是非金属），就可以获得更高一些的力学性能，如强度、硬度等。在纯金属中，以熔合的方式加入某些化学元素得到的金属材料，现在称之为合金。合金的命名方法比较多。可以根据构成的元素命名，如铁碳合金、硅铁合金、铝硅合金、铜锡合金等。也有根据外观色泽命名的，如灰铸铁、青铜、白铜等。此外还有其他命名方法。

在合金中，组成合金的元素或化合物叫组元。为了研究的需要，常把二组元构成的合金叫二元合金。当组元不变，而比例或成分发生变化，就可以得到一系列不同成分的同组元合金，称为二元合金系。

另外，从合金的结构和组织出发，现在使用的合金材料分为非晶态合金、单晶体合金和多晶体合金。单晶体合金在国外已于 20 世纪 80 年代初就运用于新型大型客机上作耐热零件，其耐热温度达 1 000℃ ~ 1 100℃，超过了多晶体合金材料。单晶体合金因其优良的耐蠕变性和耐热疲劳性而受到重视和开发。与单晶体合金相比，多晶体合金成了传统的金属材料。本章讨论的合金仅限于此类传统合金。

第一节　合金的结构和组织

一、合金的"相"

1. "相"的基本概念

合金的结构，要用"相"这个术语来描述。这是因为合金含有两个以上组元，形成晶体结构类型要比纯金属多，并且各类型的晶体结构在成分、性能上均不相同。"相"这个术语是从成分、聚集状态和性能这三者的综合角度描述合金结构的。合金中凡是成分、聚集状态相同、性能也相同的结构体叫"相"。组元相同的合金，由于"相"不同，它们的性能也不相同。

例如铁碳合金中有这样三种"相"：一种是碳原子溶入体心立方晶格铁的结构，碳质量分数最高为0.0218%（727℃时），性能上强度、硬度很低，塑性、韧性很好，如图3-1所示。另一种是碳原子溶入面心立方晶格铁的结构，碳质量分数最高为2.11%（1148℃时），性能上强度、硬度比上一种相结构的高，但塑性、韧性比它低些，如图3-2所示。第三种是铁原子与碳原子形成化合物，具有复杂的新结构，含碳量为6.69%，性能上硬度很高，可以割划玻璃，但强度、塑性、韧性很低，如图3-3所示。

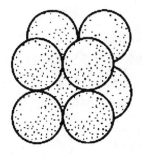
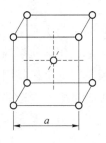

图3-1　碳原子溶入体心立方晶格铁中形成的相结构——α相

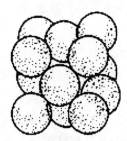
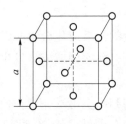

图3-2　碳原子溶入面心立方晶格铁中形成的相结构——γ相

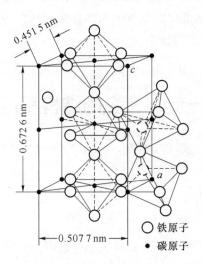

○　铁原子

•　碳原子

图3-3　铁原子与碳原子化合而成的新相结构——Fe_3C相

2. "相"概念的扩大

为了研究的需要，常把固态下的"相"统称为固相，而液体状态称为液相，气体状态称为气相。另外，在纯金属中也用相这一术语。

合金的"相"在一定条件下可以发生变化，叫相变。例如合金结晶，是液相变为固相的一种相变。

二、合金相结构的类型

在熔合合金中，两组元的原子怎么熔合在一块呢？研究发现，合金中的组元，不论是二元或三元的，原子要么以固溶方式相互熔合，要么以化合的方式相互熔合。所谓固溶，是一组元保留自己晶格类型，另外的组元以原子形式进入其中。所谓化合，则是指两组元的原子各以一定数量比相互作用形成新的第三种晶格类型。

（一）固溶体

以固溶方式形成的相结构叫固溶体。其中保留了晶格的组元叫溶剂，进入它里面的其他组元原子叫溶质。按溶质原子在溶剂晶格中位置的固溶方式，固溶体分为置换型和间隙型两大类。

1. 置换固溶体

溶质原子占据溶剂晶格结点位置而形成的固溶体叫置换固溶体。如图3-4所示。置换固溶体可分为有限固溶体和无限固溶体两类。形成置换固溶体时，溶质原子在溶剂晶格中的溶解度主要取决于两者晶格类型、原子直径的差别和它们在周期表中的相互位置。

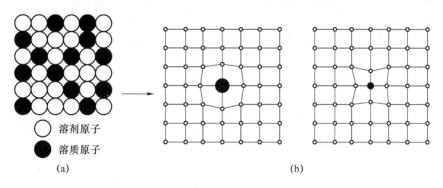

　　○ 溶剂原子
　　● 溶质原子

　　（a）　　　　　　　　　　　　　　（b）

图3-4 置换固溶体相结构示意图

2. 间隙固溶体

溶质原子占据溶剂晶格间隙处形成的固溶体叫间隙固溶体。由于溶剂晶格中空隙的位置是有限的，因此间隙固溶体是有限固溶体。如图3-5所示。间隙固溶体的形成条件从原子尺寸看，溶质原子直径与溶剂原子直径的比值不大于0.59（$D_{溶质}/D_{溶剂} \leqslant 0.59$）。从元素性质看，过渡族金属元素和氢、硼、碳、氧等非金属元素结合时可形成间隙固溶体。

不论置换固溶体或间隙固溶体，都要使晶格发生畸变（如图3-4（b）或图3-5（b）所示），从而造成合金的强度、硬度有不同程度提高，但塑性、韧性有所下降。用形成固溶体而使金属材料强度、硬度得到提高的方法叫固溶强化。从强化效果看，有色金属固溶强化的效果比铁碳合金的要大。

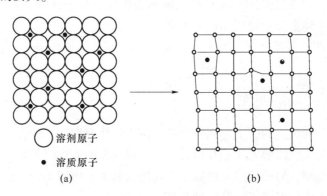

○ 溶剂原子

• 溶质原子

(a)　　　　　　　　　　(b)

图 3 - 5　间隙固溶体相结构示意图

（二）金属化合物

合金中的组元按一定原子数量比相互作用而形成的具有金属特性的新相叫金属化合物。例如 Mg（六方晶格）与 Si（金刚石型晶格）熔合，可以形成 Mg_2Si（立方晶格）。金属化合物一般可用分子式大致表示其组成。

金属化合物具有复杂的晶体结构，熔点较高，硬度高，而脆性大。当它呈细小颗粒均匀分布在固溶体基体上时，将使合金的强度、硬度及耐磨性明显提高，这一现象称为弥散强化。因此金属化合物在合金中常作为强化相存在。它是许多合金钢、有色金属和硬质合金的重要组成相。

三、合金的组织类型

1. 固溶体晶粒组织

此种晶粒组织由相结构为固溶体的晶胞构成，因为只含一个相，故属单相组织，一般用 α、β、γ 等符号表示。

2. 金属化合物晶粒组织

此种晶粒组织由相结构为金属化合物的晶胞构成，也属单相组织，一般用分子式表示。

3. 机械混合物晶粒组织

此种晶粒组织由相结构为固溶体的晶胞同相结构为金属化合物的晶胞混合组成，或由几种不同相结构的固溶体混合组成，属多相组织，一般用符号（α + β）表示。

在以上三类组织中，固溶体组织强度、硬度较低、塑性韧性好；而金属化合物组织硬度高、脆性大，机械混合物的性能介于两者之间，即强度硬度较高，塑性韧性较好。

各种具体的合金材料，内部组织基本上都由上述三类构成。例如经常用于制造齿轮或轴的 45 钢（碳质量分数为 0.45% 的铁碳合金），加工前的组织即是由一种固溶体晶粒和一种机械混合物晶粒构成。

第二节 二元合金相图

一、合金的结晶特点及相图概念

同纯金属相比，合金的结晶同样要遵守结晶的三个规律，除此之外，它也有自己的特点，主要有以下两个方面。

（1）合金的结晶基本上是在一定温度范围内完成，不是在恒温下进行的。首先，某成分的合金结晶的开始温度和终止温度之间有一定温度差（个别成分的例外）。以碳质量分数为 0.45% 的铁碳合金为例，结晶开始的温度约 1 500℃，随着温度下降至 1 450℃ 左右继续结晶到完毕，温差范围约 50℃。如图 3－6（b）所示。其次，随合金成分的变化，结晶温度随之迁移。例如当铁碳合金的碳质量分数由 0.45% 变化到 0.77% 时，开始结晶温度迁移至约 1 480℃，结晶完毕温度迁移至约 1 380℃，温差范围 100℃。如图 3－6（c）所示。这告诉我们，在一个合金系中，各成分合金的结晶温度的起止点是不同的。图 3－6（a）所示是纯铁的结晶温度 1 538℃，说明纯铁结晶是在恒温下进行的。

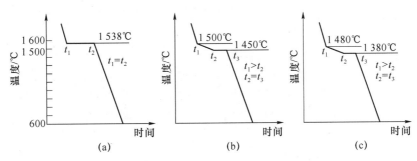

图 3－6 纯铁与铁碳合金结晶温度比较

（2）在一个合金系中，合金的组织随成分的迁移大都要跟着发生变化，另外许多合金的相结构还会随温度发生变化。仍以铁碳合金上述两个成分为例。碳质量分数为 0.45% 的时候，室温（20℃）平衡组织为两种晶粒：一种是固溶体，另一种是机械混合物。碳质量分数为 0.77% 的时候，它的室温组织仅有一种，属于机械混合物。

上述合金结晶的特点告诉我们，对于一个合金系，仅用一个冷却曲线图是无法表达清楚的，必须用更复杂的图形，这就出现了二元合金相图。所谓二元合金相图，是表示二元合金系内相结构或组织状态与温度、成分之间变化关系的坐标图形。相图如果是在平衡条件（等温、等压、等容）下测定的，又叫平衡图。不平衡状态下的相图与平衡状态下的相图有一定区别。

二、二元合金相图的建立及识读

1. 二元合金相图的建立

二元合金相图可以看成由合金系中若干不同成分的合金的冷却曲线合并而成。因此，建立二元合金相图在步骤上首先是配制若干不同成分的合金并将它们熔化；其次，采取一些措施让它们非常缓慢地冷却并用热分析法绘制出各自的冷却曲线；再次，将这些冷却曲线绘制在一个合金系的坐标图中（纵坐标为摄氏温度，横坐标为合金系的成分变化），并将开始结晶温度点、结晶完毕温度点及其他相变点连为曲线；最后，标上若干字母作曲线名称并写出各相区的相结构或组织状态符号。

下面以 Cu - Ni 合金系相图的建立为例说明。

（1）配制六组成分的 Cu - Ni 合金并熔化：Ⅰ组 Cu100% Ni0%；Ⅱ组 Cu80% Ni20%；Ⅲ组 Cu60% Ni40%；Ⅳ组 Cu40% Ni60%；Ⅴ组 Cu20% Ni80%；Ⅵ组 Cu0% Ni100%。

（2）用热分析法分别绘出它们的冷却曲线，如图 3 - 7 所示。

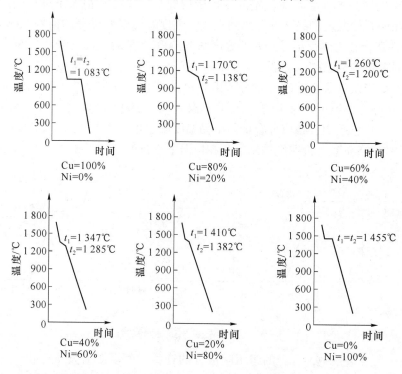

图 3 - 7　六个成分的 Cu - Ni 合金冷却曲线示意图

（3）将上述冷却曲线绘制在 Cu - Ni 合金系的温度 - 成分坐标图中。横标成分只写出一个组元的质量分数（另一组元含量用 100 减去标出组元的质量分数即可）。另外，将冷却所用时间省略，只标出该成分合金的各转变温度点。如图 3 - 8（a）所示。

（4）先后将表示开始结晶的温度点 t_1 和表示结晶完毕的温度点 t_2 或 t_3 分别连成光滑曲线，然后在各自区域写上相应的相符号或组织状态符号，并给曲线标上字母以便称呼。如图 3 - 8（b）所示。

一般使用的 Cu - Ni 合金相图如图 3 - 9 所示。

由此可以看出，用热分析法来建立二元合金相图的过程，实质上是一个综合过程。后面提到对典型合金的结晶过程分析，实质上是同建立过程相反的分析过程，或者说分解过程。搞清了建立的综合过程，对若干成分合金的结晶分析就容易理解了。

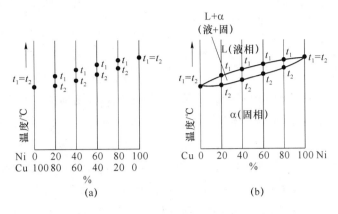

图 3 - 8 Cu - Ni 合金相图建立过程示意图

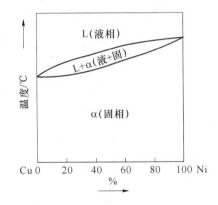

图 3 - 9 一般使用的 Cu - Ni 合金相图

二元合金相图除了用热分析法建立外，还可以用硬度法、电阻法、X 射线晶体结构分析法等方法建立。

2. 二元合金相图的一般识读

（1）相结构或组织状态符号。

L——液相；α、β、γ——不同的固溶体相结构或晶粒组织；L + α、L + β——在一定温度下，液体合金中结晶出 α 或 β 固溶体的相结构，也可以解释为结晶状态，液固两相共存；（α + β）——由两相构成的机械混合物晶粒组织；α +（α + β）或 β +（α + β）——α 固溶体晶粒和（α + β）机械混合物晶粒共存。

（2）液相线——合金系中所有合金开始结晶温度点的连线（如图 3 - 8（b）中 t_1 点连线）。液相线上方合金是液体状态 L，下方是结晶状态 L + α 或 L + β。固相线——合金系中所有合金结晶完毕的温度点的连线（如图 3 - 8（b）中 t_2 点连线）。固相线上方合金是结晶状态，下方是各种固相。

（3）相区——各相或组织状态所在的几何区域。如 Cu - Ni 相图中的液相区即指液相线上方的那个几何区域。它里面只有一个相，故属单相区。而由液相线和固相线组成的那个相区则属双相区。

三、几种典型的二元合金相图

(一) 匀晶相图

表示二组元在液态无限制地互溶、结晶时能形成无限固溶体的相图叫匀晶相图。例如上面的 Cu–Ni 合金相图即属于匀晶相图。此外 Fe–Cr、Au–Ag、W–Mo 等二元合金的相图也属于匀晶相图。

现以对 Cu–Ni 合金相图的分析为例，说明匀晶相图中的匀晶转变过程。

由图 3–10 Cu–Ni 合金相图可看出，固相线（A–B）$_下$下方全是单一的 α 固溶体相区，说明 Cu、Ni 两组元能以任何比例形成单相组织。因此，无论取任何成分的 Cu–Ni 合金分析，其结晶过程都相似。这里且取 Ni 60%（Cu 40%）的合金来分析。在 Cu–Ni 相图的横标上找出 Ni 60% 的成分点，通过该成分点作一直线垂直于横标并穿过固相线、液相线。这一垂线与液相线（A–B）$_上$有交点 L_1，与固相线（A–B）$_下$有交点 $α_3$，对应温度为 t_1 和 t_3，如图 3–10（a）所示。该成分合金冷却、结晶情况（平衡状态时）如下。

在温度高于 t_1 时，合金为液态，成分为单相成分（Ni 60%）。t_1 为开始结晶温度（对应点 L_1），此时有 α 固溶体小晶胞作为晶核析出，其成分为 $α_1$ 点垂直投影在横坐标上的值。当温度降至 t_2（结晶降温也开始），先析出的晶核吸收液态原子长大，其成分也通过原子扩散沿固相线降至 $α_2$ 点垂直投影在横坐标上的值，而其余液体的成分沿液相线降至 L_2 点垂直投影在横坐标上的值。另外，液体中又有成分为 $α_2$ 的晶核析出。当温度降至 t_3，剩余极少液体成分接近 L_3 点垂直投影在横坐标上的值，固相成分则沿固相线扩散至 $α_3$ 处在横坐标上对应值。t_3 以下，合金为单相 α 固溶体，温度虽下降至室温，成分一直为 Ni 60%。结晶过程示意图如图 3–10（b）所示。

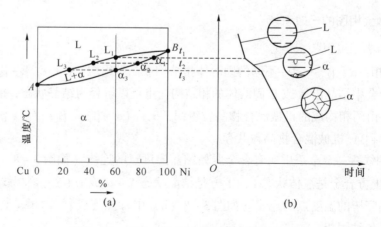

图 3–10　Ni60% 的 Cu–Ni 合金结晶过程分析

如果结晶是在不平衡条件下（主要为冷却速度较快）进行，则会出现先析出的 α 晶体的成分来不及扩散，就被另一成分后析出的 α 晶体包围，造成在一个晶粒内部的化学成分不均，这种现象叫枝晶偏析。

（二）共晶转变与共晶相图

1. 共晶转变

在液态相互溶解的两组元，在一定温度一定成分下同时结晶出两种固相，它们构成一种机械混合物晶粒，这种转变叫共晶转变（共同结晶之意）。

共晶转变的温度叫共晶温度，成分叫共晶成分，产物叫共晶体。合金组元不同，共晶温度和共晶成分也不相同，但产物都属于机械混合物。共晶反应之所以发生，是因为两组元在固相时的相互溶解度是有限的。

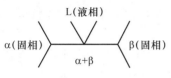

图3-11 共晶相图图形特征

2. 共晶相图

具有共晶转变的相图叫共晶相图。如图3-11所示。具有这种相图的二元合金系有Pb-Sn、Pb-Sb、Cu-Ag、Zn-Sn、Fe-Fe₃C等。

（三）共析转变与共析相图

1. 共析转变

在一定温度下，由单相固溶体中同时析出两个固相的转变叫共析转变。共析转变的温度叫共析温度，成分叫共析成分，产物叫共析体，是含两个单相的一种机械混合物晶粒。共析转变是固态下的一种重结晶现象，有较大过冷度，组织也因此较致密，一般呈粒状或片状。

2. 共析相图

具有共析转变的相图叫共析相图。如图3-12所示。具有这种相图的二元合金系有Fe-Fe₃C、Al-Cu（或Cu-Al）、Cu-Be等。

从图3-12可以看出，它与图3-11共晶相图是很相似的，区别仅在于转变的出发点，共析转变的出发点是固相（单相），共晶转变的出发点是液相（单相）。因此有些人把共析相图归类于共晶相图而不单独研究。

但共析转变在生产中（特别是铁碳合金共析转变）意义极大（后面会谈到），因此应该给予重视。

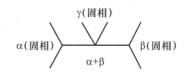

图3-12 共析相图图形特征

（四）具有稳定化合物的二元合金相图

二组元合金形成的化合物中，有些是不稳定的，在一定温度一定时间下便分解，有些则是很稳定的，在熔化前既不分解也不产生任何化学反应。

二元合金系的重要转变及相图，除了上面这几类外，还有高温区的包晶转变及相图等极少应用，这里不一一介绍。

这里要注意。对于一个二组元的合金系来说，可能存在上述转变中的几种，即这个成分可能有这种转变，另外一个成分可能有那种转变。因而，整个相图就由上述几种相图中若干种构成。例如后面要研究的铁碳合金系相图，就含有共晶相图、共析相图等。

第三节　合金的性能与相图之间关系

一、合金使用性能与相图的关系

前面已经指出金属材料的性能主要取决于成分、结构和组织。对于合金材料，情况也如此。因此，了解和掌握了材料的成分、相结构和组织之后，可以去推测合金的性能。合金相图既然表明了不同成分合金在不同温度下的相结构或组织状态，合金相图和合金性能之间当然存在内在联系。下面以图3-13三类相图为例说明。

图3-13（a）是匀晶相图与使用性能的关系图组，可以看出，在相图中部，当合金固溶量增加时，对应的强度、硬度是增加的，而导电率在降低；在相图的左右两部，当合金固溶量比较小时，对应的强度、硬度降低，而导电率在上升。图3-13（b）是共晶相图与使用性能的关系图组。它表明，共晶成分的共晶体的力学性能在两组元材料性能之间，导电率也在两组元材料导电率之间，同时，强度、硬度上升，而导电率下降。图3-13（c）是稳定化合物的相图与使用性能关系图组。在稳定化合物相区（即两个共晶相图之间），强度、硬度最高，而导电率最低。

从图3-13（a）、（b）、（c）三图组可以看出，金属材料通过加元素以合金强化方法提高强度、硬度的时候，也使材料的塑性、韧性降低，并且也降低了材料的物理化学性能。

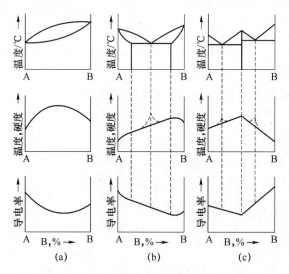

图3-13　合金使用性能与相图关系

（a）匀晶相图；（b）共晶相图；（c）具有稳定化合物的相图

二、合金铸造性能与相图关系

在这里，合金铸造性能主要指流动性和缩孔性质。

如图3-14所示，从图3-14（a）组可以看出，流动性好坏和缩孔性质主要取决于液相线和固相线水平距离及结晶的温度间隔（垂直距离）。相图中部成分的合金（固溶量多的合金），液固两线水平距离大，垂直距离也大，因此流动性处于最低点（最差），缩孔则倾向于分散缩孔。而在相图两端靠近纯金属成分处（固溶量少的合金），流动性最好，缩孔也倾向于集中缩孔。

从图 3-14（b）组来看，共晶成分及附近成分合金流动性最好，缩孔也倾向于集中缩孔。这是因为此处及附近液、固相线的间距最小，并且合金凝固温度最低。亚共晶合金和过共晶合金的铸造性能，从图组看，比共晶合金的差，也不如单一组元的。

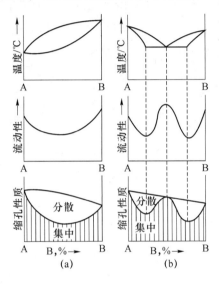

图 3-14　合金铸造性能与相图关系

（a）匀晶相图与铸造性能；（b）共晶相图与铸造性能

三、热处理可能性与合金相图关系

热处理作为一种重要的工艺，可以改变材料的相结构和组织状态，从而改变材料的性能，关于热处理，后面将专门介绍，这里要探讨的是，具有什么样相图的合金系，才可能采用这一重要的工艺。这里仅就后面要介绍的铁碳相图加以讨论。

前面已提到，铁碳相图可以看成是由共晶相图和共析相图等构成的。与热处理最为密切的是共析转变及相图部分。图 3-15 即为铁碳合金共析相图部分。共析点 S，共析温度 727℃，共析成分含碳 0.77%，产物共析体是（$\alpha + Fe_3C$）。

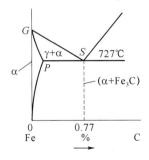

图 3-15　铁碳合金共析相图部分

1. 退火与正火的可能性

由图看出，在共析成分（或亚共析、过共析），铁碳合金的两个相 α 相和 Fe_3C 相，加热 727℃ 将变为 γ 相（主要是 α 相变为 γ 相，Fe_3C 分解溶进去）。

研究知道，γ 相晶核是在 α 相晶粒晶界上产生并长大的，因此一个 α 相晶粒可以生成若干个 γ 相晶核并长成晶粒。

在冷却不太快时，γ 相又要向 α 相转变，同样 α 晶核又在 γ 相晶粒晶界周围产生、长大，因此一颗 γ 相晶粒又可变为若干颗 α 相晶粒，原先加热生成的若干 γ 相晶粒将再变为更多的 α 相晶粒。如此一热一冷，就达到细化晶粒组织的目的。如图 3-16 所示。

三个
α相晶粒

若干个
γ相晶粒

更多个
α相晶粒

图 3-16　少量晶粒经加热、冷却，变为更多晶粒示意图

2. 淬火的可能性

仍以共析成分为例，在 α 与 Fe_3C 两相变为单相 γ 相后，研究表明，当冷却速度更快时，γ 相在以后的转变中，因收缩激烈，使里面碳原子来不及析出，便整个形成了与共析组织不同的亚稳定结构的新相，从而引起材料性能发生变化。

总的来说，相图中存在单相固溶体、同素异构转变、共析转变，是热处理可能性成立的基础。

思考题

一、判断题

1. 组成合金的组元必须是金属元素。　　　　　　　　　　　　　　　　（　　）

2. 金属形成固溶体后，因溶质原子的加入而使溶剂晶格发生歪扭，从而使晶格产生缺陷，导致金属的强度、硬度降低。　　　　　　　　　　　　　　　　（　　）

3. 固溶体的晶格仍然保持溶剂的晶格。　　　　　　　　　　　　　　　（　　）

4. 间隙固溶体只能是有限固溶体，置换固溶体可以是无限固溶体。　　（　　）

5. 只有两种或两种以上的金属元素熔合在一起所形成的具有金属特性的物质才称为合金。　　　　　　　　　　　　　　　　　　　　　　　　　　　　（　　）

6. 纯金属是导电的，而合金则是不能导电的。　　　　　　　　　　　（　　）

7. 固溶体的强度一般比构成它的纯金属高。　　　　　　　　　　　　（　　）

8. 合金的结晶是在恒温下完成的。　　　　　　　　　　　　　　　　（　　）

9. 二元合金相图的纵坐标通常是温度。 （　　）

10. 结晶就是原子由不规则的排列状态过渡到规则排列状态的过程。 （　　）

11. 纯金属和合金的结晶都是在恒温下完成的。 （　　）

12. 共晶反应和共析反应的反应相和产物都是相同的。 （　　）

13. 铸造合金常选用共晶或接近共晶成分的合金，要进行塑性变形的合金常选用具有单相固溶体成分的合金。 （　　）

14. 合金的强度与硬度不仅取决于相图类型，还与组织的细密程度有较密切的关系。 （　　）

15. 合金中的固溶体一般塑性较好，而金属化合物的硬度较高。 （　　）

16. 共晶反应和共析反应都是在一定浓度和温度下进行的。 （　　）

17. 共晶点成分的合金冷却到室温下为单相组织。 （　　）

18. 初生晶和次生晶的晶体结构是相同的。 （　　）

19. 根据相图，我们不仅能够了解各种合金成分的合金在不同温度下所处的状态及相的相对量，而且还能知道相的大小及其相互配置的情况。 （　　）

20. 亚共晶合金的共晶转变温度与共晶合金的共晶转变温度相同。 （　　）

21. 过共晶合金发生共晶转变的液相成分与共晶合金成分是一致的。 （　　）

22. 二元合金系中两组元只要在液态和固态下能够相互溶解，并能在固态下形成固溶体，其相图就属匀晶相图。 （　　）

23. 凡合金两组元能满足形成无限固溶体的条件都能形成匀晶相图。 （　　）

24. 所谓共晶转变，是指一定成分的液态合金，在一定的温度下同时结晶出两种不同固相的转变。 （　　）

25. 共晶合金的特点是在结晶过程中有某一固相先析出，最后剩余的液相成分在一定的温度下都达到共晶点成分，并发生共晶转变。 （　　）

26. 由一种成分的固溶体，在一恒定的温度下同时析出两个一定成分的新的不同固相的过程，称为共析转变。 （　　）

27. 共晶转变虽然是液态金属在恒温下转变成另外两种固相的过程，但和结晶有本质的不同，因此不是一个结晶过程。 （　　）

28. 由于共析转变前后相的晶体构造、晶格的致密度不同，所以转变时常伴随着体积的变化，从而引起内应力。 （　　）

29. 两个单相区之间必定有一个由这两个相所组成的两相区隔开。两个单相区不仅能相交于一点，而且也可以相交成一条直线。 （　　）

30. 相图虽然能够表明合金可能进行热处理的种类，但并不能为制订热处理工艺参数提供参考依据。 （　　）

31. 合金固溶体的性能与组成元素的性质和溶质的溶入量有关，当溶剂和溶质确定时，溶入的溶质量越少，合金固溶体的强度和硬度就越高。 （　　）

二、简答题

1. 什么是固溶体？什么是金属化合物？它们的结构特点和性能特点各是什么？

2. 与纯金属相比，合金的结晶有何特点？

3. 什么是二元合金相图？简要描述二元合金相图的绘制过程。

4. 合金的性能和与相图之间有何联系？试简要介绍。

5. 对比纯金属与固溶体结晶过程的异同，分析固溶体结晶过程的特点。

6. 试述固溶强化、加工强化和弥散强化的强化原理，并说明它们的区别。

7. 什么是固溶体和化合物？它们的特性如何？

8. 何谓相图？相图能说明哪些问题？实际生产中有何应用价值？

9. 为什么固溶体合金结晶时成分间隔和温度间隔越大则流动性不好，分散缩孔大、偏析严重以及热裂倾向大？

10. 试比较共晶反应与共析反应的异同点。

11. 有两个形状和尺寸都完全相同的 Cu-Ni 合金铸件，其中一个铸件的 $w(Ni) = 90\%$，另一铸件的 $w(Ni) = 50\%$，铸造后哪一个偏析严重？为什么？

12. 请解释下列现象：（1）电阻丝大多用固溶体合金制造；（2）大多数铸造合金都选用共晶成分或接近共晶成分；（3）若室温下存在固溶体 + 化合物两相，不易进行冷变形，往往把它加热至单相固溶体态进行热变形；（4）若要提高具有共晶成分的铸件的性能，往往增加浇注时的过冷度；（5）钢中若含硫量高会产生热脆性。

第四章 铁碳合金及碳钢

铁碳相图建立

第一节 铁碳合金相图

铁碳相图是表示在缓慢冷却（加热）条件下（即平衡状态）不同成分的钢和铸铁在不同温度下所具有的组织或状态的一种图形。它清楚地反映了铁碳合金的成分、组织、性能之间的关系，是研究钢和铸铁及其加工处理（铸、锻、焊、热处理等加工工艺）的重要理论基础，是长期生产实践和科学试验的结晶，是研究铁碳合金的基础。图 4-1 为 $Fe-Fe_3C$ 简化相图全貌。

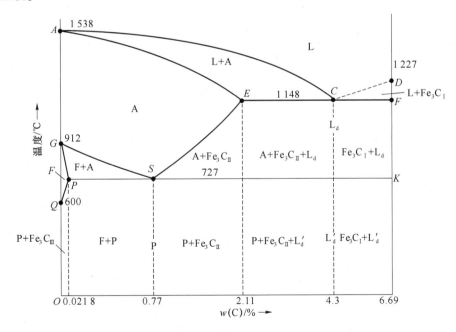

图 4-1 $Fe-Fe_3C$ 简化合金相图

一、$Fe-Fe_3C$ 相图分析

分析 $Fe-Fe_3C$ 相图时，除了要理解其组元和组成相的结构、基本性质外，还要熟悉相图中各个重要的点、线、相区及其物理意义。

（一）Fe – Fe₃C 相图（图 4 – 1）主要特性点

A 点为纯铁的熔点。

D 点为渗碳体的熔点。

E 点为在 1 148℃时碳在 γ – Fe 中最大溶解度，能溶碳 2.11%。钢与生铁即以 *E* 点含碳量为界，凡含碳量小于 2.11% 的铁碳合金，称为钢，含碳量大于 2.11% 的铁碳合金，称为生铁。

C 点为共晶点。这点上的液态合金将在恒温下同时结晶出奥氏体和渗碳体所组成的细密的机械混合物（共晶体）。

G 点为 α – Fe ⟺ γ – Fe 同素异构转变温度。

P 点为在 727℃时碳在 α – Fe 中最大溶解度。

S 点为共析点。这点上的奥氏体将在恒温下同时析出铁素体和渗碳体的细密的机械混合物。

表 4 – 1 列出了 Fe – Fe₃C 相图中各主要点的温度、成分及其含意。

表 4 – 1　Fe – Fe₃C 相图主要特性点

符号	温度/℃	含碳量/%	含义
A	1 538	0	纯铁的熔点
C	1 148	4.30	共晶点 $L_\sigma \Longleftrightarrow A_S + Fe_3C$
D	1 227	6.69	渗碳体的熔点
E	1 148	2.11	碳在 γ – Fe 中的最大溶解度
G	912	0	α – Fe ⟺ γ – Fe 同素异构转变点
P	727	6.69	共析渗碳体的成分点
S	727	0.77	共析点 $A_S \Longleftrightarrow F_P + Fe_3C$

（二）Fe – Fe₃C 相图（图 4 – 1）中的特性线

ACD 线为液相线。在此线以上合金处于液体状态，即液相（L）。含碳小于 4.3% 的合金冷却到 *AC* 线温度时开始结晶出奥氏体（A），含碳大于 4.3% 的合金冷却到 *CD* 线温度时开始结晶出渗碳体，称为一次渗碳体，用 Fe₃C₁ 表示。

AECF 线为固相线。在此线以下，合金完成结晶，全部变为固体状态。

AE 线是合金完成结晶，全部转变为奥氏体的温度线。

ECF 线叫共晶线，是一条水平恒温线。液态合金冷却到共晶线温度(1 148℃)时，将发生共晶转变而生成莱氏体（Lₐ）。含碳为 2.11% ~6.69% 的铁碳合金结晶时均会发生共晶转变。

ES 线是碳在奥氏体中的溶解度曲线，通常称为 *A*cm 线。碳在奥氏体中的最大溶解度是 *E* 点（含碳 2.11%），随着温度的降低，碳在奥氏体中的溶解度减小，将由奥氏体中析出二次渗碳体，用 Fe₃C₁₁ 表示。

GS 线是奥氏体冷却时开始向铁素体转变的温度线，通常称为 A_3 线。

PSK 叫共析线，通常称为 A_1 线。奥氏体冷却到共析线温度（727℃）时，将发生共析转变为珠光体（P），含碳大于 0.021 8% 的铁碳合金均会发生共析转变。

PQ 线是碳在铁素体中的溶解度曲线。碳在铁素体中最大溶量是 *P* 点（含碳 0.021 8%），当温度下降时，铁素体中的溶碳量沿 *PQ* 线逐渐减少，600℃时铁素体中的溶碳量为 0.005 7%。

从727℃冷却到室温的过程中，铁素体内多余的碳将以渗碳体的形式析出，称为三次渗碳体，用 Fe_3C_{III} 表示。

表 4-2 归纳了 $Fe-Fe_3C$ 合金相图的特性线及其意义。

表 4-2　$Fe-Fe_3C$ 相图中各主要特性线

特性线	特性线的含义
ACD	铁碳合金的液相线
AECF	铁碳合金的固相线
ECF	共晶线 $L_\sigma \rightleftharpoons A_S + Fe_3C$ 共晶转变线
PSK	共析线 $A_S \rightleftharpoons F_P + Fe_3C$ 共析转变线
ES	碳在奥氏体中的溶解度线（A_{cm}）
GS	奥氏体向铁素体转变开始温度线（A_3）

（三）$Fe-Fe_3C$ 相图（图 4-1）中的相区

（1）四个单相区：*ACD* 线以上区为液相区（L），*AESG* 区为奥氏体相区（A），*GPQ* 区为铁素体相区（F），*DFK* 垂线为渗碳体相区（Fe_3C）。

（2）五个两相区：$L+A$ 区、$L+Fe_3C_1$ 区、$A+F$ 区、$A+Fe_3C$ 区和 $F+Fe_3C$ 区。

（3）两个三相线：*ECF* 为（$L+A+Fe_3C$）三相线、*PSK* 为（$A+F+Fe_3C$）三相线。

（四）$Fe-Fe_3C$ 相图（图 4-1）中铁碳合金的分类

$Fe-Fe_3C$ 相图中，不同成分的铁碳合金具有不同的显微组织和性能。通常，根据相图中 *P* 点和 *E* 点，可将铁碳合金分为三大类：工业纯铁、碳钢和白口铸铁。

1. 工业纯铁

成分在 *P* 点左面，含碳量小于 0.021 8%，室温显微组织为铁素体和微量三次渗碳体。

纯铁

2. 碳钢

成分在 *P* 点与 *E* 点之间，含碳量为 0.021 8% ~ 2.11%，其特点是高温组织为单相奥氏体，具有良好的塑性，因而适宜锻造、轧制等压力加工。

根据室温组织的不同，钢又可以分为以下三种。

（1）亚共析钢（0.021 8% < *w*(C) < 0.77%），室温组织为珠光体和铁素体。

（2）共析钢（含碳 0.77%），室温组织为珠光体。

（3）过共析钢（0.77% < *w*(C) ≤ 2.1.1%），室温组织为珠光体和二次渗碳体。

3. 白口铁

成分在 E 点右面，含碳量为 $2.11\% \sim 6.69\%$，其特点是液态结晶时都有共晶转变，因而有较好的铸造性能，但高温组织中渗碳体量多，性质很脆，不能锻造。宏观断口呈白亮色，故称为白口铸铁。

根据室温组织的不同，白口铸铁又可以分为三种：

（1）亚共晶白口铸铁，含碳量为 $2.11\% \sim 4.3\%$，室温组织为珠光体、二次渗碳体和低温莱氏体。

（2）共晶白口铸铁，含碳量为 4.30%，室温组织为低温莱氏体。

（3）过共晶白口铸铁，含碳量为 $4.3\% \sim 6.69\%$，室温组织为一次渗碳体和低温莱氏体。

二、典型铁碳合金的结晶过程分析

下面以几种典型的铁碳合金为例，分析它们的结晶过程和冷却过程中发生的平衡相变的规律。

1. 共析钢

图 4-2 中的I为含碳量 0.77% 的铁碳合金的成分垂线。温度在 1 点以上，合金保持均匀液相（L）状态，缓冷稍低于 1 点温度，开始从液相中结晶出奥氏体（A）。随着温度的下降，结晶出的奥氏体不断增加，其含碳量沿着固相线 AE 不断增多（在含碳小于 0.77% 的范围内），而剩余的液相数量不断减少，其含碳量沿液相线 AC 不断增多（在含碳大于 0.77% 的范围内），从液相中结晶出的奥氏体的含碳量不断增加，越来越接近I合金成分，已结晶出来的固相，由于温度较高，原子扩散能力较强，使先后结晶出来的固相成分均匀化，同时含碳量趋向于I合金成分。当温度降到略低于 2 点温度时，液相结晶结束，全部奥氏体的成分为I合金成分，完成了匀晶转变。从 2 点到 3 点温度范围内，铁碳合金以单相奥氏体缓慢冷却，其组织状态不变。待温度冷却到稍低于 3 点（727°C）时，共析成分的奥氏体开始发生共析转变：

$$A \Longleftrightarrow P(F + Fe_3C)$$

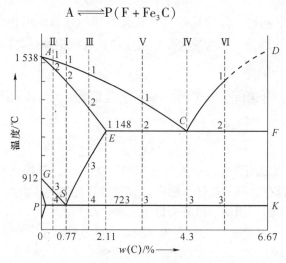

共析钢

图 4-2 典型铁碳合金结晶过程分析

即从含碳量为0.77%的奥氏体中同时析出含碳量为0.02%的铁素体和含碳量为6.89%的渗碳体，呈片层相间的两相机械混合物，称为珠光体组织（P）。其结晶过程组织转变如图4－3所示。

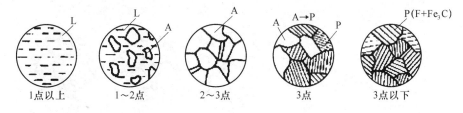

图4－3　共析钢结晶过程组织转变示意图

共析碳钢在室温下的显微组织，全部为珠光体组织。图4－4是珠光体的显微组织。

珠光体转变过程

图4－4　珠光体的显微组织

珠光体是层片状组织，在高倍显微镜下能清楚地看出相界面。在低倍显微镜下便看不清相界面，其中白色基体为铁素体，渗碳体呈条纹状。倍数过低时，珠光体呈黑团状。珠光体片层方向大致相同的区域称珠光体晶团。

由此可见，珠光体中渗碳体数量较铁素体数量少得多，珠光体组织实为在铁素体为基底上分布着窄层片状的渗碳体。

2. 亚共析钢

图4－2中的Ⅱ为亚共析钢的成分垂线。

当温度在1点以上时，该合金全部为液态。缓冷至稍低于1点温度，开始从液态中结晶出奥氏体。温度继续下降，结晶出的奥氏体量不断增多，其含碳量沿AE线增加，剩余液相数量不断减少，其含碳量沿AC线不断增加。当温度降到略低于2点温度时，液相全部转变成Ⅱ合金成分的奥氏体，完成匀晶转变。从2点到3点温度范围内，铁碳合金以单相奥氏体缓慢冷却，其组织状态不变。当Ⅱ合金冷却到稍低于3点温度时，开始从奥氏体中析出铁素体，含碳量甚微，称为先共析铁素体。随着温度的下降，铁素体量不断增加，含碳量沿GP线不断增多，而奥氏体量就逐渐减少，含碳量沿GS线逐渐增多。当温度降到稍低于4点温度（727℃），剩余奥氏体的含碳量增加到0.77%（S点），此时，奥氏体发生共析转变，形成珠光体，先析出的铁素体保持不变。这样，亚共析钢在共析转变结束后的组织为铁素体和珠光体。在 4 点以下，直到室温，组织基本没有什么变化。图 4-5 为亚共析钢的结晶示意图。

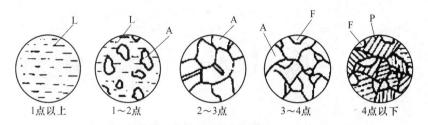

图 4-5　亚共析钢结晶过程组织转变示意图

图 4-6 为亚共析钢室温的显微组织。所有亚共析钢的相变过程均相似，它们室温下的组织都是由铁素体和珠光体组成的，其差别在于铁素体和珠光体的相对量不同。

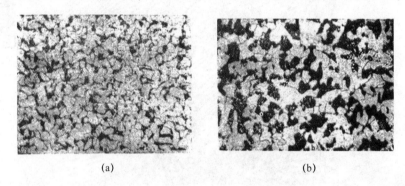

图 4-6　亚共析钢的室温显微组织

（a）含碳 0.10%；（b）含碳 0.30%

凡含碳量距共析成分越近的亚共析钢，其组织中所含的珠光体越多；凡含碳量距共析成分越远的亚共析钢，其组织中所含的铁素体量越多。

在显微分析中常以珠光体与铁素体的数量比来估计退火亚共析钢的含碳量。钢的含碳量等于珠光体的含碳量加铁素体的含碳量，由于在室温下铁素体的含碳量极少，可以忽略不计。

通常根据显微组织中珠光体所占的面积，粗略地确定亚共析钢中的含碳量。

3. 过共析钢

图 4-2 中的Ⅲ为含碳量 1.2% 的铁碳合金的成分垂线。

过共析钢在 1 点到 3 点温度区间的结晶过程与共析钢相同。当合金冷至（稍低于）3 点温度时，奥氏体中的溶碳量达到饱和，开始从奥氏体中析出且沿奥氏体晶界呈网状分布的二次渗碳体，亦称先共析渗碳体。随着温度的下降，奥氏体的溶碳量不断减少，析出的二次渗碳体量不断增加，奥氏体量相对减少，其含碳量沿 ES 线而逐渐减少。当温度降至（稍低于）4 点（727℃）时，奥氏体的含碳量达到 0.77%，此时，奥氏体发生共析转变，形成珠光体。先析出的二次渗碳体不变。图 4-7 为过共析钢结晶过程组织变化示意图。

所有过共析钢的结晶过程均相似，只是随着钢中含碳量的增加，使二次渗碳体的数量增加，珠光体的相对量减少。从 727℃ 冷至室温过共析钢的显微组织几乎没有什么变化，如图 4-8 所示。

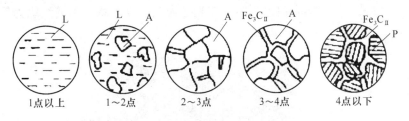

图4-7 过共析钢结晶过程示意图

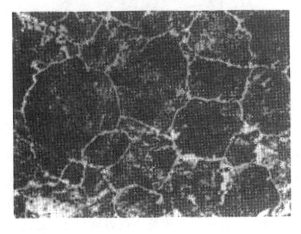

过共析钢

图4-8 过共析钢（含碳1.2%）的显微组织（500×）

4. 共晶白口铸铁

共晶白口铸铁

图4-2中Ⅳ为该合金的成分垂线。

1点温度以上为液态，当缓慢冷至稍低于1点（共晶点）温度时，合金将发生共晶转变，即在恒温下从含碳量4.3%的液相中同时结晶出含碳2.11%的奥氏体和渗碳体。共晶转变产物为两相混合物，称高温莱氏体（L_d），其组织形态是呈颗粒状的奥氏体分部在渗碳体基体上。随着温度的降低，共晶奥氏体的含碳量沿着 ES 线逐渐减少，不断析出二次渗碳体（Fe_3C_{II}）。当冷却到2点温度（727℃）时，共晶奥氏体的含碳量降到0.77%，发生共析转变形成珠光体。在发生共析转变中，渗碳体（共晶渗碳体和二次渗碳体）不发生变化。从2点温度冷至室温，组织几乎不发生变化，最终的组织是低温莱氏体 L_d'。因为共晶白口铁组织以渗碳体为基，沿奥氏体晶粒边界析出的二次渗碳体依附在共晶渗碳体上，显微组织分析难以区分。

图4-9为共晶白口铁的结晶过程组织转变示意图。图4-10为共晶白口铁室温状态的显微组织。

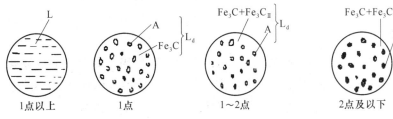

图4-9 共晶白口铁结晶过程示意图

由图 4－10 可见，渗碳体为白色基体，珠光体为黑色点条状，称其组织为低温莱氏体，用符号 L_d' 表示。

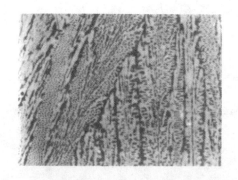

图 4－10　共晶白口铁的显微组织（100×）

5. 亚共晶白口铁

图 4－2 中 V 为该合金的成分垂线。

1 点温度以上为液态，冷却至稍低于 1 点温度时，开始从液相中结晶出奥氏体。随着温度的缓慢降低，奥氏体量不断增多，奥氏体的含碳量沿 AE 线不断增加，液体不断减少，液体的含碳量沿 AC 线不断增加。当温度冷却至 2 点温度（1 148℃），奥氏体的含碳量达到 2.11%，剩余液体含碳量达到 4.30%（共晶成分），液态合金发生共晶转变。共晶转变后合金的组织为从液体结晶出来的奥氏体（A）和共晶莱氏体 L_d（A＋Fe₃C）。随着温度的继续降低，合金中的所有奥氏体的含碳量都沿着 ES 线逐渐减少，并不断析出二次渗碳体。当温度降至稍低于 3 点（727℃）时，全部奥氏体都发生共析转变，形成珠光体。从 3 点温度降至室温，组织几乎不发生变化。图 4－11 为亚共晶白口铁的结晶过程组织转变示意图。室温下的组织为 $P＋Fe_3C_{II}＋L_d'（P＋Fe_3C）$。

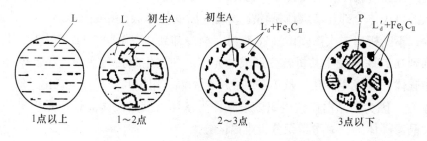

图 4－11　亚共晶白口铁的结晶过程示意图

亚共晶白口铁的组织形态如图 4－12 所示。其中粗大黑色树枝状部分为珠光体，其周围白色网状物为二次渗碳体，其余是以白色渗碳体为基体和细小点状珠光体组成的混合物，即低温莱氏体。

上述对含碳量为 3% 的白口铁结晶过程的分析，同样适用于其他成分的亚共晶白口铁。所有亚共晶白口铁在缓冷后室温平衡组织皆为珠光体、二次渗碳体和莱氏体组成，只是含碳量越高，室温组织中的莱氏体量也越多，珠光体量则越少，反之亦然。

图 4-12 亚共晶白口铁的显微组织（100×）

6. 过共晶白口铁

图 4-2 中的Ⅵ是该合金的成分垂线。

1 点温度以上为液态，冷却至稍低于 1 点温度，开始结晶出一次渗碳体（Fe_3C_I）。随着温度的下降，一次渗碳体的量不断增多，剩余液相量不断减少，其含碳量沿 DC 线不断减少。当缓慢冷至稍低于 2 点温度（1 148℃）时，剩余液相含碳量减到 4.30%，发生共晶转变，形成共晶莱氏体 L_d（$A + Fe_3C$）。在共晶转变结束时，合金的组织为一次渗碳体和共晶莱氏体。

随着温度的继续降低，一次渗碳体不变，莱氏体中的共晶奥氏体成分沿着 ES 线变化，含碳量不断减少，而不断析出二次渗碳体，合并于共晶渗碳体基体中，无法分辨。当温度降到稍低于 3 点温度（727℃）时，共晶莱氏体中的共晶奥氏体的含碳量达到 0.77%，发生共析转变而形成珠光体，此时的共晶莱氏体称为低温莱氏体 L_d'（$P + Fe_3C_{II} + Fe_3C$）。继续冷却至室温，组织几乎不发生变化，所以，过共晶白口铁的室温组织为一次渗碳体和低温莱氏体，即 $Fe_3C_I + L_d'$。图 4-13 为过共晶白口铁结晶过程组织转变示意图，图 4-14 为过共晶白口铁显微组织状态。

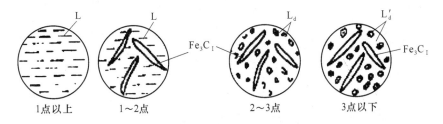

图 4-13 过共晶白口铁的结晶过程示意图

所有过共晶白口铁的结晶过程与室温组织均相似，只是含碳量越接近共晶成分的合金，室温组织中莱氏体量越多，反之，一次渗碳体量就越多。

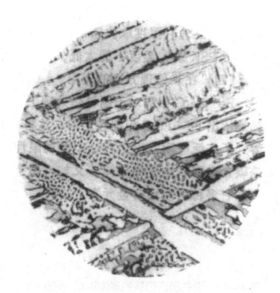

图4-14　过共晶白口铁显微组织（100×）

三、铁碳合金的成分—平衡组织—性能之间的关系

（一）含碳量与平衡组织间的关系

根据对各种成分的铁碳合金缓慢冷却时进行的平衡相变过程的分析，将铁碳合金室温平衡组织综合于表4-3。

表4-3　铁碳合金室温平衡组织

名称	含碳量/%	平衡组织
工业纯铁	$w(C) < 0.0218$	铁素体或铁素体+少量三次渗碳体（$F + Fe_3C_{III}$）
亚共析钢	$0.0218 < w(C) < 0.77$	铁素体+珠光体 $[F + P (F + Fe_3C)]$
共析钢	0.77	珠光体（P）
过共析钢	$0.77 < w(C) < 2.11$	珠光体+二次渗碳体（$P + Fe_3C_{II}$）
亚共晶白口铁	$2.11 < w(C) < 4.3$	珠光体+二次渗碳体+低温莱氏体 $[P + Fe_3C_{II} + L'_d(P + Fe_3C_{II} + Fe_3C)]$
共晶白口铁	4.30	低温莱氏体 $[L'_d(P + Fe_3C_{II} + Fe_3C)]$
过共晶白口铁	$4.30 < w(C) < 6.69$	低温莱氏体+一次渗碳体 $[L'_d(P + Fe_3C_{II} + Fe_3C) + Fe_3C_I]$

不同种类的铁碳合金，其室温组织是不同的，如图4-15所示。随着含碳量的增加，铁碳合金的室温平衡组织变化是：

$$F \rightarrow F + P \rightarrow P \rightarrow P + Fe_3C_{II} \rightarrow P + Fe_3C_{II} + L_d \rightarrow L_d \rightarrow Fe_3C_{II} + L_d$$

根据铁碳相图可知，随着含碳量的不断增加，碳存在的形式、形态也随之发生变化。即开始碳以原子状态，微量溶于 $\alpha - Fe$ 体心立方晶格中，形成铁素体；以后以 Fe_3C 的形式存在，分布在铁素体的晶界上（Fe_3C_{III}）与铁素体形成机械混合物（P）；分布在奥氏体的晶界上（Fe_3C_{II}），室温下网状存在；在共晶莱氏体中，渗碳体以基体出现；随着含碳量的增多，在过共晶白口铁中，以先结晶出的一次渗碳体且呈长条状存在。这个过程，不仅渗碳体的相对量不断增加，而且渗碳体的形态和分布也在变化，由此引起了性能的变化。

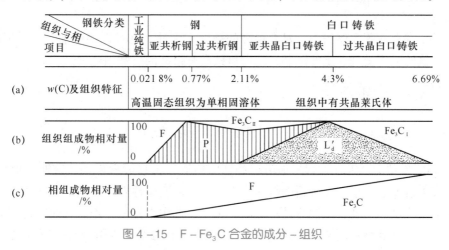

图 4-15 F-Fe_3C 合金的成分-组织

（二）含碳量与力学性能之间的关系

在铁碳合金中，碳的存在形式、含碳量的多少，对机械性能有直接影响。含碳量很低的纯铁，由单相铁素体构成。铁素体在 200℃ 以下的溶碳能力很小，故塑性好，而强度、硬度较低。亚共析钢的组织是由铁素体和珠光体组成的，随着含碳量的增加，组织中珠光体的数量相应增加，钢的强度硬度直线上升，而塑性相应地降低。共析钢是由片层状的珠光体组成的，故其有较高的强度和硬度，但塑性较低。过共析钢的组织是由珠光体和二次渗碳体组成的，含碳量的增加使二次渗碳体数量逐渐增加并形成网状分布，从而使钢的脆性增加。特别是白口铁中渗碳体作为基体或以长条状分布在莱氏体基体上时，使铁碳合金的塑性和韧性大大下降，以致合金的强度也随之降低。

图 4-16 所示为含碳量对碳钢力学性能的影响。

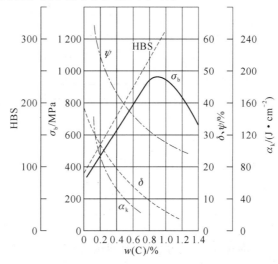

图 4-16 含碳量对碳钢的力学性能的影响（正火状态）

由图可见，当钢的含碳量小于 0.9% 时，随着含碳量的增加，钢的强度、硬度直线上升，而塑性、韧性不断下降。当钢中的含碳量大于 0.9% 时，虽然由于渗碳体增多而使硬度升高，但由于渗碳体呈网状沿晶界分布，不仅使钢的塑性、韧性进一步降低，而且强度也明显下降。为了保证工业上使用的钢具有足够的强度，并具有一定的塑性和韧性，钢中含碳量一般不超过 1.5%。

白口铁中都存在莱氏体组织，具有很高的硬度和脆性，既难以切削加工，也不能锻造，因此，白口铁的应用受到一定的限制，但白口铁具有很高的抗磨损能力。

四、铁碳相图的应用

（一）在选材方面的应用

Fe_3C 相图总结了铁碳合金的平衡组织和性能随成分变化的规律，这就便于根据工件的服役条件和性能要求，来选择合适的材料。例如，若需要塑性好、韧性高的材料，可选用低碳钢；若需要强度、硬度、塑性等都较好的材料，可选用中碳钢；若需要硬度高、耐磨性好的材料，可选用高碳钢；若需要耐磨性能高，不受冲击的工件所用材料，可选用白口铸铁材料。

（二）制订加工工艺方面的应用

铁碳合金相图总结了不同成分的合金在缓慢加热和冷却时组织变化的规律，这就为制订热加工工艺提供了依据，如图 4 – 17 所示。

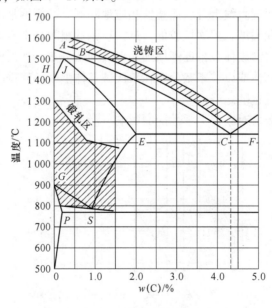

图 4 – 17 Fe_3C 相图与铸锻工艺的关系

1. 铸造方面

根据相图中的液相线，确定不同成分的合金的浇注温度，为制订铸造工艺提供基本数据。

由相图可见，随着合金含碳量的增加，合金的熔点越来越低，所以，碳钢铸造时的熔化温度与浇注温度都要比生铁铸造时得多。相图还表明，共晶成分的铁碳合金，熔点最低，结晶温度范围最小，具有较好的铸造性能。因此，在铸造生产中接近共晶成分的铸铁得到了广泛的应用。

2. 锻、轧方面

奥氏体是面心立方晶格，强度较低，塑性较好，便于塑性变形。因此，钢材的轧制或锻造选择在单相奥氏体区适当温度范围进行，一般锻轧温度控制在固相线以下100℃～200℃。温度过高，不仅使材料严重氧化，甚至还会发生晶界熔化。终锻、终轧温度因钢种不同而异。对于亚共析钢，一般控制在奥氏体区 GS 线以上，以免锻、轧时铁素体呈带状组织，降低钢的韧性；对于过共析钢，则选择在 ES 线以下某温度范围和 PSK 线以上某温度范围，其目的是打碎网状二次渗碳体，锻、轧终止温度不宜太高，否则，再结晶后奥氏体的晶粒粗大，使钢的性能变坏。通常各种碳钢的始锻温度为1 150℃～1 250℃，终锻温度为750℃～850℃。

3. 焊接方面

焊接过程中，焊缝处在金属熔融状态，从焊缝到母材的各区域温度变化是不同的，把它与相图上相应温度区域对照比较，就可知其组织状态和性能情况。在随后的冷却中，也可能出现不同的组织和性能变化，这就需要在焊接后采用热处理方法加以改善。铁碳合金相图为焊接和焊接后的热处理工艺提供了依据。

4. 热处理方面

进行热处理时，更是离不开 Fe – Fe$_3$C 相图，如退火、正火、淬火的加热温度都得参考 Fe – Fe$_3$C 相图加以选择。

(三) 生产实践中使用 Fe – Fe$_3$C 相图应注意的问题

(1) Fe – Fe$_3$C 相图中只有铁和碳两种元素。生产实践中使用的铁碳合金，除含铁、碳两元素外，尚有其他多种杂质或合金元素，这些元素对相图将有所影响，应予以考虑。

(2) Fe – Fe$_3$C 相图虽然表示了铁碳合金在不同温度下的组织状态，但要特别注意，这种组织是以极缓慢冷却速度冷却得到的平衡组织，而实际生产中，冷却速度不可能如此缓慢，在冷却速度较大时，合金的临界点及其冷却后的组织都将与上述相图中所表示的不同。

第二节　碳　　钢

通常将含碳量小于2.11%的铁碳合金称为碳钢。实际使用的碳钢，其含碳量一般不超过1.5%。由于碳钢容易冶炼，价格低廉，性能可以满足一般工程机械、普通机械的零件、工具及日常轻工产业的使用要求，因此，碳钢在工业中得到广泛应用。在我国碳钢产量约占钢总产量的90%，所以碳钢的生产和应用在国民经济中占有重要地位。为了在生产上合理选择、正确使用各种碳钢，必须简要地了解我国碳钢的分类、编号和用途，以及一些常存杂质元素对碳钢的影响。

一、常存杂质元素对碳钢性能的影响

实际使用的碳钢并不是单纯的铁碳合金，其中或多或少包含一些杂质元素。常存的杂质元素有 Si、Mn、S、P 四种。现分述如下。

（一）硫的影响

硫是在冶炼过程中由生铁及燃料而带入钢中的杂质。在固态下，硫在铁中的溶解度极小。硫在钢中以 FeS 的形式存在，而 FeS 和 Fe 形成熔点较低（985℃）的共晶体，分布在奥氏体的晶界上，冷却时最晚结晶，加热时最先熔化。当钢加热到 1 000℃ ~ 1 200℃进行热加工时，FeS 共晶体已熔化，并使晶粒脱开，导致钢材沿晶界开裂，使钢材变得极脆。这种现象称为热脆。硫对钢的焊接有不良影响，导致焊缝容易产生热裂，在焊接过程中硫易于氧化，生成 SO_2 气体，使焊缝中产生气孔和疏松。铸钢件含硫高时，也会由于铸造应力的作用发生热裂。因此，为了避免热脆，必须严格控制钢中的含硫量。

增加钢中的含锰量，可以消除硫的有害作用。因为 Mn 与 S 的亲和力比 Fe 和 S 的亲和力大，Mn 可以取代 Fe 而形成 MnS。MnS 的熔点（1 620℃）高，在高温下又有一定的塑性，且呈粒状分布在晶粒内，避免了热脆现象。在钢中有较多的 MnS 时，在切削加工中 MnS 能起断屑的作用，可改善钢的切削加工性。

（二）磷的影响

磷一般由生铁带入钢中，室温时磷在 α – Fe 中的溶解度大约略小于 0.1%，因而在一般情况下，钢中的磷能全部溶于铁素体中，能使钢的强度、硬度增加，但却使室温下的钢的塑性和韧性大大下降，这种脆化现象在低温时更严重，称为冷脆。磷在合金结晶过程中容易偏析，使局部含磷增多，局部发生冷脆。

磷的冷脆作用，有时可以利用，如把含磷量提高到 0.08% ~ 0.15%，使铁素体适当脆化，可以提高钢材的切削加工性。如，炮弹钢 C 0.6% ~ 0.9%，Mn 0.8% ~ 1.0%中加入较多的磷，使钢的脆性增大，炮弹爆炸时，碎片增多，可增加杀伤力。

（三）锰的影响

锰由生铁和脱氧剂带入钢中。在碳钢中一般含锰量在 0.25% ~ 0.8%范围之内。锰大部分溶于铁素体中，形成置换固溶体并使铁素体强化。锰与硫形成 MnS 以消除硫的有害作用。锰还能增加珠光体的相对量，并细化珠光体，从而提高钢的强度。锰作为小量杂质存在时，对钢性能的影响并不显著。

（四）硅的影响

硅由生铁和脱氧剂带入钢中。硅在钢中作为杂质存在时，通常小于 0.4%，硅能溶于铁素体，使铁素体强化，从而使钢的强度、硬度、弹性均提高，但塑性、韧性均降低。当硅含量不多，作为少量杂质存在时，对钢性能的影响亦不显著。

二、碳钢的分类

碳钢的分类方法很多，这里只介绍几种常用的分类方法。

（一）按钢的含碳量分类

（1）低碳钢：含碳量≤0.25%的钢。

（2）中碳钢：含碳量为0.25%~0.60%的钢。

（3）高碳钢：含碳量≥0.60%的钢。

（二）按钢的用途分类

1. 碳素结构钢

这类钢主要用于制造各类工程构件及各种机器零件。它多属于低碳钢和中碳钢。

2. 碳素工具钢

这类钢主要用于制造各种刀具、量具和模具。这类钢含碳量较高，一般属于高碳钢。

（三）按质量分类

按钢中有害杂质硫、磷含量分为：

1. 普通钢

钢中含硫量≤0.055%，含磷量≤0.045%，或硫、磷含量均≤0.050%。

2. 优质钢

钢中硫、磷含量均应≤0.040%。

3. 高级优质钢

钢中含硫、磷杂质最少，含硫量≤0.030%，含磷量≤0.035%。

（四）按冶炼方法分类

工业用钢可分为平炉钢、转炉钢和电炉钢三大类，每一类按照炉衬的材料还可分为碱性和酸性两大类。

根据炼钢的脱氧程度，又可分为沸腾钢、镇静钢和半镇静钢。

三、碳钢的编号、性能和用途

（一）碳素结构钢

这类钢的杂质及非金属夹杂物要求不高，冶炼容易，工艺性能好，价格低廉，在性能上也能满足一般工程结构及普通零件的要求，所以应用较普遍。

碳素结构钢的牌号，用钢材的屈服点指标来表示，代号用Q，牌号用Q+数字表示。Q为"屈"汉字拼音字首，数字表示屈服点数值。例如，Q275，表示屈服点$\sigma_s = 275$ MPa。如在牌号后面标注字母A、B、C、D，则表示钢材含硫、磷不同。A级，硫、磷含量最高；D级，硫、磷含量最低。若牌号后面标注字母"F"，为沸腾钢；标注"b"，为半镇静钢；标注"Z"的为镇静钢。

表4-4为碳素结构钢的牌号、化学成分及力学性能。

表4-4　碳素结构钢的牌号、化学成分及力学性能

牌号	质量等级	力学性能				应用范围
		σ_b/MPa	δ_s/%	σ_s/MPa	A_K/J	
Q295	A	390~570	23	295	—	低、中压化工容器，低压锅炉汽包，车辆冲压件，建筑金属构件，输油管，储油罐，有低温要求的金属构件
	B	390~570	23	295	34（20℃）	
Q345	A	470~630	21	345	—	各种大型船舶，铁路车辆，桥梁，管道，锅炉，压力容器，石油储罐，水轮机涡壳，起重及矿山机械，电站设备，厂房钢架等承受动载荷的各种焊接结构件，一般金属构件、零件
	B	470~630	21	345	34（20℃）	
	C	470~630	22	345	34（0℃）	
	D	470~630	22	345	34（-20℃）	
	E	470~630	22	345	27（-40℃）	
Q390	A	490~650	19	390	—	中、高压锅炉汽包，中、高压石油化工容器，大型船舶，桥梁，车辆及其他承受较高载荷的大型焊接结构件；承受动载荷的焊接结构件，如水轮机涡壳
	B	490~650	19	390	34（20℃）	
	C	490~650	20	390	34（0℃）	
	D	490~650	20	390	34（-20℃）	
	E	490~650	20	390	27（-40℃）	
Q420	A	520~680	18	420	—	中、高压锅炉及容器，大型船舶，车辆，电站设备及焊接结构件
	B	520~680	18	420	34（20℃）	
	C	520~680	19	420	34（0℃）	
	D	520~680	19	420	34（-20℃）	
	E	520~680	19	420	27（-40℃）	
Q460	C	550~720	17	460	34（0℃）	淬火、回火后用于大型挖掘机、起重运输机械、钻井平台等
	D	550~720	17	460	34（-20℃）	
	E	550~720	17	460	27（-40℃）	

（二）优质碳素结构钢

优质碳素结构钢的含硫、磷量均限制严格，在0.04%以下。非金属夹杂物也较少。出厂时，既保证化学成分，又保证力学性能。因此，塑性和韧性都比碳素结构钢为佳，主要用做机械零件及弹簧等。

根据化学成分的不同，优质碳素结构钢又分为正常含锰量和较高含锰量钢两类。

优质碳素结构钢的表示方法如下。

1. 正常含锰量的优质碳素结构钢

所谓正常含锰量，对于含碳量小于0.25%的优质碳素结构钢，含锰量为0.35%~0.65%；而对于含碳量大于0.25%的优质碳素结构钢，含锰量为0.50%~0.80%。

这类钢的牌号用两位数字表示，表示平均含碳量的万分之几。例如，钢号20，表示平均含碳

量为 0.20%；钢号 08，表示平均含碳量为 0.08%；钢号 45，表示平均含碳量为 0.45%。

2. 较高含锰量的优质碳素结构钢

所谓较高含锰量，对于含碳量为 0.15% ~ 0.60% 的优质碳素结构钢，含锰量为 0.70% ~ 1.00%；而含碳量大于 0.60% 的优质碳素结构钢，含锰量为 0.90% ~ 1.2%。

这类钢的表示方法是在表示含碳量的两位数字后面附以汉字"锰"或化学元素符号 Mn。例如，钢号 20Mn，表示平均含碳量为 0.20% 的钢；钢号 40Mn，表示平均含碳量为 0.40%，其含锰量均为 0.70% ~ 1.00% 的钢。

常用优质碳素结构钢的牌号、化学成分和力学性能列于表 4 - 5 中。

表 4 - 5　常用优质碳素结构钢的牌号、主要成分、力学性能及用途

牌号	$w(C)/\%$	σ_s	σ_b	δ_5	ψ	$\alpha_k /$ $(J \cdot cm^{-2})$	HBS		主要用途
		MPa		%			热轧	退火	
		不小于					不大于		
08F	0.05 ~ 0.11	175	295	35	60	—	131	—	塑性好，焊接性好，宜制作冷冲压件、焊接件及一般螺钉、铆钉、垫圈、螺母、容器渗碳件（齿轮、小轴、凸轮、摩擦片等）等
08	0.05 ~ 0.12	195	325	33	60	—	131	—	
10F	0.07 ~ 0.14	185	315	33	55	—	137	—	
10	0.07 ~ 0.14	205	335	31	55	—	137	—	
15F	0.12 ~ 0.19	205	355	29	55	—	143	—	
15	0.12 ~ 0.19	225	375	27	55	—	143	—	
20	0.17 ~ 0.24	245	410	25	55	—	156	—	
25	0.22 ~ 0.30	275	450	23	50	90	170	—	
30	0.27 ~ 0.35	295	490	21	50	80	179	—	综合力学性能优良，宜制作承受力较大的零件，如连杆、曲轴、主轴、活塞杆、齿轮
35	0.32 ~ 0.40	315	530	20	45	70	197	—	
40	0.37 ~ 0.45	335	570	19	45	60	217	187	
45	0.42 ~ 0.50	355	600	16	40	50	229	197	
50	0.47 ~ 0.55	375	630	14	40	40	241	207	
55	0.52 ~ 0.60	390	645	13	35	—	255	217	
60	0.57 ~ 0.65	400	675	12	35	—	225	229	屈服点高，硬度高，宜制作弹性元件（如各种螺旋弹簧、板簧等）以及耐磨零件、弹簧垫圈、轧辊等
65	0.62 ~ 0.70	410	695	10	30	—	225	229	
70	0.67 ~ 0.75	420	715	9	30	—	269	220	
75	0.72 ~ 0.80	880	1 080	7	20	—	285	241	
80	0.77 ~ 0.85	930	1 080	6	30	—	285	241	
85	0.82 ~ 0.90	980	1 130	6	30	—	302	255	

(三) 碳素工具钢

这类钢的编号原则是在"碳"或"T"字的后面附以数字来表示。数字表示钢中平均含碳量为千分之几。

例如，T7，T8，…，T13，分别表示平均含碳量为 0.7%，0.8%，…，1.3%。若为高级优质碳素工具钢，则在牌号后再附以"高"或"A"字，例如，T12A 等。

这类钢热处理后具有高的硬度和耐磨性，主要用于制造各种刀具、量具、模具和耐磨零件。这类钢随着含碳量的增加，韧性逐渐下降，因此，T7、T8 用于制造要求具有较高韧性

的工具，如冲头、锻模、锤等。T9、T10、T11 钢用于制造要求中韧性、高硬度的刀具。T12、T13 钢具有高的硬度及耐磨性，但韧性低，可制造量具、锉刀、精车刀等。

碳素工具钢的牌号、化学成分及硬度列于表 4 – 6 中。

表 4 – 6　碳素工具钢的牌号、化学成分及硬度

牌号	主要成分		退火后硬度（HBS）不大于	淬火温度/℃及冷却剂	淬火后硬度（HRC）不小于	用途举例
	$w(C)$ /%	$w(Mn)$ /%				
T7 T7A	0.65 ~ 0.74	≤0.40	187	800 ~ 820 水	62	用于承受冲击、要求韧性较好，但切削性能不太高的工具。如凿子、冲头、手锤、剪刀、木工工具、简单胶木模
T8 T8A	0.75 ~ 0.84			780 ~ 800 水		用于承受冲击、要求硬度较高和耐磨性好的工具。如简单的模具、冲头、切削软金属刀具、木工铣刀、斧、圆锯片等
T8Mn T8MnA	0.8 ~ 0.9	0.40 ~ 0.60				同上。因含 Mn 量高，淬透性较好，可制造端面较大的工具等
T9 T9A	0.85 ~ 0.94	≤0.40	192	760 ~ 780 水		用于要求韧性较好、硬度较高的工具。如冲头、凿岩工具、木工工具等
T10 T10A	0.95 ~ 1.04		197			用于不受剧烈冲击、有一定韧性及锋利刃口的各种工具。如车刀、刨刀、冲头、钻头、锥、手锯条、小尺寸冲模等
T11 T11A	1.05 ~ 1.14					同上。还可做刻锉刀的凿子、钻岩石的钻头等
T12 T12A	1.15 ~ 1.24		207			用于不受冲击，要求高硬度、高耐磨的工具。如锉刀、刮刀、丝锥、精车刀、铰刀、锯片、量规等
T13 T13A	1.25 ~ 1.35		217			同上。用于要求更耐磨的工具。如剃刀、刻字刀、拉丝工具等

注：1. 淬火后硬度不是指用途举例中各种工具的硬度，而是指碳素工具钢材料在淬火后，未回火的最低硬度。

2. 表中数据摘自 GB 1296—1986《碳素工具钢》。

（四）碳素铸钢

铸钢含碳量一般为 0.15% ~ 0.60%。由铁碳合金相图可知，铸钢的熔化温度较高，铸钢在铸态时晶粒粗大，因此，铸钢件均需进行热处理。

铸钢在机械制造业中，用于制造一些形状复杂难以进行锻造或切削加工，又要求较高强度和塑性的零件。但是由于铸钢的铸造性能不佳，炼钢设备价格昂贵，故近来有以球墨铸铁部分代替铸钢的趋势。

铸钢的牌号前面是"ZG"二字，为"铸钢"汉语拼音字首。后面的第一组数表示屈服点，第二组数表示抗拉强度。

例如，ZG200 – 400，有良好塑性、韧性和焊接性，适用于受力不大，要求一定韧性的各种机械零件，如机座、变速器壳等。

ZG270 – 500 的强度较高和韧性较好，铸造性好，焊接性尚好，切削加工性好，用途广泛，常用做轧钢机机架、轴承座、连杆、缸体等。

ZG340 – 640 有高的强度、硬度和耐磨性，焊接性较差，用来做齿轮等。

常用碳素铸钢的牌号、化学成分和力学性能列于表 4 – 7 中。

表 4 – 7　碳素铸钢的牌号、化学成分和力学性能

牌号	主要化学成分			室温力学性能					用途举例
	$w(\mathrm{C})$ /%	$w(\mathrm{Si})$ /%	$w(\mathrm{Mn})$ /%	σ_s $(\sigma_{0.2})$ /MPa	σ_b /MPa	δ /%	ψ /%	α_k/ (J· cm^{-2})	
	不大于			不小于					
ZG200 – 400	0.20	0.50	0.80	200	400	25	40	6	用于受力不大、要求韧性较好的各种机械零件，如机座、变速器壳等
ZG230 – 450	0.30	0.50	0.90	230	450	22	32	4.5	用于受力不大、要求韧性较好的各种机械零件，如砧座、外壳、轴承盖、底板、阀体、犁柱等
ZG270 – 500	0.40	0.50	0.90	270	500	18	25	3.5	用途广泛。常用做轧钢机机架、轴承座、连杆、箱体、曲拐、缸体等
ZG310 – 570	0.50	0.60	0.90	310	570	15	21	3	用于受力较大的耐磨零件，如大齿轮、齿轮圈、制动轮、辊子、棘轮等
ZG340 – 640	0.60	0.60	0.90	340	640	10	18	2	用于承受重载荷、要求耐磨的零件，如起重机齿轮、轧辊、棘轮、联轴器等

注：1. 各牌号的铸造碳钢，其化学成分中，$w(\mathrm{P})$、$w(\mathrm{S})$ 均不大于 0.04%。

2. 表中数据摘自 GB 11352—1989《一般工程用铸造碳钢件》。

3. 表列性能适用于厚度为 100 mm 以下的铸件。

思考题

一、判断题

1. Fe_3C 是一种金属化合物。 （　　）

2. 碳溶于 $\gamma - Fe$ 中形成铁素体。 （　　）

3. 珠光体是奥氏体和渗碳体组成的机械混合物。 （　　）

4. 碳的质量分数小于 2.11% 的铁碳合金称为钢（工业纯铁忽略不计）。 （　　）

5. 由于白口铸铁中存在过多的 Fe_3C，其脆性大，所以较少直接使用。 （　　）

6. 钢的含碳量越高，其强度、硬度越高，塑性、韧性越好。 （　　）

7. 绑扎物件一般用低碳钢丝，而起重机吊重物用的钢丝绳应采用中、高碳成分的钢丝制造。 （　　）

8. 接近共晶成分的合金，一般铸造性能较好。 （　　）

9. 共析钢中碳的质量分数为 0.77%。 （　　）

10. 奥氏体和铁素体都是碳溶于铁的固溶体。 （　　）

11. 高碳钢的力学性能优于中碳钢，中碳钢的力学性能优于低碳钢。 （　　）

12. 一般来说，碳素结构钢主要用来制作机械零件。 （　　）

13. 铸钢比铸铁的力学性能好，但铸造性能差。 （　　）

14. 优质碳素结构钢主要用于制作机械零件。 （　　）

15. 碳素工具钢一般具有较高的碳的质量分数。 （　　）

16. 钳工剧削 T10 比剧削 10 钢费力。 （　　）

17. T10 钢中碳的质量分数是 10%。 （　　）

18. 碳素工具钢都是优质或高级优质钢。 （　　）

19. 碳素工具钢中碳的质量分数一般都大于 0.7%。 （　　）

20. 工程用铸钢可用于铸造生产形状复杂而力学性能要求较高的零件。 （　　）

21. 金属化合物的特性是硬而脆，莱氏体的性能也是硬而脆，故莱氏体属于金属化合物。 （　　）

22. $Fe - Fe_3C$ 相图中，A_3 温度是随碳的质量分数增加而上升的。 （　　）

23. 铁素体在 770℃（居里点）有磁性转变，在 770℃ 以下具有铁磁性，在 770℃ 以上则失去铁磁性。 （　　）

24. 纯铁在 780℃ 时为面心立方结构的 $T - Fe$。 （　　）

25. 在 $Fe - Fe_3C$ 合金中，铁和碳相互作用而形成的基本相组织有：铁素体、奥氏体、渗碳体、珠光体、莱氏体。 （　　）

26. 从单相固溶体奥氏体中，同时析出铁素体和渗碳体，组成两相复合组织，这一转变称为共析转变。 （　　）

27. 从溶液中同时结晶出固态的奥氏体和渗碳体，组成两相复合组织，这一转变称为共晶转变。 （　　）

28. 在 Fe‑Fe₃C 合金中，随含碳量的增加，合金强度、硬度直线上升，塑性、韧性下降。　　　　　　　　　　　　　　　　　　　　　　　　（　　）

29. 在 Fe‑Fe₃C 相图中，A_3 温度和含碳量无关。　　　　　　　　　（　　）

30. 一般情况下，钢中的杂质元素锰与硅是有益的，磷与硫是有害的。（　　）

31. 按脱氧程度分，碳素钢包括沸腾钢、镇静钢、连铸坯和半镇静钢。（　　）

32. 45 钢中碳的质量分数是 45%。　　　　　　　　　　　　　　　（　　）

33. 硫是钢中的有害元素，会使钢产生热脆，因此钢中含硫量应严格控制。（　　）

34. 高碳钢的质量优于中碳钢，中碳钢的质量优于低碳钢。　　　　（　　）

35. 氢对钢的危害很大，它使钢变脆（称氢脆），也可使钢产生微裂纹（称白点）。（　　）

二、简答题

1. 简述碳的质量分数为 0.4% 和 1.2% 的铁碳合金从液态冷却至室温时的结晶过程。

2. 把碳的质量分数为 0.45% 的钢和白口铸铁都加热到高温（1 000℃～1 200℃），能否进行锻造？为什么？

3. 为什么在碳钢中要严格控制硫、磷元素的质量分数？而在易切削结构钢中又要适当地提高？

4. 碳素工具钢的碳的质量分数不同，对其力学性能及应用有何影响？

5. 什么是金属的同素异构转变？以纯铁为例说明金属的同素异构转变。

6. 含碳量对合金的组织和性能有什么影响？

7. 画出简化的铁碳合金状态图，并分析 40 钢（$w(C) = 0.40\%$）由液态缓冷至室温所得的平衡组织。

8. 试比较 20、45、T8、T12 钢的力学性能有何区别。

9. 说出下列碳钢牌号的类别、钢号中符号和数字的含义。

Q235 – A.F　08　45　T10A

10. 为什么锯断 T10 钢比锯断 10 钢费力？

11. 碳素工具钢是否可用于制作铣刀、麻花钻等高速切削的刀具？为什么？

12. 读图完成作业。

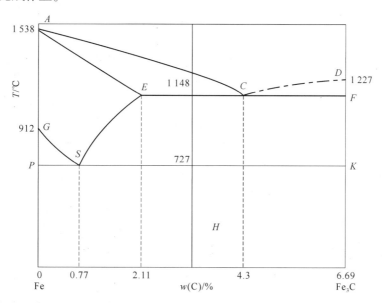

（1）写出图中各点的意义。

A _____ C _____ D _____

F _____ G _____ H _____

（2）分析图中的 *H* 线的缓慢冷却时的组织变换过程及其室温组织是什么。

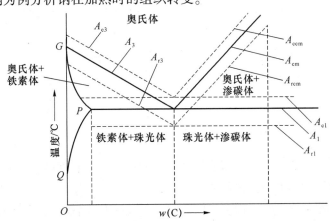

第五章　钢的热处理

钢的热处理是通过加热、保温、冷却固态金属的操作方法来改变其内部组织结构，从而获得所需性能的一种加工工艺。它能显著地提高钢铁零件的使用性能，充分发挥钢的潜力，延长零件的使用寿命。因此，它在机械制造工业中占有十分重要的地位。可以说，机械设备中重要的零件及各类工具几乎都需要经过热处理才能正常使用。

热处理的基本类型可以按加热和冷却方法的不同大致分类如下：

$$
热处理
\begin{cases}
普通热处理：退火、正火、淬火、回火 \\
表面热处理
\begin{cases}
表面淬火：火焰加热、感应加热 \\
化学热处理：渗碳、氮化、碳氮共渗及其他
\end{cases}
\end{cases}
$$

第一节　钢在加热时的组织转变

由 Fe – Fe$_3$C 相图可知，钢在加热至稍高于 A_1 温度时将发生 P→A 的转变。但在实际热处理生产中，加热和冷却速度不可能很慢，故实际发生组织转变温度总要偏离平衡临界点。加热和冷却速度越大，偏离程度也越大。一般将实际加热时的临界点加标符号 "c" 表示，如 A_{c_1}、A_{c_3}、A_{ccm}；将实际冷却时的临界点加标符号 "r" 表示，如 A_{r_1}、A_{r_3}、A_{rcm}，如图 5 – 1 所示。应该指出，多数钢件的热处理都要加热到临界点以上，以获得细小而均匀的奥氏体组织。下面以共析钢为例分析钢在加热时的组织转变。

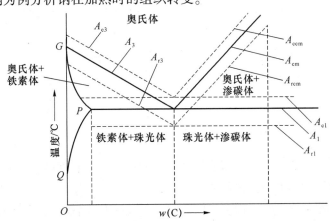

图 5 – 1　实际加热（或冷却）时 Fe – Fe$_3$C 相图上各相变点的位置

59

一、奥氏体的形成

共析钢加热至 A_{c_1} 时，将形成奥氏体。奥氏体的形成是通过形核及核长大过程来实现的，其基本过程可以描述为四个步骤，如图 5–2 所示。

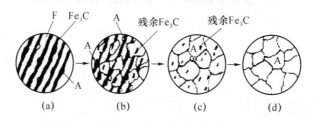

图 5–2　共析钢中奥氏体形成过程示意图

(a) A 形核；(b) A 长大；(c) 残余 Fe₃C 溶解；(d) A 均匀化

1. 奥氏体晶核的形成

奥氏体晶核易于在铁素体与渗碳体相界面形成，因为此处原子排列较紊乱，位错、空位密度较高。成核的能量条件、成分条件以及晶体结构条件都较好。

2. 奥氏体的长大

奥氏体晶核形成后，两侧分别与渗碳体和铁素体相连接。和渗碳体连接处的含碳量远高于和铁素体连接处的含碳量，必然引起奥氏体中的碳由高浓度向低浓度扩散。其结果是促使铁素体向奥氏体的转变和渗碳体的溶解，即奥氏体长大，直至铁素体全部转变为奥氏体。

3. 残余渗碳体的溶解

渗碳体向奥氏体的溶解比铁素体向奥氏体的转变要缓慢。所以，当铁素体全部转变为奥氏体后，仍有部分渗碳体未溶解。随着时间的延长，这些渗碳体继续向奥氏体中溶解，直至全部消失为止。

4. 奥氏体均匀化

渗碳体全部溶解时，奥氏体中的碳浓度仍然是不均匀的，继续延长保温时间，通过扩散使奥氏体中的含碳量逐渐趋于均匀。

对于亚共析钢和过共析钢，加热到 A_{c_1} 只能使珠光体转变为奥氏体，还要继续升高温度，才能使铁素体和二次渗碳体转变为奥氏体，直至加热到 A_{c_3} 和 A_{ccm} 以上时，才能全部转变为均匀的单相奥氏体。

二、奥氏体晶粒大小及影响因素

奥氏体的晶粒大小决定了其冷却后转变产物的晶粒大小和性能。因此，总是希望经加热过程能获得细小而又均匀的奥氏体晶粒。

一般说来，加热温度过高，保温时间过长，奥氏体晶粒就粗大。其中加热温度的影响更为显著。所以热处理总是根据材料的不同化学成分严格控制加热温度和保温时间。

第二节　钢在冷却时的组织转变

　　钢件经加热、保温后采用不同冷却方式，将获得不同的组织和性能。所以冷却是钢的热处理关键工序，它决定钢在热处理后的组织与性能。冷却方式不同也正是各种热处理工艺的主要区别所在。

　　热处理常采用等温冷却和连续冷却两种冷却方式。其工艺曲线如图5-3所示。

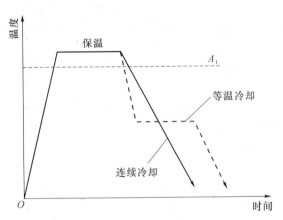

图5-3　奥氏体等温冷却和连续冷却示意图

　　下面以共析钢为例，说明冷却方式对钢的组织和性能的影响。

一、过冷奥氏体的等温冷却转变

　　将奥氏体过冷到 A_1 以下某一温度，并在此温度下等温停留，完成其组织转变过程，称为过冷奥氏体的等温转变。

（一）过冷奥氏体等温转变曲线图的建立

　　过冷奥氏体等温转变曲线图常用金相法测定。它是将若干组奥氏体化的薄片试样迅速冷却到 A_{r1} 以下各个不同的等温温度。测定在每一个等温温度下过冷奥氏体开始转变和终了转变的时间，将这些时间点画在温度-时间的坐标图上，然后将每一等温温度下的开始转变点和终了转变点分别连成曲线，并标明马氏体开始转变和终了转变温度，就构成了奥氏体等温转变曲线图（简称 C 曲线、S 曲线或 TTT 曲线），如图5-4所示。

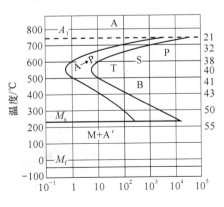

图5-4　共析钢等温转变图

（二）奥氏体等温转变产物及其性能

由图 5-4 可知，共析钢过冷奥氏体转变产物大致可分为三个区域：

1. 高温转变（珠光体型转变）

过冷奥氏体在 $A_1 \sim 550℃$ 温度范围内，等温转变为片状铁素体和片状渗碳体的机械混合物。等温转变的温度越低，形成的铁素体和渗碳体就越细。按片层的粗细分别称为珠光体、索氏体（细珠光体）和屈氏体（极细珠光体），并用符号 P、S 和 T 表示。表 5-1 列出共析钢的珠光体型转变产物的比较。

表 5-1　共析钢的珠光体型转产物及特征

组织名称	形成温度/℃	片层间距/μm	硬度	组织观察设备
珠光体（P）	$A_1 \sim 650$	> 0.4	170 ~ 230HBS	金相显微镜
索氏体（S）	650 ~ 600	0.4 ~ 0.2	23 ~ 30HRC	高倍显微镜
屈氏体（T）	600 ~ 550	< 0.2	30 ~ 40HRC	电子显微镜

由于珠光体转变所处的温度较高，在转变过程中铁原子和碳原子都进行扩散，故珠光体型转变属扩散型转变。

2. 中温转变（贝氏体型转变）

过冷奥氏体在 C 曲线鼻子相应的温度至马氏体开始转变点的温度范围内发生贝氏体型转变。贝氏体是过饱和碳的铁素体和非片层状渗碳体的混合物，按形态不同，分为上贝氏体（$B_上$ 在 550℃ ~ 350℃ 形成）和下贝氏体（$B_下$ 在 350℃ ~ 230℃ 形成）。$B_上$ 硬度可达 45HRC 左右。但由于 $B_上$ 中铁素体片宽，渗碳体较粗大且分布在铁素体层片间，故其强度低，塑、韧性差。$B_下$ 在光学显微镜下呈黑色针状形态，如图 5-5 所示，硬度可达 55HRC 左右，是实际生产中希望获得的组织。贝氏体型转变时，只有碳原子扩散，铁原子不扩散，故贝氏体转变属于半扩散型转变。

图 5-5　下贝氏体的显微组织（340 ×）

3. 低温转变（马氏体型转变）

奥氏体以极大的冷却速度过冷到 $M_s \sim M_f$（230℃ ~ -50℃），发生马氏体型转变，形成马氏体组织，如图 5-6 所示。发生马氏体转变时，过冷度极大，转变温度低，只有 $\gamma-Fe$ 向 $\alpha-Fe$ 晶格改组，碳原子来不及进行扩散而被保留在 $\alpha-Fe$ 晶格中，所以马氏体是碳在 $\alpha-Fe$ 中的过饱和固溶体，用符号 M 表示。它具有高的强度、硬度与耐磨性，是钢热处理强化的主要应用手段。

马氏体组织转变观察

图 5-6　片状马氏体的显微组织（400×）

马氏体转变属于非扩散型转变，转变速度极快，内应力大，而且其转变是在 $M_s \sim M_f$ 范围内连续发生的，转变的不彻底，会有部分残余奥氏体存在。马氏体转变的 M_s 和 M_f 温度与冷却速度无关，它会随奥氏体含碳量增加而下降，使室温下残余奥氏体量增加。

奥氏体含碳量不同，转变成的马氏体形态有板条状（$w(C)<0.2\%$）和片状或称针状（$w(C)>1.0\%$）两种。板条状马氏体具有较好的塑、韧性，而片状马氏体的塑、韧性较差。含碳量为 0.2% ~ 1.0%，组织为二者混合物。马氏体的硬度主要取决于马氏体中的含碳量，如图 5-7 所示，当含碳量大于 0.6% 以后，硬度的增加趋于平缓，这与残余奥氏体量逐渐增多有关。要使残余奥氏体转变成马氏体，需将钢继续冷却至 0℃ 以下的低温进行冷处理。

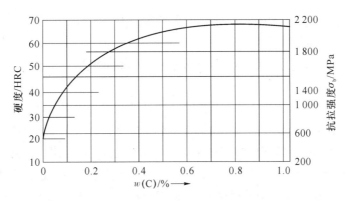

图 5-7　马氏体的强度和硬度与含碳量的关系

二、过冷奥氏体的连续转变

在热处理生产中，钢被加热后的冷却方式大多采用连续冷却。此时奥氏体转变是在连续不断的降温过程中完成的，要测定其连续冷却转变曲线比较困难。在生产中常用相应的 C 曲线来定性分析连续冷却转变所得到的产物与性能，如图5 - 8所示。

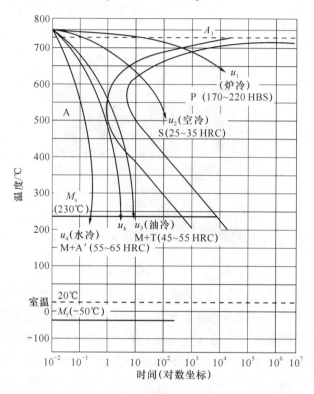

图 5 - 8　在共析钢等温转变图上估计连续冷却后过冷奥氏体转变产物

图中 u_1、u_2、u_3、u_4 分别表示不同速度的冷却曲线，它们的关系是 $u_1 < u_2 < u_3 < u_4$。根据这些冷却曲线与 C 曲线相交的温度区间，就可定性地确定它们在连续冷却时的转变产物与性能。

u_1 相当于炉冷（退火），它与 C 曲线相交的温区在 700℃～650℃，估计转变后产物为珠光体，硬度为 170～220HBS。

u_2 相当于空冷（正火），它与 C 曲线相交的温区在 650℃～600℃，估计转变后产物为索氏体，硬度为 25～35HRC。

u_3 相当于油冷（淬火），它与 C 曲线的奥氏体转变开始线相交于600℃～550℃，部分奥氏体转变为屈氏体，但未与转变终止线相交。当温度继续下降时又与 M_s 线相交，表示剩余奥氏体开始转变为马氏体。估计转变后的产物为马氏体 + 屈氏体的混合组织，硬度为 45～55HRC。

u_4 相当于水冷（淬火），它不与 C 曲线相交而直接过冷到 M_s 线以下转变为马氏体。估计转变后的产物为马氏体 + 少量的残余奥氏体，硬度为 60～65HRC。

图中 u_k 与 C 曲线的"鼻子"相切，称为临界冷却速度。它是奥氏体向马氏体转变的最小冷却速度。

综上所述，钢的 C 曲线反映了过冷奥氏体在等温冷却或连续冷却条件下组织转变的规律。它对正确制订热处理工艺，分析热处理后的组织与性能，合理选材都具有重要的指导意义。

第三节　钢的热处理工艺

一、钢的退火和正火

（一）钢的退火

退火是将钢件加热、保温，随后在炉内或埋入保温介质中缓慢冷却，以获得接近平衡组织的一种热处理工艺。其目的是：细化晶粒，改善组织；消除内应力，提高机械性能；降低硬度，提高切削性能；或为下一道淬火工序做好组织准备。

由于退火的目的不同，退火工艺也有以下多种。

1. 完全退火和等温退火

完全退火主要用于亚共析成分的各种碳钢和合金钢的铸、锻件及热轧型材，有时也用于焊接结构件。目的是消除应力，细化晶粒，改善组织。亦可用做一些不重要工件的最终热处理，或作为某些重要件的预备热处理。

完全退火工艺：亚共析钢加热到 A_{c_3} 以上 30℃~50℃，保温一定时间（主要取决于工件的有效厚度）后随炉缓慢冷却（或埋在石灰等保温介质中）至 500℃ 以下在空气中冷却。

完全退火工艺的全过程需要很长时间，特别是对于一些合金钢，往往需要数十小时，甚至数天的时间。如果应用等温退火就可以大大地节约时间。图 5-9 是高速钢的完全退火与等温退火的比较，完全退火要花 15~20 h 以上，而等温退火所需时间则短得多。

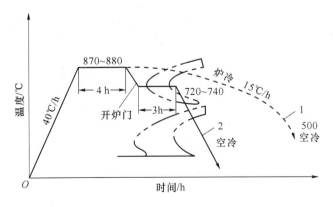

图 5-9　高速钢的完全退火与等温退火的比较

1—完全退火；2—等温退火

2. 球化退火

球化退火主要用于过共析碳钢及合金工具钢，其主要目的在于降低硬度，改善切削加工性能，同时获得球化组织，为淬火做好组织准备。

球化退火工艺：过共析钢加热到 A_{c_1} 以上 30℃ ~ 50℃，保温一段时间以不大于 50℃/h 的冷却速度随炉冷却，最终获得的组织为球状珠光体（球状渗碳体分布在铁素体基体上）。在球化退火之前，若钢的原始组织中有明显的网状渗碳体，应先进行正火处理，去除网状组织。

3. 去应力退火

去应力退火又称低温退火，主要用来消除铸件、锻件、焊接件、热轧件和冷拉件等的残余应力。

去应力退火工艺：将钢件随炉缓慢加热（100 ~ 150℃/h）至 500℃ ~ 650℃，保温一段时间后，随炉缓慢冷却（50 ~ 100℃/h）至 200℃ ~ 300℃以下出炉。从以上工艺可以看出，由于加热温度低于 A_{c_1}，所以在去应力退火中钢的组织并无变化。

（二）钢的正火

正火是将钢加热到 A_{c_3} 或 A_{ccm} 以上 30℃ ~ 50℃，保温一段时间，在空气中冷却的热处理工艺。它与退火的主要区别是正火的冷却速度稍快一些，故正火组织比较细，其硬度、强度也稍高些。正火的目的主要是细化晶粒，调整硬度，消除网状渗碳体，为后续加工、球化退火及淬火等工艺做好组织准备。

（三）退火和正火工艺的选择

退火和正火工艺很相似，实际应用时，可以从以下三方面考虑选择：

1. 从切削加工性考虑

一般认为硬度在 170 ~ 230HBS 范围内的钢材，其切削加工性能较好。硬度太高，不但难于加工，且刀具容易磨损；硬度过低，切削加工中易"粘刀"，使刀具发热而磨损，且加工后零件表面粗糙度也高。所以低碳钢和某些低碳合金钢常采用正火处理，适当提高硬度，改善切削加工性。

2. 从使用性能考虑

对于亚共析钢来说，正火处理比退火具有较好的机械性能。如果零件的性能要求不高，可用正火作为最终热处理。但当零件形状复杂，正火的冷却速度较快，有形成裂纹危险时，则用退火。

3. 从经济上考虑

正火比退火的生产周期短，成本低，操作方便，故在可能的条件下，应优先采用正火。各种退火、正火的加热温度范围和工艺曲线如图 5 – 10 所示。

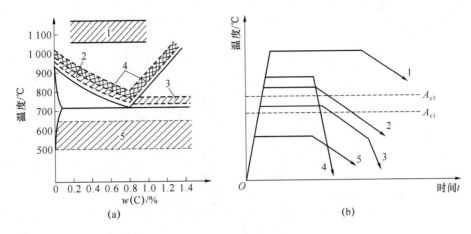

图5-10 退火、正火的加热温度范围和工艺曲线

(a) 加热温度范围；(b) 工艺曲线

1—均匀化退火；2—完全退火；3—球化退火；4—正火；5—去应力退火

二、钢的淬火

将亚共析钢加热到A_{c3}或共析钢和过共析钢加热到A_{c1}以上30℃~50℃，保温后快速冷却以获得马氏体的热处理工艺，称为淬火。

（一）淬火的目的

对于工具钢、轴承钢以及经表面热处理和化学热处理的工件，通过淬火及低温回火，可提高其硬度与耐磨性。对于机械制造用的优质结构钢，通过淬火与适当的回火的配合，可满足结构零件的各种性能要求，如强度、弹性、塑性与韧性等的不同配合。对于磁钢、不锈钢等特殊材料，通过淬火可以改善其某些物理性能、化学性能，如磁性、耐蚀性等。

零件淬火

（二）淬火加热的温度和保温时间

1. 钢淬火加热温度的选择

如图5-11所示，对于亚共析碳钢，淬火加热温度一般为A_{c3} + （30~50）℃。这样可获得均匀细小的马氏体组织。如果淬火温度过高，会获得粗大的马氏体组织，同时引起钢件较严重的变形。如果淬火温度过低，则在淬火组织中会出现铁素体组织，造成钢的硬度不足，强度不高。

对于过共析碳钢，淬火加热温度一般为A_{c1} + （30~50）℃。这样可获得均匀细小的马氏体和粒状渗碳体的混合组织。因为渗碳体硬度比马氏体的高，更有利于提高淬火钢的硬度与耐磨性。如果淬火温度过高，则将获得粗片状马氏体组织，同时会引起较严重的变形，淬火开裂倾向增大，还由于渗碳体溶解增多，淬火后钢中残余奥氏体量过多，降低了钢的硬度和耐磨性。如果淬火温度过低，则可能得到非马氏体组织，钢的硬度达不到要求。对于合金钢，因为大多数合金元素阻碍奥氏体晶粒长大（Mn、P除外），所以淬火温度允许比碳钢稍高一些。这样可使合金元素充分溶解和均匀化，以便取得较好的淬火效果。

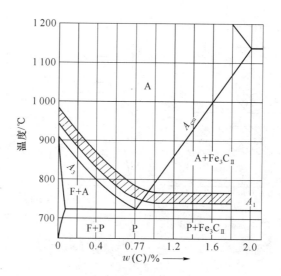

图5-11 亚共析碳钢的淬火加热温度范围图

2. 加热时间的选择

为了使工件内外各部分都完成组织转变,如碳化物溶解和成分的均匀化,就必须在淬火加热温度保温一定的时间。

(三)淬火冷却介质及冷却方式

由 C 曲线得知,淬火后要得到马氏体组织,冷却速度必须大于临界冷却速度,但是进入马氏体转变区(300℃~200℃)冷却速度过快,就会引起较大的组织应力,造成工件变形及开裂。为了能使工件在淬硬的同时,应力与变形最小,最理想的淬火冷却速度如图5-12所示。在实际生产中,为能尽量接近理想冷却速度,要从选择比较理想的淬火介质和改进淬火时的冷却方式等方面着手。

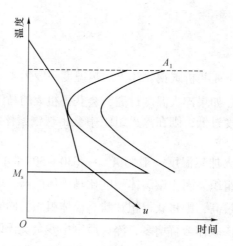

图5-12 钢的理想淬火冷却速度

1. 淬火冷却介质

常用的淬火介质有水、盐水、矿物油、各种硝盐或碱浴及各种有机或无机化合物的水溶液等。

（1）水。是最常用的淬火介质，易得、价廉、淬火冷却能力很强，但冷却特性并不理想。因为高温（需快冷的650℃～550℃）工件和水形成蒸汽膜，而使冷却速度较慢，随后由于蒸汽膜爆裂而使冷却速度很大，特别是需慢冷时的300℃～200℃冷却速度较快，致使零件产生变形，甚至开裂。一般水只能用于尺寸较小的碳钢零件的淬火。

（2）盐水。在水里加入5%～10%盐（或碱），在650℃～550℃的范围内，炽热的工件表面形成的盐膜爆裂而迅速带走大量热量，使其冷却能力显著增加，而在200℃～300℃温度范围的冷却速度只稍高于水。其主要缺点是使工件产生变形、开裂的倾向比水大，且对工件有一定的锈蚀作用。主要用于淬透性比较差而又要求获得比较深的淬硬层的碳钢零件的淬火。

（3）矿物油。常用的是机油。油的淬火冷却能力很弱，在650℃～550℃阶段，假如18℃水的冷却强度是1，那么50#机油的冷却能力只有0.25；在200℃～300℃阶段，假如18℃的水的冷却强度为1，则50#机油只有0.11。因此，生产上，油只用于过冷奥氏体比较稳定的合金钢以及尺寸比较小的碳钢零件的淬火。

（4）硝盐或碱浴。盐浴或碱浴的冷却能力介于水和油之间，使用温度大多在150℃～500℃。其冷却能力既能保证奥氏体向马氏体的转变，不发生中途分解，又能大大减少工件的变形和开裂，因此常用于截面不大、形状复杂、变形要求严格的碳素工具钢和合金工具钢作为分级淬火或等温淬火的冷却介质。而碱浴因蒸汽有较大的刺激性，劳动条件差，所以在生产中使用得不如硝盐浴广泛。

2. 常用的淬火方法

在生产中除合理选择淬火冷却介质来保证淬火质量外，还应采用合理的淬火方法。常用的淬火方法有：

（1）单液淬火法。这种方法操作简单，易于实现机械化、自动化，是最常用的操作方法，如碳钢在水中淬火、合金钢在油中淬火等均属于单液淬火法。如图5-13①所示。

（2）双液淬火法。把零件加热到淬火温度后，先在冷却能力较强的介质（如水或盐水）中冷却到400℃～300℃，再把工件迅速转移到冷却能力比较弱的介质（如矿物油）中继续冷却到室温的处理，称为双液淬火法。如图5-13②所示。主要用于高碳工具钢所制造的易开裂工件，如丝锥、板牙等。其工艺的关键是掌握好在水中的冷却时间。

（3）分级淬火法。分级淬火法是将加热的工件先投入150℃～260℃的盐浴中，稍加停留（2～5 min），然后取出空冷，以获得马氏体组织的处理方法。如图5-13③所示。分级淬火法通过在M_s点附近的保温，使工件内外的温差减到最小，以减轻淬火应力，防止工件变形和开裂。但由于盐浴的冷却能力比较差，对尺寸较大的碳钢零件，淬火后会出现珠光体组织。所以，此法主要应用于合金钢工件或尺寸较小、形状复杂的碳钢工件。

（4）等温淬火法。将加热的工件投入温度稍高于M_s点的盐浴中，保温足够的时间，使其发生下贝氏体转变后取出空冷。这种方法又叫贝氏体淬火，如图5-13④所示。等温淬火法适应于形状复杂且要求具有较高硬度和强韧性的工具、模具等工件。它与分级淬火的最大区别是得到的组织不同。

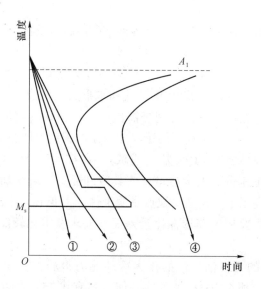

图 5 – 13　常用热处理淬火方法

1—单液淬火；2—双液淬火；3—分级淬火；4—等温淬火

（5）局部淬火法。按照工作条件，有些工件只要求局部有高硬度，则可采用局部淬火的方法，以避免工件其他部位产生变形和开裂。图 5 – 14 所示为卡规的局部淬火。

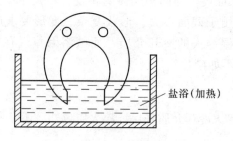

图 5 – 14　卡规的局部淬火

（直径在 60 mm 以上的较大卡规）

（6）冷处理。量具、精密轴承零件等要求在整个存放和使用过程中尺寸不发生变化，就应使淬火过程中的残余奥氏体量尽量少，这时可进行冷处理。即把淬冷至室温盐浴（加热）的钢继续冷却到 −70℃ ～ −80℃（也可冷却到更低的温度），保持一段时间，使残余奥氏体在继续冷却的过程中转变为马氏体。这样可以提高钢的硬度和耐磨性，稳定钢的尺寸。获得低温的方法是采用干冰（固态 CO_2）和酒精的混合剂或冷冻剂。只有特殊的冷处理，才将钢置于 −103℃ 的液化乙烯或 −192℃ 的液态氮中。采用此法时必须防止产生裂纹，故可考虑先进行一次回火，然后冷处理，冷处理后再进行回火。

（四）钢的淬透性

1. 淬透性的概念

钢在一定条件下淬火后，获得淬透层（也称淬硬层）深度的能力，称为钢的淬透性。

一般规定，由钢的表面至内部马氏体组织量占 50% 处的距离叫做淬透层深度（又叫淬硬层深度）。淬透层深度越深，表明钢的淬透性越好。在热处理生产中常用临界淬透直径来衡量钢的淬透性。临界淬透直径是指工件在某种介质中淬火后，心部得到全部马氏体或 50% 马氏体组织时的最大直径（D_0）。直径越大，钢的淬透性越好。

2. 影响淬透性的因素

影响淬透性的决定性因素是钢的临界冷却速度。临界冷却速度越小，钢的淬透性就越好，临界冷却速度和钢的化学成分、奥氏体化的温度及保温时间等都有密切的关系。如在碳钢中，共析钢的淬透性最好。亚共析钢随着含碳量的增加，其淬透性增加，过共析钢随着含碳量的增加，其淬透性降低。除 Co 外大多数合金元素如 Cr、Mo、Si、Ni、Mn 等都显著提高钢的淬透性，即合金钢的淬透性高于碳素钢。提高奥氏体化温度和延长保温时间，会使奥氏体成分均匀，晶粒粗大，过冷奥氏体稳定性提高，马氏体临界冷却速度减小，淬透性提高。此外，采用的冷却介质等也影响着钢的淬透性。

可见，钢的淬透性是合理选材和制订热处理工艺的一项重要指标，应指出，钢的淬透性和淬硬性是不同的概念，钢的淬硬性是指钢在正常淬火条件下，以超过临界冷却速度冷却所形成的马氏体组织能达到的最高硬度，它主要取决于马氏体的含碳量。合金元素的含量对淬硬性没有显著影响，但对钢淬透性有很大影响。

三、钢的回火

钢的回火和淬火是密不可分的，经过淬火的零件，一般都要回火。回火是将淬火钢重新加热到 A_1 以下某一温度，保温后冷却下来的一种热处理工艺。回火的主要目的是降低脆性、消除或减少内应力，稳定工件的尺寸；调整硬度，提高韧性，获得工件所要求的机械性能。

（一）淬火钢在回火时的组织与性能的变化

钢在淬火后的组织是马氏体及少量的残余奥氏体，它们都是不稳定的组织，都有向稳定组织转变的倾向。但在室温下，原子活动能力很差，转变速度极慢。淬火钢的回火正是要促进这种转变。

按回火温度的不同，回火时淬火钢的组织转变可以分为四个阶段。

（1）<200℃。马氏体分解，获得由过饱和 α 固溶体和亚稳定碳化物组成的回火马氏体组织。

（2）200℃～300℃。残余奥氏体分解。从 200℃ 开始分解，至 300℃ 基本完成，一般转变为下贝氏体。

（3）300℃～400℃。渗碳体形成阶段。过饱和碳从 α 固溶体中继续析出，同时亚稳定碳化物逐渐转变为 Fe_3C，这种组织称回火屈氏体。

（4）400℃以上。随着温度的升高，渗碳体不断聚集长大。温度升高到 500℃～600℃ 时，得到球粒状的渗碳体和铁素体的机械混合物，称为回火索氏体。

在回火过程中，由于组织发生了变化，钢的性能也发生了改变。一般是随着回火温度的升高，钢的强度、硬度下降，而塑性、韧性提高。图 5-15 所示为 40 钢的机械性能与回火温度之间的关系。由图可见，钢的屈服强度在 300℃ 以下回火时，随着回火温度的升高而提高，这主要是由于淬火内应力的消除和高度分散的极细碳化物的强化作用。钢的韧性在 400℃ 以下还比较低，以后随着温度的升高而迅速上升，到 600℃ 左右可达最大值。

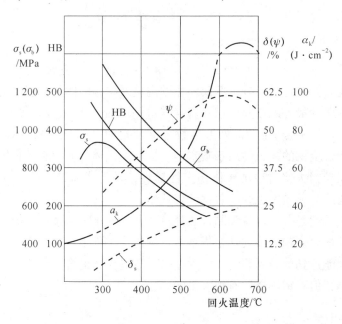

图 5-15　40 钢的机械性能与回火温度之间的关系

（二）回火的分类和应用

回火时，决定钢的性能的主要因素是回火温度。按照回火温度不同，回火方法分为以下几种。

（1）低温回火（150℃~250℃）。低温回火所得到的组织是回火马氏体，其性能是保持了淬火的高硬度（58~64HRC）和耐磨性，内应力有所降低，故韧性有所提高。这种回火主要用于刃具、量具、拉丝模以及其他要求高硬度和耐磨性的零件。

（2）中温回火（350℃~500℃）。中温回火所得到的组织是回火屈氏体，其性能是具有高的弹性极限、屈服强度和适当的韧性，硬度可达 40~50HRC。这种回火方法主要用于弹性零件及热锻模等。

（3）高温回火（500℃~650℃）。高温回火所得到的组织是回火索氏体，具有良好的综合机械性能（足够的强度与高韧性的配合），硬度可达 25~40HRC。生产中，常把淬火加高温回火的热处理工艺称为调质处理。调质处理广泛地应用于各种重要结构零件，特别是在交变负荷下工作的连杆、螺栓、齿轮及轴类等。

调质处理的钢与正火相比，不仅强度高，而且塑性、韧性也远高于正火钢，这是由于调质处理后的钢的组织是回火索氏体，其中渗碳体呈粒状，而正火后的组织为细片状珠光体，其中的渗碳体为片状。因此重要的结构零件应进行调质处理。表 5-2 为 40 钢经正火与调质处理后的机械性能比较。

表 5-2　40 钢经正火与调质处理后的机械性能比较

热处理工艺	σ_b/MPa	σ_s/MPa	δ/%	ψ/%	α_k/ (J·cm^{-2})
正火	575	313	19.9	36.3	68.4
调质	595	346	30	65.4	139.5

第四节　钢的表面热处理

弹簧热处理

有许多机器零件如齿轮、凸轮、活塞销、曲轴颈及轧辊等都是在高载荷及表面摩擦条件下工作的，因此对这类零件的表面层提出了强化的要求，即具有高的强度、硬度、耐磨性和疲劳极限，而心部仍保持足够的韧性、塑性。表面热处理是强化钢件表面的重要手段。由于它的工艺简单、热处理变形小和生产效率高等优点，在生产上应用极为广泛。

常用的表面热处理工艺有表面淬火和化学热处理两种。

感应加热表面淬火

一、钢的表面淬火

把钢的表面迅速加热到淬火温度，而心部温度仍保持在临界温度以下，然后快速冷却，使钢表面至一定深度转变为马氏体组织，而心部组织不变（即为原来的韧性、塑性较好的退火、正火或调质状态的组织）。常用的表面热处理有火焰加热表面淬火和感应加热表面淬火两种。

（一）感应加热表面淬火

感应加热表面淬火是采用电磁感应的原理，在工件表面产生涡流使工件表面迅速加热而实现表面淬火的工艺方法。

1. 感应加热表面淬火的基本原理

如图 5-16 所示，把工件放入空心铜管绕成的感应器内，感应器中通入一定频率的交流电，以产生交变磁场，于是工件中就会产生频率相同、方向相反的感应电流（涡流）。由于这种电流的集肤效应，将工件表层迅速加热到淬火所需要的温度（在几秒钟内可使工件表面温度上升到 800℃~1 000℃），而心部仍接近室温，随即快速冷却，从而达到了表面淬火的目的。

2. 感应加热频率的选用

根据感应加热的电流频率不同，分为高频（20~10 000 kHz）、中频（小于 10 kHz）及工频（50 Hz）三类。频率越高，电流透入深度越浅，则淬透层越薄。生产中主要根据零件的使用要求选择合适的电流频率。见表 5-3。

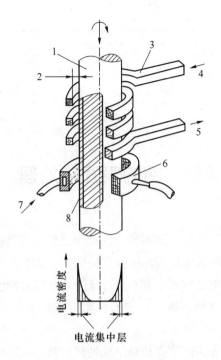

图 5 - 16 感应加热表面淬火示意图

1—工件；2—间隙（1.5～3 mm）；3—加热感应圈；4，7—进水；5—出水；
6—淬火喷水套；8—加热淬火层

表 5 - 3 感应加热表面淬火的电流频率选择

类　别	频率范围	淬硬层深度/mm	应用举例
高频感应加热	200～300 kHz	0.5～2	在摩擦条件下工作的零件，如小齿轮、小轴
中频感应加热	1～10 kHz	2～8	承受扭曲，压力载荷的零件，如曲轴、大齿轮、主轴
工频感应加热	50 Hz	10～15	承受扭曲，压力载荷的大型零件，如冷轧辊

感应加热表面淬火和普通淬火相比较，主要优点在于：①工件表面加热速度快，热效率高；氧化、脱碳少，变形小。②表面硬度高，缺口敏感性小，冲击韧性、疲劳强度及耐磨性等均有很大提高。③淬硬层深度易于控制，操作过程易于实现机械化和自动化，生产率高，适应大批量生产的要求。主要缺点是设备昂贵，维修、调整比较困难，形状复杂件不易制造感应器。

感应加热淬火主要用于中碳钢和中碳合金钢（如 45 钢、40Cr、40MnB 等），也可用于工具钢和合金工具钢等。通常，表面淬火前应先进行正火或调质处理，以保证工件对心部性能的要求。感应加热淬火后，为了降低淬火应力，保持高的硬度和耐磨性，要进行低温（180℃～200℃）回火。对于形状简单、大量生产的工件可利用其淬火余热进行自热回火（也称自回火）。

（二）火焰加热表面淬火

利用氧－乙炔或氧－煤气焰等将工件表面快速加热到淬火温度，随即喷水冷却的方法，称为火焰加热表面淬火。如图 5－17 所示。

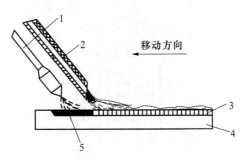

图 5－17　火焰加热表面淬火示意图

1—烧嘴；2—喷水管；3—淬硬层；4—工件；5—加热层

常用火焰表面淬火零件的材料有中碳钢以及中碳合金钢等。如果含碳量太低，则淬火后硬度较低；碳和合金元素含量太高，则容易淬裂。火焰加热表面淬火还可用于对铸铁件进行表面淬火。淬硬层深度一般为 2～6 mm。

火焰加热表面淬火方法简便，无须特殊设备，但易过热，质量不够稳定，且生产率低。适用于单件或小批量生产的大型零件或需要局部淬火的工具或零件，如大型轴类、大模数齿轮、锤子等。

二、钢的化学热处理

钢的化学热处理是将钢铁零件置于一定温度的化学活性介质中，用以改变钢的表层化学成分的热处理工艺。可以通过向钢的表层渗入一种或几种合金元素，从而使钢零件表面具有某些特殊的机械性能或物理、化学性能。

化学热处理的种类很多，根据渗入元素的不同，化学热处理有渗碳、氮化、碳氮共渗、渗金属等。不论哪一种方法，都是通过以下三个基本过程来完成的：①分解介质在一定的温度下，发生化学分解，产生能被零件表面吸收的活性原子。②能被吸收的活性原子首先吸附在零件的表面，然后被零件表面吸收。③扩散渗入的活性原子，在一定的温度下，由表面向中心扩散，形成一定厚度的渗层。

钢的化学热处理常用的工艺方法有渗碳、氮化和碳氮共渗三种。

（一）钢的渗碳

渗碳是向零件表面渗入碳原子的过程。它是将工件置于含碳的介质中加热和保温，使活性碳原子渗入钢的表面，以达到提高钢的表面含碳量的热处理工艺。

为了达到上述目的，渗碳零件必须用低碳钢或低碳合金钢来制造。

渗碳方法可以分为固体渗碳、液体渗碳、气体渗碳三种，应用较广泛的是气体渗碳。

图 5－18 所示是气体渗碳法示意图，它是将工件置于密封的加热炉中，通入气体渗碳剂如煤油、丙酮、甲醇等，并加热到 900℃～950℃，这些渗碳剂在高温下分解出活性碳原子，

其反应如：$2CO \rightarrow CO_2 + [C]$，$CH_4 \rightarrow 2H_2 + [C]$，$CO + H_2 \rightarrow H_2O + [C]$ 等。

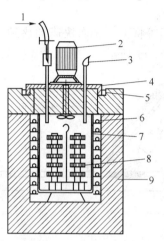

渗碳

图 5 - 18　气体渗碳法示意图

1—煤油；2—风扇电动机；3—废气火焰；4—炉盖；5—砂封；
6—电阻丝；7—耐热罐；8—工件；9—炉体

活性碳原子被钢的表面吸收而溶入奥氏体中，并向内部扩散，最后形成一定深度的扩散层。渗碳层厚度主要取决于加热温度和保温时间。加热温度越高，保温时间越长，则渗层越厚。不过加热温度过高，会使晶粒粗大，钢变脆。保温时间过长，厚度增加，速度也会逐渐减慢。一般可按每小时渗入 0.2 ~ 0.25 mm 的速度估算渗层厚度。

零件渗碳后，其表面含碳量可达 0.85% ~ 1.05%，含碳量从表面到心部逐渐减少，心部仍保持原来低碳钢的含碳量。在缓慢冷却条件下，渗碳层的组织由表面向心部依次为过共析区、共析区、亚共析区（过渡层）、中心区原来的组织。

渗碳零件所要求的渗碳层厚度，随其具体尺寸及工作条件而定。如齿轮的渗层厚度是根据齿轮的工作条件及模数大小等因素来确定的，渗层厚度太薄易引起表面疲劳剥落，太厚则反而使冲击疲劳寿命降低。

零件渗碳的目的在于使表面获得高硬度和高耐磨性，因此渗碳后的零件必须经淬火 + 低温回火热处理，使其表面获得细小片状回火马氏体及少量渗碳体，硬度为 58 ~ 62HRC，而心部组织随钢的淬透性而定。对于由铁素体和珠光体组成的普通低碳钢，硬度相当于 10 ~ 15HRC；而对于由回火低碳马氏体及铁素体组成的某些低碳合金钢，其硬度为 35 ~ 45 HRC，且强韧性好。通常渗碳零件的工艺路线如下：

锻造—正火—机械加工—渗碳—淬火 + 低温回火—精加工

对于使用性能要求很高的渗碳零件，经常采用两次淬火或一次正火加一次淬火的方法，以保证心部和表层都达到高的性能。渗碳后的第一次淬火或正火主要是为了心部的亚共析钢原始组织发生重结晶，使晶粒再次细化，同时可消除表面可能存在的网状渗碳体，故其加热温度常选择为高于 A_{c_3} 以上的温度。第二次淬火（即最后一次淬火）主要是为了使表面层晶粒变小、组织细化，故其淬火温度按共析钢和过共析钢的正常淬火温度来考虑，即 A_{c_1} + (30 ~ 50)℃。渗碳零件经二次淬火后，再进行 170℃ ~ 200℃ 低温回火，其主要目的是保持表面的硬度及降低淬火的残余应力。而对于一些机械性能要求不很高的渗碳零件，则可自渗碳温度直接淬火，或在渗碳后再加热至850℃~900℃淬火（一次淬火法）。

氮化

(二) 钢的氮化

氮化是向钢的表面渗入氮原子的过程。其目的是提高钢表面的硬度、耐磨性、耐蚀性及疲劳强度。目前工业中应用比较广泛的是气体氮化、离子氮化。

1. 气体氮化

气体氮化是将工件放入密闭的炉内加热到500℃~600℃，通入氨气（NH_3），氨气分解出活性氮原子，活性氮原子被零件表面吸收，与钢中的 Al、Cr、Mo 形成氮化物，并向心部扩散，氮化层一般为0.1~0.6 mm。氮化后随炉降温到200℃以下停止供氮，工件出炉。

氮化和渗碳相比有如下特点：①氮化后的零件不用淬火就能得到高硬度和耐磨性，且在600℃~650℃时仍能保持高硬度（即红硬性好）。②氮化温度低，故变形小。③氮化零件具有很好的耐蚀性，可防止水、蒸汽、碱性溶液的腐蚀。④氮化后，显著地提高了钢的疲劳强度。这是因为氮化层具有较大的残余压应力，它能部分地抵消在疲劳载荷下产生的拉应力，延缓了疲劳破坏过程。

但气体氮化生产周期长（一般要几十小时），成本高，氮化层薄而脆（一般不超过0.6~0.7 mm），不易承受集中的重负荷，这就使氮化的应用受到一定的限制。在生产中氮化主要用于处理重要和复杂的精密零件，如精密丝杆、镗杆、排气阀、精密机床的主轴等。

氮化用钢通常都含有 Al、Cr、Mo、V、Ti 等合金元素，因为这些元素极易与氮形成极细的、分布均匀、硬度很高而又非常稳定的各种氮化物，如 AlN、CrN、MoN、TiN、VN 等，这些氮化物的存在使钢受热到500℃~550℃时仍保持高硬度。常用的渗氮专用钢有38Cr-MoAlA 等。

2. 离子氮化

离子氮化是利用稀薄的含氮气体，在高压直流电场作用下产生辉光放电现象而进行的，所以又称为辉光离子氮化。

离子氮化的原理是将需要氮化的工件作阴极，以炉壁作阳极，在真空室内通入氨气，并在阴阳极之间通以高压直流电。在高压电场作用下，氨气被电离，形成辉光放电。被电离的氮离子以很大的速度轰击工件表面，使工件的表面温度升高（一般为450℃~650℃），并使氮离子在阴极上夺取电子后还原成氮原子而渗入工件表面，经扩散形成氮化层。

离子氮化主要优点是：氮化速度快，氮化时间仅为气体氮化的1/2~1/4；零件变形小，不易形成连续的脆性层，氮化质量好；对材料适应性也较气体氮化强，如碳钢、合金钢、铸铁、有色金属等都可进行离子渗氮。但所需设备复杂，成本高。主要用于精密的中小型零件的氮化处理。

(三) 碳氮共渗

碳氮共渗又叫氰化，它是向零件表面同时渗入碳原子和氮原子的热处理过程。常用的是中温气体碳氮共渗及低温气体碳氮共渗。

1. 中温气体碳氮共渗

中温气体碳氮共渗常用煤油和氨气等作为共渗剂。共渗处理温度在700℃~880℃范围，它对渗层的碳、氮浓度和深度的影响很大。在此范围内温度升高，渗层的碳浓度升高而氮浓度降低。这就是常说的高温以渗碳为主，低温以渗氮为主的现象。它与渗碳相比，加热温度低，工件变形小，渗层有较高硬度、耐磨性和疲劳强度及较好的耐蚀性，且生产周期大大缩短。可用于齿轮、凸轮、活塞销等代替渗碳处理，也可用较低温度（700℃～780℃）对那些尺寸小、形状复杂、变形要求很小的耐磨零件等进行处理。

中温气体碳氮共渗后的零件要经淬火＋低温回火处理，共渗层组织为细片状回火马氏体、粒状的碳氮化合物以及少量残余奥氏体。

2. 低温气体碳氮共渗（又称气体软氮化）

气体软氮化的温度通常为520℃～570℃，处理时间一般为1～6 h，采用的介质有：50%氨气＋50%吸热型气体、尿素、甲酰胺、三乙醇胺与酒精的混合液或醇类加氨气等，这些介质在氮化温度下，将分解出活性碳、氮原子，当它们被吸收时实现碳氮共渗。软氮化不但能赋予工件耐磨、耐疲劳、抗咬合和抗擦伤的性能，还具有处理时间短、温度低、变形小的特点，而且不受钢种的限制，适用于碳素钢、合金钢、铸铁以及粉末冶金材料。现已普遍应用于对模具、量具、刃具以及耐磨零件的处理，并获得良好的效果。如高速钢刀具经气体软氮化处理后一般能提高切削寿命20%～200%。但气体软氮化的氮化层比较薄（通常为0.1～0.4 mm），不宜于重载条件下工作零件的处理。其热分解气体中有一定的毒性。如何提高气体软氮化的渗层厚度和解决有毒性等问题，仍是人们研究的重要课题。

第五节　其他热处理工艺简介

一、可控气氛热处理

金属的氧化烧损和氧化脱碳是钢件在空气或氧化性的气体中加热时，必然出现的缺陷。它降低了钢件的质量，造成巨大的浪费。为了解决氧气等有害气体的影响，利用含碳的液体（如甲醇、乙醇、丙酮等）分解和裂化成一定碳势的控制气氛，引入热处理炉内，以防止表面氧化和脱碳。在可控气氛热处理工艺中常引入碳势的概念。所谓碳势，是指气氛在加热时脱碳作用和渗碳作用逐渐保持平衡下钢的含碳量。例如一种控制气氛在一定的温度下有0.5%的碳势，则含碳0.5%的钢在此气氛中加热就不会脱碳和氧化；而含碳量高于0.5%的钢就会脱碳到0.5%，含碳低于0.5%的钢就会增碳到0.5%。

可控气氛热处理是生产中应用很广泛的热处理技术，碳势控制技术是这一领域的核心技术。随着CO红外仪、氧探头等传感仪器的出现，碳势的精度普遍达到误差不超过0.05%的程度，因而热处理的质量不必依靠操作者的经验来保证。

二、真空热处理

将工件放在低于1个大气压的环境中加热的热处理工艺称为真空热处理。金属在一定的真空度下加热，可避免氧化烧损，得到光洁的表面质量，同时还会脱脂、分解表面氧化物，可显著提高金属的疲劳极限和耐磨性。

纯净不含任何物质、无气压的理想真空是不存在的。我们把气压＜0.01 MPa的气氛统称为真空。实验证明，0.013 3 Pa真空度的真空介质的作用相当于99.999 987%的纯氩气保护气氛。但在工业上获得这样纯度的氩气是很困难的，而获得这样真空度是很容易的（只要用一般抽气装置就可以了），因此应用很广泛。

三、形变热处理

形变热处理是一种先对奥氏体状态下的钢进行大量的形变后再淬火的热处理工艺。它综合形变强化和相变强化，将塑性变形与淬火相结合。经过形变热处理的钢件的强度、塑性和韧性大大高于仅经过一般热处理的钢件。

形变热处理分为高温形变热处理和低温形变热处理两种。高温形变热处理是在奥氏体稳定区进行塑性变形，然后立即淬火，如图5－19（a）所示。这种热处理可使钢的强度提高10%～30%，且大大提高了韧性，减小了回火脆性，降低缺口敏感性，多用于用高温回火的各种碳钢和合金钢零件以及机械加工量不大的锻件，如连杆、曲轴、叶片、弹簧和农用机具。低温形变热处理是一种将钢加热到奥氏体状态，迅速冷却到过冷奥氏体孕育期最长的温度（500℃～600℃），进行大量形变，然后淬火回火的热处理工艺，如图5－19（b）所示。可在保持塑性和韧性的基础上，大幅度提高钢的强度与耐磨性。多用于要求强度很高的零件，如飞机起落架、炮弹弹壳、高速钢刀具等。

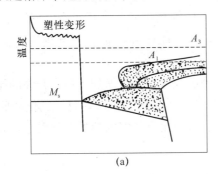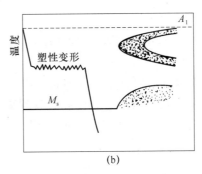

图5－19　形变热处理工艺示意图

（a）高温形变热处理；（b）低温形变热处理

四、激光热处理

激光热处理是依靠工件本身的传热来冷却淬火。激光能量集中，能量利用率高，可对工件表面进行选择性处理，变形极小，从而大大减少了后续加工。

与高频淬火相比，激光淬火可在工件表层硬化层获得极细的全部马氏体。而高频淬火只能在表面外层获得极细的马氏体，内层还有残余奥氏体。因此激光淬火后工件的表面硬度高于高频淬火。而且激光淬火受热区域小，变形小，残余应力小，毫无氧化脱碳现象，表面光洁度高，从而可在最终精加工后进行，还可以在工件拐角、沟槽、盲孔、深孔内壁等难以用其他热处理方法处理的地方进行热处理。

激光热处理的热源一般采用大功率的CO_2激光发生器，随着数控技术的发展，已在生产中使用激光柔性热处理系统。

第六节　热处理零件的结构工艺性

一、常见热处理缺陷

在实际生产中，设计人员不仅要注意如何使零件的结构、形状适合部件、机构的需要，还应该考虑加工过程中的工艺性能。如果设计的零件的形状、结构不合理，就会给热处理工艺带来不便，引起一些热处理质量问题，如零件变形甚至开裂，使零件报废。

最常见的热处理缺陷有：

1. 过热与过烧

工件在热处理时，若加热温度过高或保温时间过长，使奥氏体晶粒显著粗大的现象称为过热。过热一般可用正火来消除。若加热温度接近开始熔化的温度，使晶界处产生熔化或氧化的现象称为过烧。过烧无法挽救，只能报废。

2. 氧化与脱碳

氧化是指工件被加热介质中的 O_2、CO_2、H_2O 等氧化后，使其表面形成氧化皮的现象。脱碳是指工件表层的碳被加热介质中的 O_2、CO_2、H_2O 等烧损，使其表层含碳量下降的现象。

氧化和脱碳不仅降低了工件的表层硬度和疲劳强度，而且增加了淬火开裂的倾向。用箱式或井式电炉加热，高温时氧化和脱碳现象较严重；用盐浴炉加热时，氧化和脱碳大为减轻。在现代热处理生产中，为防止氧化和脱碳，常采用可控气氛热处理和真空热处理。

3. 变形与开裂

所谓变形是指零件在热处理过程中，形状和尺寸的改变。在热处理中，变形是较难解决的问题，一般是将变形量控制在一定范围内。而零件开裂是无法挽救的，因此要绝对避免。

零件的变形和开裂都是由淬火时的内应力引起的。淬火时的内应力分为热应力和组织应力两种。热应力是在零件冷却过程中，内、外层的冷却速度不同造成温度不同，以至热胀冷缩的程度不同引起的。组织应力是零件在冷却过程中，由于内部组织转变时间不同而引起的。在热处理过程中，零件上热应力与组织应力是同时存在，相互叠加的。当应力超过一定值后，就可能产生变形，甚至裂纹。

为防止淬火变形和开裂，常采取以下措施：正确选择钢材，合理进行结构设计，采用合理的热处理工艺及正确的操作方法等。

二、热处理零件的结构工艺性

设计人员在设计零件时，不但要考虑零件的结构形状符合设计要求，而且要注意零件热处理的结构工艺性。以避免零件在热处理时淬火变形和开裂，导致零件报废。

热处理零件的结构工艺性应注意以下几点：

（1）几何形状力求简单，尽量对称，使应力分布均匀。图5-20所示为镗杆截面，两侧对称开槽，这样变形较小。

（2）避免尖角锐边，应将其倒钝或改成圆角，且圆角半径尽可能大，避免应力集中。如图5-21所示。

（3）尽量减少零件上的孔、槽和筋，若确实需要，应采取相应的防护措施（如绑石棉绳和堵孔等），以减少这些地方因应力集中引起的开裂倾向。

（4）尽量使零件截面均匀，厚薄大致相同。必要时开工艺孔和工艺槽，并合理地分布孔的位置和数量，或改盲孔为通直孔等。如图5-22所示。

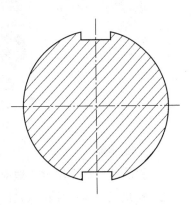

图5-20 镗杆截面

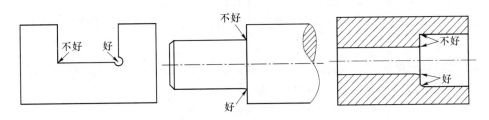

图5-21 避免尖角设计实例

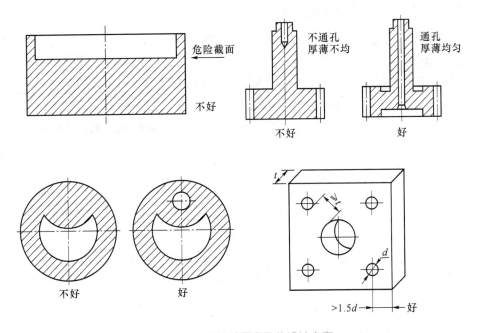

图5-22 零件壁厚和孔的设计方案

（5）对某些易变形的零件，可采用封闭结构。**如弹簧夹头热处理后再把槽口切开。**

（6）形状特别复杂或不同部位有不同的性能要求时，可改为组合结构。

思考题

一、判断题

1. 钢的锻造加热温度一般应选择在单相奥氏体区间。　　　　　　　　　（　　）
2. 粒状珠光体和片状珠光体一样，都只能由过冷奥氏体经共析转变获得。（　　）
3. 下贝氏体组织具有良好的综合力学性能。　　　　　　　　　　　　　（　　）
4. 去应力退火时不发生组织转变。　　　　　　　　　　　　　　　　　（　　）
5. 一般情况下，进行退火可软化钢材，进行淬火可硬化钢材。　　　　　（　　）
6. 钢的预备热处理一般应安排在毛坯生产之后，其目的是满足零件使用性能的要求。

　　　　　　　　　　　　　　　　　　　　　　　　　　　　　　　　　　（　　）
7. 淬火冷却速度越大，钢淬火后的硬度越高，因此，淬火的冷却速度越快越好。（　　）
8. 钢中合金元素越多，淬火后硬度越高。　　　　　　　　　　　　　　（　　）
9. 高频感应加热表面淬火零件应选择中碳成分的钢为宜。　　　　　　　（　　）
10. 钢的回火温度越高，得到的硬度越高、韧性越差。　　　　　　　　　（　　）
11. 渗氮工艺适合于要求表面耐磨的高精度零件。　　　　　　　　　　　（　　）
12. 渗碳零件一般应选择低碳成分的钢。　　　　　　　　　　　　　　　（　　）
13. 钢的淬透性主要取决于钢中含碳量，而其淬硬性主要与临界冷却速度有关。（　　）
14. 低碳钢渗碳后，应进行淬火和回火处理，才能有效地发挥渗碳的作用。（　　）
15. 钢的晶粒因过热而粗时，就有变脆的倾向。　　　　　　　　　　　　（　　）
16. 随着过冷度的增加，过冷奥氏体的珠光体型转变产物越来越细，其强度越来越高。

　　　　　　　　　　　　　　　　　　　　　　　　　　　　　　　　　　（　　）
17. 马氏体都是硬而脆的相。　　　　　　　　　　　　　　　　　　　　（　　）
18. 等温转变可以获得马氏体，连续冷却可以获得贝氏体。　　　　　　　（　　）
19. 消除过共析钢中的网状二次渗碳体可以用完全退火。　　　　　　　　（　　）
20. 钢的淬火加热温度都应在单相奥氏体区。　　　　　　　　　　　　　（　　）
21. 淬火后的钢一般需要及时进行回火。　　　　　　　　　　　　　　　（　　）
22. 钢的最高淬火硬度，主要取决于钢中奥氏体的碳的质量分数。　　　　（　　）
23. 钢中碳的质量分数越高，其淬火加热温度越高。　　　　　　　　　　（　　）
24. 高碳钢可用正火代替退火，以改善其可加工性。　　　　　　　　　　（　　）
25. 淬火钢随回火温度的提高，其强度和硬度也增高。　　　　　　　　　（　　）
26. 热处理是提高金属材料力学性能的唯一方法。　　　　　　　　　　　（　　）
27. 钢件经淬火后，在工件内残留有淬火内应力，且较脆，通常需经回火处理后才能使用。　　　　　　　　　　　　　　　　　　　　　　　　　　　　　　　　（　　）

28. 感应加热表面淬火，其电流频率越高，淬硬层越深。　　　　　　（　　）

29. 淬火后的钢，随回火温度的增高，其强度和硬度也增加。　　　　（　　）

30. 气体渗氮适应于各种碳钢、合金钢、铸铁和有色金属。　　　　　（　　）

31. 过冷奥氏体在低于 M_s 时，将发生马氏体转变。这种转变虽有孕育期，但转变速度极快，转变量随温度降低而增加，直到 M_f 点才停止转变。　　　　　　（　　）

32. 只要将奥氏体冷却到 M_s 点以下，奥氏体便会转变成马氏体。　　（　　）

33. 奥氏体等温转变图可以被用来估计钢的淬透性大小和选择适当的淬火介质。（　　）

34. 精确的临界冷却速度不但能从奥氏体连续冷却转变图上得到，也可从奥氏体等温转变图上得到。　　　　　　　　　　　　　　　　　　　　　　　　　　（　　）

35. 一般情况下碳钢淬火用油，合金钢淬火用水。　　　　　　　　　（　　）

36. 双介质淬火就是将钢件奥氏体化后，先浸入一种冷却能力弱的介质，在钢件还未达到该淬火介质温度之前即取出，马上浸入另一种冷却能力强的介质中冷却。　　（　　）

37. 贝氏体等温淬火就是将钢材奥氏体化，使之快冷到下贝氏体转变温度区间（260℃～400℃）等温保持，使奥氏体转变成下贝氏体的淬火工艺。　　　　（　　）

38. 下贝氏体组织具有良好的综合机械性能。（　　　）

39. 一般合金钢的淬透性优于与之相同成分含碳量的碳钢。　　　　　（　　）

40. 冷处理仅适用于那些精度要求很高、必须保证其尺寸稳定性的工件。　（　　）

41. 对长轴类、圆筒类工件，应轴向垂直淬入。淬入后，工件应左右摆动加速冷却。

（　　）

42. 淬火钢回火时力学性能总的变化趋势是：随着回火温度的上升，硬度、强度降低，塑性、韧性升高。　　　　　　　　　　　　　　　　　　　　　　　　　（　　）

43. 回火温度越高，淬火内应力消除越彻底，当回火温度高于500℃，并保持足够的回火时间，淬火内应力就可以基本消除。　　　　　　　　　　　　　　　　　（　　）

44. 不论何种钢在一次或多次回火后硬度都会有不同程度的下降。　　（　　）

45. 第一类回火脆性是可逆回火脆性，即已经消除了这类回火脆性的钢，再在此温度区间回火并慢冷，其脆性又会重复出现。　　　　　　　　　　　　　　　　　（　　）

46. 第二类回火脆性的特点是只要在此温度范围内回火，其韧性的降低是无法避免的，所以又称其为不可逆回火脆性。　　　　　　　　　　　　　　　　　　　　（　　）

47. 通常碳钢的回火稳定性较合金钢为好。　　　　　　　　　　　　（　　）

48. 淬透性是钢在理想条件下进行淬火所能达到的最高硬度的能力。　（　　）

49. 淬硬性是指在规定条件下，决定钢材淬硬深度和硬度分布的特性。即钢淬火时得到淬硬层深度大小的能力。　　　　　　　　　　　　　　　　　　　　　　（　　）

50. 决定钢淬硬性高低的主要因素是钢的含碳量。　　　　　　　　　（　　）

51. 一般规定自工件表面至半马氏体区的深度作为淬硬层深度。　　　（　　）

52. 淬火后硬度高的钢，不一定淬透性就高；而硬度低的钢也可能具有很高的淬透性。

（　　）

53. 细小的奥氏体晶粒能使奥氏体等温转变图右移，降低了钢的临界冷却速度，所以细

晶粒的钢具有较高的淬透性。 （   ）

54. 完全退火是目前广泛应用于中碳钢和中碳合金钢的铸、焊、轧制件等的退火工艺。

（   ）

55. 等温球化退火是主要适用于共析钢和过共析钢的退火工艺。 （   ）

56. 去应力退火的温度通常比最后一次回火高 20℃ ~ 30℃，以免降低硬度及力学性能。

（   ）

57. 正火可以消除网状准备碳化物，为球化退火作组织。 （   ）

58. 正火工件出炉后，可以堆积在潮湿处空冷。 （   ）

59. 低碳钢铸件应选用正火处理，以获得均匀的铁素体加细片状珠光体组织。 （   ）

60. 中碳钢及合金钢一般采用完全退火或等温球化退火，获得铁素体加片状或球状珠光体组织。 （   ）

61. 对过烧的工件可以用正火或退火的返修方法来消除。 （   ）

62. 合金钢由于合金元素的加入，提高了钢的屈服强度，因此和碳钢相比显著地减少了淬火应力引起的变形。 （   ）

63. 淬火时在 M_s 点以下的快冷是造成淬火裂纹的最主要原因。 （   ）

64. 工件淬火后如硬度偏低，应通过降低回火温度的办法来保证硬度。 （   ）

65. 对于因回火温度过高而造成回火硬度不足的工件，可在较低温度下重新回火进行补救。 （   ）

66. 对于回火脆性敏感的材料，可以采用快冷的方式（用水或油冷），以避免发生回火脆性。 （   ）

二、简答题

1. 指出 A_{c1}、A_{c3}、A_{ccm}；A_{r1}、A_{r3}、A_{rcm} 及 A_1、A_3、A_{cm} 之间的关系。

2. 简述共析钢过冷奥氏体在 $A_1 \sim M_f$ 温度之间不同温度等温时的转变产物及性能。

3. 奥氏体、过冷奥氏体与残留奥氏体三者之间有何区别？

4. 完全退火、球化退火与去应力退火在加热规范、组织转变和应用上有何不同？

5. 正火和退火有何异同？试说明二者的应用有何不同。

6. 今有经退火后的 45 钢，组织为 F + P，在 700℃、760℃、840℃加热，保温一段时间后水冷却，所得到的组织各是什么？

7. 淬火的目的是什么？亚共析钢和过共析钢的淬火加热温度应如何选择？

8. 回火的目的是什么？工件淬火后为什么要及时回火？

9. 叙述常见的三种回火方法所获得的组织、性能及其应用。

10. 渗碳的目的是什么？为什么渗碳后要进行淬火和低温回火？

11. 用低碳钢和中碳钢制造齿轮，为了使表面具有高的硬度和耐磨性，心部具有一定的强度和韧性，各需采取怎样的热处理工艺？热处理后，组织和性能有何差别？

12. 奥氏体连续冷却转变图和奥氏体等温转变图有何不同？

13. 什么是双介质淬火？控制双介质淬火的关键是什么？

14. 举例说明淬火件浸入淬火介质应遵循的原则及采用的方法。

15. 什么是二次硬化? 其产生的原因是什么?

16. 淬硬性和淬透性有什么区别?

17. 影响淬透性的主要因素有哪些?

18. 简述淬透性在设计和生产实际中的作用。

19. 白点是如何形成的? 影响白点敏感性的主要因素是什么? 简述预防白点热处理的原理。

20. 什么是热应力、相变应力? 它们对淬火件的变形有何影响?

21. 淬火零件开裂的原因是什么? 常见的淬火裂纹有几种类型?

22. 为什么合金钢的淬火变形倾向小于碳素钢?

23. 怎样防止工件的淬火变形和开裂?

24. 合金元素在钢中有何作用?

第六章 合 金 钢

第一节 概　述

由于碳钢的性能难以满足工业生产对钢的更高要求，于是人们向碳钢中有目的地加入某些元素，使得到的多元合金具有所需的性能。这种在碳钢中加入合金元素所得到的钢种，称为合金钢。

与碳钢相比，合金钢的淬透性好，强度高，有的还有某些特殊的物理和化学性能。尽管它的价格高一些，某些加工工艺性能较差，但因其具备特有的优良性能，在某些用途中，合金钢是可以满足工程需要的材料。因此，合理使用合金钢，既能保证使用性能的要求，又能产生良好的经济效益。

向钢中加入的合金元素可以是金属元素，也可以是非金属元素。常用的有：锰（>0.8%）、硅（>0.4%）、铬、镍、钨、钼、钒、钴、钛、铌、铝、铜、硼、氮等。

一、合金钢的分类

合金钢的种类很多，分类方法也很多。我国常用的分类方法如下。

1. 按合金元素含量分类

低合金钢——合金元素总含量 <5%；
中合金钢——合金元素总含量 =5% ~10%；
高合金钢——合金元素总含量 >10%。

2. 按用途分类

合金结构钢、合金工具钢、特殊性能钢。

二、合金钢的编号

按照国家标准的规定，合金钢的牌号用数字＋合金元素符号＋数字的方法来表示。

1. 合金结构钢

前两位数字表示钢的平均含碳量，以万分数计。合金元素符号后的数字为该元素平均含量的百分数，若合金元素含量小于 1.5%，一般不标明含量；当含量在 1.5% ~2.5%，

2.5% ~3.5%，…时，则相应地用 2，3，…来表示。例如 60Si2Mn，表示平均含碳量为 0.6%、含硅量为 2%、含锰量小于 1.5% 的合金结构钢。

2. 合金工具钢

前一位数字表示钢的平均含碳量，以千分数计；若含碳量超过 1% 时，一般不标出。合金元素及其含量的表示方法与合金结构钢的相同。例如 9SiCr，表示平均含碳量为 0.9%，含硅量与含铬量均小于 1.5% 的合金工具钢。

3. 特殊性能钢

牌号表示法与合金工具钢相同，只是当平均含碳量 <0.1% 时用 "0" 表示；平均含碳量 ≤0.03% 时用 "00" 表示。例如 0Cr13，表示含碳量小于 0.1%，含铬量为 13% 的不锈钢。

第二节 合金元素在钢中的作用

合金元素在钢中的作用，表现为合金元素与钢中铁和碳两个基本组元发生作用，以及合金元素之间的相互作用。钢中加入合金元素后，由于成分变化影响了相变过程和组织，从而使钢的性能发生了一系列的改变。

一、合金元素在钢中的存在形式

合金元素与碳的作用直接决定其在钢中的存在形式。按与碳的亲和力大小，可将合金元素分为两类。非碳化物形成元素与碳的亲和力很弱，一般不与碳化合，如镍、硅、铝、钴等。碳化物形成元素与碳的亲和力依次由弱到强的元素有铁、锰、铬、钼、钨、钒、铌等，与碳的亲和力越强，所形成的碳化物越稳定。

不同的合金元素在钢中存在的形式不同，主要有以下三种存在形式。

（1）溶于铁素体（或奥氏体），形成合金铁素体。非碳化物形成元素及大多数合金元素都能溶于铁素体（间隙溶入或置换溶入）。

（2）溶于渗碳体，形成合金渗碳体。弱碳化物形成元素或较低含量的中强碳化物形成元素能置换渗碳体中的铁原子，溶于渗碳体。如 $(Fe, Mn)_3C$、$(Fe, Cr)_3C$、$(Fe, W)_3C$ 等。

（3）与碳化合，形成特殊碳化物。强碳化物形成元素或较高含量的中强碳化物形成元素能够形成合金碳化物，如 $Cr_{23}C_6$、WC、VC、TiC 等。

二、合金元素对 Fe_3C 相图的影响

合金钢的平衡结晶过程已不能由 $Fe-Fe_3C$ 二元合金相图分析。由于合金元素的加入，$Fe-Fe_3C$ 相图发生了如下变化。

（1）共析点 S。碳在奥氏体中最大溶解度点 E 左移。这时含碳量相同的合金钢与碳素钢具有不同的组织。

例如，当钢中加入 12% 的铬后，共析成分 S 点移至 0.4% 含碳量，原亚共析碳钢可转变成过共析合金钢，增加了平衡组织中珠光体的数量。同样的，许多高合金工具钢，尽管含碳量仅在 1% 左右，组织中却出现了莱氏体，即成为莱氏体钢。

（2）锰、镍、氮等元素扩大奥氏体相区，使临界点下降。甚至在室温下获得单相奥氏体平衡组织，称作"奥氏体钢"（图 6-1（a））。

（3）铬、钨、钛、铝、硅等元素缩小奥氏体相区，促使铁素体形成。获得单相铁素体的合金钢称作铁素体钢（图 6-1（b）），这时相变临界点温度升高，所需的热处理温度则应高于同一含碳量的碳钢。

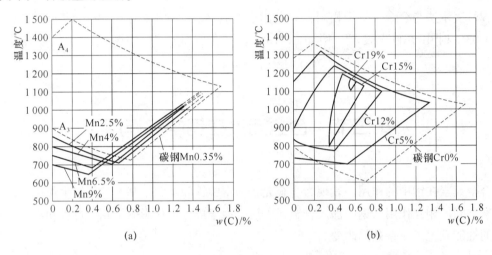

图 6-1　合金对奥氏体的影响

（a）锰的影响；（b）铬的影响

三、合金元素对钢的性能的影响

（一）合金元素对钢的力学性能的影响

提高强度是钢中加入合金元素的主要目的之一，合金元素对钢的强化作用主要通过以下几方面表现出来。

1. 形成合金铁素体，产生固溶强化

当合金元素溶于铁素体时，由于合金元素与铁的晶格类型和原子半径的差异，引起铁素体晶格畸变，产生固溶强化，使铁素体的强度和硬度提高，而塑性和韧性却有所下降。图 6-2 为几种合金元素对铁素体硬度和冲击韧度的影响。

由图看出，硅、锰能显著提高铁素体的强度和硬度；但含硅量超过 1%、含锰量超过 1.5% 时，会降低铁素体的韧性。镍比较特殊，在其含量不超过 5% 的范围内，能显著强化铁素体，同时又提高了韧性。

2. 形成合金碳化物，产生弥散强化

合金渗碳体和特殊碳化物统称为合金碳化物，前者的硬度和稳定性略高于渗碳体，而后者具有更高的熔点、硬度和耐磨性，并且更为稳定。当合金碳化物以弥散质点在钢中分布时，将显著增加钢的强度、硬度与耐磨性，而不降低韧性，这就是弥散强化。

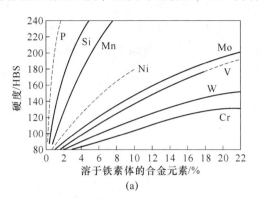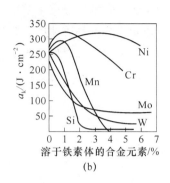

图6-2 合金元素对铁素体力学性能的影响

(a) 硬度；(b) 冲击韧度

3. 阻碍奥氏体晶粒长大，产生细晶强化

强碳化物形成元素钛、铌、钒等形成的稳定化合物及铝形成的稳定化合物 AlN、Al_2O_3 质点，在奥氏体晶界上弥散分布，对奥氏体晶粒长大有强烈的阻碍作用。

合金钢（除锰钢外）在淬火加热时不易过热，有利于获得细马氏体，也有利于提高加热温度，使奥氏体中溶入更多的合金元素，能够更好地发挥合金元素的有益作用。

4. 提高钢的淬透性，保证马氏体强化

合金元素能降低铁、碳原子的扩散速度。除了钴元素外，所有溶入奥氏体中的合金元素都在不同程度上增加过冷奥氏体的稳定性，使 C 曲线位置右移（图6-3），临界冷却速度减小，从而使钢的淬透性提高。这说明合金元素能使大截面工件淬火后的马氏体层深度增加（淬透），保证了淬火组织的一致性，能实现复杂工件在缓慢冷却介质中的淬火，有效地减少了变形与开裂的倾向。

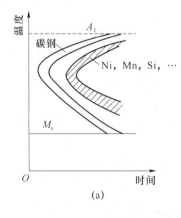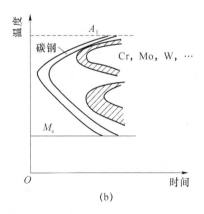

图6-3 合金元素对 C 曲线的影响

提高淬透性作用显著的元素有钼、锰、铬，其次是镍；微量的硼（<0.005%）可明显提高淬透性。多种元素同时加入，对钢淬透性的提高远比各元素单独加入时为大，故淬火钢应采用多元少量的合金化原则。

5. 提高钢的回火稳定性

淬火钢在回火时抵抗硬度下降的能力称为钢的回火稳定性。

由于合金元素溶入马氏体中，阻碍原子的扩散，使马氏体在回火过程中不易分解，碳化物不易析出，析出后也难以聚集长大，因此可使回火提高到更高温度下进行。因此合金钢回火时硬度下降较慢，其回火稳定性较高（图6-4）。

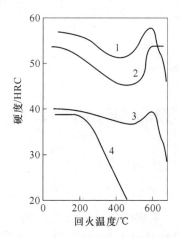

图6-4 合金元素对钢回火硬度的影响

1—C 0.43%，Mo 5.6%；2—C 0.32%，V 1.36%；

3—C 0.11%，Mo 2.14%；4—C 0.10%

合金钢的回火稳定性高于碳钢，这表明，在相同温度回火时，合金钢能保持更高的强度和硬度；在达到相同硬度时，合金钢的回火温度高于碳钢，使塑性和韧性更好。合金钢回火后，比碳钢有更好的综合力学性能。

提高回火稳定性作用较强的合金元素有钒、硅、钼、钨等。

6. 产生二次硬化

某些合金钢在回火时出现硬度回升的现象，称为二次硬化，如图6-4所示。

产生二次硬化的原因是，含钒、钼、钨等强碳化物形成元素的合金钢在高温回火时，析出了与马氏体保持共格关系并高度弥散分布的特殊碳化物。

高的回火稳定性和二次硬化使合金钢具有很好的高温强度，如红硬性（合金在高温下保持高硬度（≥60HRC）的能力称为红硬性）。这种性能对于高速切削刀具及热变形模具等具有重要意义。

合金材料的主要强化方法有固溶强化、弥散强化、细晶强化和位错强化等。各种不同的强化方法对金属的强化产生不同程度的影响。

在以上所分析的合金元素对钢的强化作用中，成分合金化本身所产生的固溶强化的效果是有限的（强化量不超过200 MPa），还远远不能满足工程对高强钢的要求。

对钢而言，马氏体强化概括了各种强化机制：淬火形成马氏体时，其中的位错密度增高，产生位错强化；马氏体形成时分割奥氏体，生成马氏体束，相当于细晶强化；马氏体中的合金元素和过饱和的碳原子产生了固溶强化；马氏体回火时析出的碳化物质点造成了强烈的弥散强化。

因此马氏体强化（含回火）是最经济、最有效的综合强化钢的手段。实际上，不论是碳钢，还是合金钢，在完全淬成马氏体的条件下，两者的强度基本相同（图6-5）。

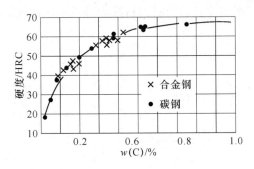

图6-5 合金钢与碳钢淬硬性的比较

可见，合金元素最重要的作用是提高了钢的淬透性，保证了钢的马氏体强化。合金元素的强化作用通过淬火与回火的热处理才能得到充分发挥，合金钢优良的力学性能主要表现在热处理之后。

（二）合金元素对钢的工艺性能的影响

1. 对铸造性能的影响

铸造性能是金属在铸造时的流动性、收缩性和偏析倾向等方面的综合工艺性能，它主要与结晶温度及其范围有关。由于合金元素对相变过程产生影响，一般使铸造性能变差。

2. 对锻造性能的影响

锻造性能主要取决于金属在锻造时的塑性及变形抗力。许多合金钢，特别是含有大量碳化物的合金钢，锻造性能明显下降。

3. 对焊接性能的影响

焊接性能中主要有焊接区的硬度和焊后开裂的敏感性。碳、磷、硫等元素使焊接性能恶化，钛、锆、铌、钒可使其改善。但总的说来，合金钢的焊接性能不如碳钢。

4. 对切削性能的影响

合金钢的强韧性一般较高，故大多数合金钢的切削性能比钢差。但适量的硫、磷、铝等元素能促使断屑和产生润滑作用，改善切削加工性，成为所谓"易切削钢（见GB 8731—1988）"。

5. 对热处理工艺性能的影响

加热时，合金元素一般使临界点提高，增加了组织稳定性。因此可将加热温度提高、加热时间延长，能在奥氏体中溶入更多的合金元素，并仍保证组织细化。

但是锰等元素降低了钢的临界点，增加了钢的过热敏感性，使钢容易过热而产生晶粒粗化；硅是促进石墨化元素，使钢在加热时容易表面脱碳而降低表面硬度。通过加入钼、钨、钒、钛等碳化物形成元素，可以减小锰和硅带来的过热和表面脱碳的倾向。

淬火冷却时，合金元素（除钴外）使C曲线右移，M_s 线下降。合金元素提高了钢的淬透性，可将大截面的工件在缓和的介质（如油）中淬火，既获得马氏体，又避免了工件变形和开裂，这对金属强化的意义重大。但钴使钢的淬火组织中残余奥氏体数量增多。这虽然可以减小淬火内应力和淬火变形，但对钢的硬度和尺寸稳定性有不良影响，因此应采取措施来减少残余奥氏体数量。例如淬火后及时进行冷处理或多次回火。合金元素对残余奥氏体量的影响如图6-6所示。

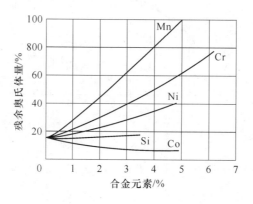

图6-6　合金元素对残余奥氏体量的影响

回火时，合金元素提高了钢的回火稳定性并产生二次硬化，这对工具钢的红硬性有重要的积极作用（图6-4）。但某些合金元素会使钢出现第二类回火脆性。

随回火温度的提高，钢的强度和硬度下降，塑性提高，但冲击韧度并不是单调增加。

图6-7表示了某些合金钢在回火时冲击韧度的变化规律。由图可见，某些合金钢不但在260℃~400℃范围回火时与碳钢相似，出现第一类回火脆性，而且在450℃~650℃范围回火时，又出现明显的韧性下降，称为第二类回火脆性。

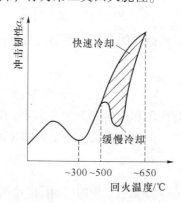

图6-7　回火温度对某些合金钢冲击韧度的影响

第一类回火脆性可能是由薄片状ε碳化物沿马氏体晶界析出所造成，防止办法常常是避免在此温度范围内回火。

第二类回火脆性主要发生在含铬、镍、锰、硅等元素的合金钢中，一般认为是杂质元素在晶界处偏聚所产生，而这些合金元素促进了这种偏聚。

当回火后快冷时，杂质元素来不及偏聚，可消除这类回火脆性，这一点从图6-7可以看出。当回火后不能快冷时，如大型工件，应在钢中加入钼、钨等合金元素，它们能阻碍杂质元素的偏聚，降低第二类回火脆性。同时，应降低杂质元素锑、磷、锡、砷的含量，提高钢的纯度。

（三）合金元素对钢的特殊性能的影响

钢的特殊性能一般指钢的某些物理性能和化学性能，合金元素加入后对它们产生不同程度的影响。

1. 提高耐蚀性

铬、镍等元素影响钢的相变临界温度，使钢在室温下能获得单相组织；足够量的铬将明显提高钢基体的电极电位；铬、硅、铝等元素能在钢表面形成稳定致密的氧化膜以防钢被介质腐蚀。合金化使钢本身的抗蚀性提高，从根本上防止腐蚀。这对于"不锈钢"有重要意义。

2. 提高抗氧化性

铬、硅、铝等元素能够优先与氧化合，形成致密高熔点的氧化膜（Cr_2O_3、SiO_2、Al_2O_3）覆盖在钢的表面，防止钢在高温时生成松脆的 FeO 氧化皮，提高了钢的耐热性。

3. 提高高温强度

高熔点金属铁、镍、钴等的原子间结合力大，高温下不易产生塑性变形（抗蠕变），因此常作为耐热合金的基体。钨、钼等碳化物形成元素形成的弥散分布的稳定碳化物，既提高了钢的强度，又提高了钢的再结晶温度。合金元素增大了钢的抗蠕变能力，故提高了钢的高温强度（又称热强性）。

4. 影响电磁性

合金元素将对钢的电、热、磁等物理性能产生影响。如加入硅、铝等元素会明显提高电阻率。硅、镍等元素能减小铁的磁晶各向异性常数，从而增大磁导率，减少磁损耗，利用这个特性制成的电工硅钢片作为磁性材料而广泛应用。

第三节　合金结构钢

合金结构钢用于制造机器零件和工程构件，是应用很多的一类合金钢。根据用途和热处理方法等的不同，常用的合金结构钢有以下几种。

一、低合金结构钢

低合金结构钢的成分特点为低碳、低合金，所加入的合金元素主要有锰、钒、钛等。

低碳、低合金使钢具有良好的塑性、韧性、焊接性能和耐蚀性。加入的合金元素提高了钢的强度：钢中的硅和加入的锰固溶强化铁素体，钒和钛等产生细晶强化和碳化物弥散强化，合金元素使相图共析成分 S 点左移，增加了珠光体的数量。

通过成分合金化后，低合金结构钢的强度比普通碳素钢的高 30% ~ 50%，故又称为低合金高强度钢。

这类钢一般在热轧空冷状态下使用，广泛用于桥梁、船舶、车辆、压力容器和建筑结构等方面，以减轻质量，节约钢材。常用的有 16Mn、15MnVN、09MnV 等，常用低合金结构钢的牌号、性能与用途见表 6 - 1。

表 6 - 1 常用低合金结构钢的牌号、性能与用途

牌 号	σ_s /MPa	σ_b /MPa	δ_s /%	用途举例
09MnV	295	430 ~ 580	22	螺旋焊管、冷弯型钢、建筑结构
09Mn2	295	490 ~ 590	22	油船、油罐、油槽、机车车辆
16Mn	295	510 ~ 660	22	桥梁、船舶、车辆、压力容器、建筑结构
15MnV	390	530 ~ 680	18	高、中压容器、车辆、船舶、起重机
15MnTi	390	530 ~ 680	20	造船钢板、压力容器、电站设备
15Mn2VN	420	590 ~ 740	19	大型焊接结构、大型桥梁、车辆

二、合金渗碳钢

渗碳钢主要用于表面承受强烈磨损并且承受动载荷的零件，如汽车齿轮、内燃机凸轮和活塞销等。

这类钢选用低碳成分，经表面渗碳进行成分调整，再结合淬火＋低温回火的热处理，能够使零件表面具有良好的耐磨性和疲劳强度，心部有良好的韧性和足够的强度。高碳零件的使用性能远高于中碳钢表面淬火后的性能。

合金渗碳钢中的铬、镍、锰、硼等合金元素能提高淬透性，并且强化铁素体。钨、钼、钒、钛等元素避免了高温渗碳时奥氏体晶粒的粗化，使工序可以简化为渗碳后直接淬火，而且还在表面形成合金碳化物弥散质点。

合金渗碳钢零件的最终组织为：表层不但有高碳回火马氏体，而且有合金碳化物，心部由于淬透而具有低碳回火马氏体组织。它比碳钢渗碳件的工艺性能好，使用性能高。常用的有 20Cr、20CrMnTi 等，常用合金渗碳钢的牌号、性能与用途见表 6 - 2。

表 6 - 2 常用合金渗碳钢的牌号、性能与用途

牌号	σ_s /MPa	σ_b /MPa	δ_s /%	ψ/%	α_k/ $(J \cdot cm^{-2})$	用途举例
20Mn2	600	800	10	40	60	代替 20Cr（以节约铬元素）
20Cr	550	850	10	40	60	机床齿轮、蜗杆、活塞销
20CrMnTi	850	1 100	10	45	70	汽车齿轮、凸轮
20MnVB	900	1 100	10	45	70	代替 20CrMnTi
20Cr2Ni4	1 100	1 200	10	45	80	大齿轮、轴、飞机发动器齿轮
18CrNi4	850	1 200	10	45	100	大齿轮、轴

三、合金调质钢

调质钢为中碳成分，经淬火＋高温回火的调质处理后，钢的组织为回火索氏体，具有高强度和良好韧性的配合，即具有良好的综合力学性能，常用于制造重要的机器零件，如传动轴、机床齿轮、连杆螺栓等。

合金调质钢中的锰、硅、铬、镍、硼等元素的主要作用是提高钢的淬透性，同时强化铁素体；钨、钼、钒、钛等元素细化晶粒，提高回火稳定性，钨和钼还具有防止第二类回火脆性的作用。

合金元素改善了钢的热处理工艺性能，参与了强韧化过程，从而保证了合金调质钢零件具有高而均匀的综合力学性能。若要求零件表面耐磨性高，还可以在调质后对其继续进行表面热处理。

40Cr 是合金调质钢中常用的一种，其强度比 40 钢高 20%，塑性良好，加入的 1% 的铬提高了钢的淬透性和回火稳定性，被广泛用于机械主轴、连杆等。表 6 – 3 为常用合金调质钢的牌号、性能与用途。

表6 – 3　常用合金调质钢的牌号、性能与用途

牌　号	σ_s /MPa	σ_b /MPa	δ_s /%	ψ/%	α_k/ $(J \cdot cm^{-2})$	用途举例
45Mn2	750	900	10	45	60	轴、蜗杆、连杆
40Cr	800	1 000	9	45	60	重要调质件如主轴、曲轴、齿轮、连杆
35CrMn	850	1 000	12	45	80	中速、重载的大截面齿轮与轴、发电机转子
30CrMnSi	900	1 100	10	45	50	高压鼓风机叶片、联轴器、飞机零件
38CrMoAlA	850	1 000	15	50	90	用于氮化件如镗杆、蜗杆、高压阀门
40CrNiMoA	850	1 000	12	55	100	受冲击载荷的高强度零件如锻压机的偏心轮、压力机曲轴

四、合金弹簧钢

弹簧要求有高的弹性极限、高的疲劳极限和足够的韧性。因此弹簧钢采用中到高碳成分以保证强度，通过淬火＋中温回火而获得回火屈氏体组织，以满足使用性能的要求。

加入合金元素锰、硅、铬等的主要目的是提高淬透性，同时强化铁素体，硅还能显著提高钢的弹性极限和屈强比，是弹簧钢的常用元素之一，但是硅增加了钢在加热时表面脱碳倾向，锰增大了钢的过热倾向。

钼、钨、钒使晶粒细化，回火稳定性提高，并且能够防止第二类回火脆性及减小硅、锰带来的脱碳和过热倾向。

弹簧工作时表面层的应力最大，如果表面脱碳、贫碳，会使表面强度降低，寿命大大缩短。

因此，尺寸较大或承受动载荷的重要弹簧，一般均应用合金弹簧钢制造。为了进一步提高弹簧的使用寿命，可以采用喷丸处理进行表面强化，可以采用形变热处理提高强韧性。

常用的合金弹簧钢大致可分两类：

1. 硅锰弹簧钢

最有代表性的合金弹簧钢是 60Si2Mn，它的淬透性比碳素弹簧钢高，油淬直径可达 20 ~ 30 mm；弹性极限、屈强比和疲劳极限均较高；工作温度一般在 230℃以下。主要用作机车、汽车、拖拉机上的钢板弹簧和直径小于 30 mm 的螺旋弹簧。

2. 含铬、钒等元素的弹簧钢

最有代表性的是 50CrVA，它的淬透性更好，油淬直径可达 30 ~ 50 mm，不但力学性能好，而且钢在较高温度时的性能稳定。常用做大截面的重负载弹簧或工作温度较高（< 300℃）的弹簧，如发动机中的气门弹簧。常用的合金弹簧钢见表 6 - 4。弹簧根据尺寸不同，采用不同的成型和热处理方法。

表 6 - 4　常用合金弹簧钢的牌号、性能与用途（热处理以后）

牌　号	σ_s /MPa	σ_b /MPa	δ_{10} /%	ψ/%	用途举例
55Si2Mn	1 200	1 300	6	10	ϕ20 ~ 25 mm 弹簧，工作温度低于 230℃
60Si2Mn	1 200	1 300	5	25	
50CrVA	1 150	1 300	10 (δ_5)	40	ϕ30 ~ 50 mm 弹簧，工作温度低于 210℃ 的气阀弹簧
60SiCrVA	1 700	1 900	6 (δ_5)	20	ϕ < 50 mm 弹簧，工作温度低于 250℃
55SiMnMoV	1 300	1 400	6	30	ϕ < 75 mm 弹簧，重型汽车大截面板簧

当弹簧的直径或板簧的厚度大于 10 ~ 15 mm 时，一般采用热成型方法，然后经淬火和中温回火获得回火索氏体，硬度在 40 ~ 45HRC。

对于直径小于 8 ~ 10 mm 的弹簧，一般由弹簧钢丝冷绕而成。而弹簧钢丝又是经铅浴等温淬火后冷拉形成的。冷拉和冷绕所产生的冷加工硬化使弹簧已具有很高的屈服强度，所以不必再淬火，只需进行去应力退火来消除变形应力，并使弹簧定型。

五、滚动轴承钢

滚动轴承钢是制造各类滚动轴承的滚动体及内、外套圈的专用钢。

滚动轴承在交变应力下工作，各部分之间因相对滑动而产生强烈摩擦，还受到润滑剂的化学浸蚀。因此轴承钢必须具有：高的硬度和耐磨性，高的弹性极限和接触疲劳强度，足够的韧性和抗蚀性。

常用的滚动轴承钢的牌号、性能与用途列于表 6 - 5。应用最多的有 GCr15、GCr15SiMn，前者用作中、小型滚动轴承；后者用作较大型滚动轴承。对于承受很大冲击或较大型的轴承，常用合金渗碳钢制造，如 20Cr2Ni4A 和 20Cr2Mn2MoA，亦称渗碳轴承钢。对于要求耐腐蚀的轴承，常采用不锈工具钢制造，如 9Cr18。

表 6-5　常用滚动轴承钢的牌号、性能及用途（热处理以后）

牌　号	硬度/HRC	用途举例
GCr6	62 ~ 64	$\phi < 10$ mm 的滚动体
GCr9	62 ~ 64	$\phi < 20$ mm 的滚动体
GCr9SiMn	62 ~ 64	壁厚 < 12 mm，外径 < 250 mm 的套圈；$\phi 25 \sim 50$ mm 的钢球；$\phi < 22$ mm 的滚子
GCr15	62 ~ 64	
GCr15SiMn	62 ~ 64	壁厚 > 12 mm、外径 > 250 mm 的套圈；$\phi > 50$ mm 的钢球；$\phi > 22$ mm 的滚子

目前常用的是铬轴承钢，其含碳量为 0.95% ~ 1.15%，属过共析钢，以此保证淬后马氏体的高硬度和碳化物的数量，提高耐磨性。

合金元素铬的主要作用是提高钢的淬透性，并形成弥散分布的合金渗碳体，使钢的强度、接触疲劳极限和耐磨性提高，铬还能增加钢对润滑介质的耐蚀能力，但含铬量过高时，残余奥氏体量增多，并使碳化物分布不均匀。制造大型轴承时，可加入硅、锰来进一步提高淬透性。

铬轴承钢对硫、磷含量限制极严（$w(S) < 0.020\%$，$w(P) < 0.007\%$），这是因为硫、磷形成非金属夹杂物，降低接触疲劳极限。因此，铬轴承钢是一种高级优质钢。滚动轴承钢的预先热处理采用球化退火，使组织均匀，硬度降低，有利于切削加工。

最终热处理为淬火和低温回火，得到的组织为回火马氏体 + 细粒碳化物 + 少量残余奥氏体，硬度可达 62 ~ 64HRC。

对于精密轴承零件，为了保证尺寸稳定性，淬火后还应进行冷处理使残余奥氏体转变成马氏体，然后再进行低温回火，磨削后再在 120℃ ~ 130℃ 下时效 5 ~ 10 h，以减少残余奥氏体。

滚动轴承钢的牌号以"G"为标志（G 为"滚"字拼音字首），其后为铬元素符号，该符号后面的数字表示含铬量的千分数，其余与合金结构钢牌号规定相同。

轴承钢也可作其他用途，如制造形状复杂的刀具、冷冲模、精密量具及某些精密零件（淬硬丝杠、柴油机喷油嘴等）。

六、超高强度钢

超高强度钢是指屈服极限大于 1 400 MPa，强度极限大于 1 500 MPa，兼有适当韧性的合金钢。它是在合金调质钢的基础上加入多种元素而形成和发展起来的，主要用做航空和航天工业的结构材料，如飞机起落架和机翼大梁等。

由于多种元素的综合作用，钢的淬透性很好，淬火后板条马氏体细化，并提高回火稳定性。故主加合金元素是锰、铬、镍、钼、硅等，其中硅显著提高了钢的低温回火稳定性，使钢的塑性、韧性和缺口敏感性得到改善，因此超高强度钢一般都含有硅。

我国常用的超高强度钢 30CrMnSiNi2A 是在 30CrSiA 合金调质钢的基础上添加约 2% 的镍而成的，油淬直径可达 80 mm，用来制造飞机的主梁、起落架、接合螺栓等极为重要的零件。这种钢经过淬火和低温回火后，得到回火马氏体组织，σ_b 可达 1 700 MPa，$\sigma_{0.2}$ 可达 1 400 MPa。为了减少变形和增加韧性，也可以采用等温淬火作为最终热处理。

中合金超高强度钢中最有代表性的是 4Cr5MoVSi（平均含碳量为千分数），经过高温加热淬火和三次高温回火后，σ_b 可达 2 000 MPa，$\sigma_{0.2}$ 可达 1 600 MPa。高温加热是为了使奥氏体中溶入更多的合金元素，多次回火是为了消除残余奥氏体。这种钢在 300℃～500℃ 时仍能保持高强度、抗氧化性和抗热疲劳性，适宜于制造超音速飞机的机体和发动机结构零件。

第四节　合金工具钢

为了满足高硬度和耐磨性好的使用要求，工具钢均为高碳成分，一般经过淬火和低温回火后使用。

碳素工具钢虽然能达到较高的硬度和耐磨性，但其淬透性差，淬火变形倾向大，并且韧性和红硬性差（只能在 200℃ 以下保持高硬度）。因此，尺寸大、精度高、承受冲击载荷和较高工作温度的工具，都要采用合金工具钢制造。

合金工具钢按主要用途可分为三种：刃具钢、模具钢和量具钢。各类工具钢并无严格的使用界限，可以交叉使用。

一、合金刃具钢

合金刃具钢用于制造各种机床刀具，如车刀、铣刀等。在高速切削金属的过程中，要求刃具材料有高的硬度和耐磨性，足够的强度、塑性和冲击韧性，高的红硬性。

红硬性指钢在高温下保持高硬度的能力，常常以保持 60HRC 的最高温度来表示。

合金刃具钢分为低合金刃具钢和高速钢。

（一）低合金刃具钢

低合金刃具钢是在碳素工具钢的基础上加入少量合金元素而成的。

加入铬、锰、硅、钨和钒等元素，使钢的淬透性提高，基体强化，晶粒细化，回火稳定性增大。因此，低合金刃具钢的耐磨性和强度比碳素工具钢高，红硬性略有提高（为 250℃）。可采用油淬，减小了变形和开裂倾向。但是合金元素加入多使临界点升高，提高了淬火加热温度，从而使脱碳倾向增大。

这类钢经淬火和低温回火后，不仅具有高的硬度和耐磨性，而且热处理变形小，常用作形状复杂的低速切削刀具和精密量具。表 6-6 为常用低合金刃具钢的牌号、热处理与用途。

表6-6 常用低合金刃具钢的牌号、热处理与用途

牌 号	淬火温度 /℃	回火温度 /℃	回火后硬度 /HRC	用途举例
Cr2	830~860 油	150~170	61~63	尺寸较大的钻头、铰刀
9SiCr	860~880 油	180~200	60~62	薄刃刀具如板牙、丝锥
9Mn2V	780~820 油	150~200	60~62	磨床主轴、车床丝杠、丝锥、板牙、量规、冷作模具
CrWMn	800~830 油	140~160	62~65	微变形钢、长铰刀、拉刀、丝杠、精密量具
CrW5	800~850 水	160~180	64~65	低速切削硬金属刃具、如铣刀、车刀、刨刀

（二）高速钢

高速钢是红硬性和耐磨性很高的高合金刃具钢，其红硬性可达600℃，切削时能长期保持刃口锋利，故用于制造高速切削刀具和成型刀具。高速钢的优良性能决定于它的化学成分和正确的热处理。

1. 高速钢成分特点

含碳量较高，为0.7%~1.65%，并有大量的钨、钼、铬、钒等碳化物形成元素。其牌号中不标明含碳量。

钨是提高红硬性的主要元素，在高温加热时溶于奥氏体，淬火后形成合金马氏体。这种合金马氏体的回火稳定性很高，在560℃左右高温回火时析出弥散的特殊碳化物 W_2C，产生二次硬化，提高钢的红硬性。同时，W_2C 还提高钢的耐磨性，加热时，未溶的合金碳化物 Fe_4W_2C 能阻止奥氏体晶粒的长大。因此高速钢都有钨元素。

随着钨含量增多，钢的红硬性提高，但超过18%时，红硬性不再增加，却会造成钢的加工困难，故高速钢中的钨含量不超过18%。

钼在高速钢中的作用与钨相似，可用1%的钼代替2%的钨。

铬的主要作用是提高钢的淬透性，加入量为4%，这时钢在空冷条件下也能形成马氏体。但含铬量超过4%时，M_s 线下降，使残余奥氏体量增多，会降低钢的硬度或增加回火次数。

钒的作用与钨和钼相似。由于钒与碳的亲和力更强，VC 的硬度极高，为83~85HRC（WC 的硬度为73~77HRC），因此能显著提高钢的硬度和耐磨性。但钒太多时，钢的锻造性能和磨削性能变差。

2. 高速钢的锻造和热处理

高速钢因含有大量合金元素，使 E 点显著左移，故高速钢铸态组织中出现了莱氏体，属于莱氏体钢。

虽然高温轧制或锻压能将莱氏体中的鱼骨状碳化物破碎并重新分布，但是存在着分布不均匀性，碳化物往往呈带状、网状或大块状。这种组织偏析会造成钢的使用性能下降，工作中容易崩刃和磨损。因而高速钢出厂时，应按规定级别检验碳化物的分布不均匀性。

为了消除碳化物偏析，必须用反复锻造的方法：在不低于 900℃ 的温度下采用大于 10 的锻造比，对工具毛坯交替地镦粗与拔长，使碳化物破碎细化并分布均匀。

高速钢的预先热处理为退火，以降低硬度，有利于切削加工。

最终热处理为淬火和回火。其特点是，淬火加热温度很高，一般为 1 200℃ ~1 300℃，淬火后要在 560℃ 多次回火。

淬火加热温度高，能使钨、钼、钒元素尽可能多地溶入奥氏体，以增高钢的红硬性，但加热温度过高，将使钢过热，甚至过烧。故高速钢淬火温度不超过 1 300℃。

淬火冷却多采用油冷或盐浴分级淬火。空冷虽然能形成马氏体，但可能析出碳化物，影响红硬性，并使刃具严重氧化，故只有小刃具才采用。

高速钢淬火后的组织为隐晶马氏体、粒状碳化物及较多的残余奥氏体。因为合金元素降低了 M_s 线，所以淬火后残余奥氏体量可达 20% ~25%。淬后组织的硬度为 82HRC 左右。

高速钢淬火后及时回火的目的是使残余奥氏体转变为马氏体，并使马氏体析出弥散碳化物以产生二次硬化。

实验证实，在 550℃ ~570℃ 回火时硬度最高，这正是合金碳化物产生二次硬化的结果。故高速钢多采用 560℃ 回火。

由于高速钢中残余奥氏体量多，经第一次回火后，仍有 10% 残余奥氏体未转变，只有经过三次回火后，残余奥氏体才基本转变完。此外，后一次回火还可以消除前一次回火产生的组织转变应力。

高速钢三次回火后的组织为极细回火马氏体、粒状碳化物和少量的残余奥氏体（占 1% ~2%），硬度提高到 63 ~66HRC。

为缩短生产周期，淬火后立即进行冷处理（-60℃ ~ -80℃），然后再进行一次 560℃ 回火，也可以获得相近的组织和硬度。

图 6-8 为常用高速钢 W18Cr4V 的最终热处理工艺曲线。图中表示了淬火加热的预热要求。这是因为高速钢属于高合金钢，塑性较差，并且由于大量钨元素的加入，导热性变差。为了减小热应力，防止加热快而造成零件的变形和开裂，必须对其进行预热，待内外温度均匀后再升温加热。

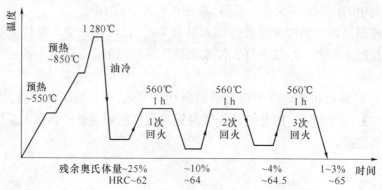

图 6-8　W18Cr4V 的最终热处理工艺

3. 常用高速钢

常用高速钢的牌号、热处理、性能与用途列于表 6 – 7。

表 6 – 7　常用高速钢的牌号、热处理、性能与用途

种类	牌号	热处理/℃			回火硬度/HRC	用途举例
		退火	淬火	回火		
铬系高速钢	W18Cr4V	860~880	1 260~1 300	550~570	63~66	一般高速切削刀具，如车刀、铣刀刨刀、钻头
	W12Cr4V4Mo	840~860	1 240~1 270		63	形状简单，只需要很少磨削的刀具
铬钼系高速钢	W6Mo5Cr4V2	840~860	1 220~1 240		63~66	耐磨性与韧性有很好配合的高速钢刀具、扭制钻头
	W6Mo5Cr4V3	840~885	1 200~1 240		<63	形状复杂的刀具，如拉刀、铣刀
超硬高速钢	W18Cr4VCo10	870~900	1 200~1 260	540~590	64~66	切削硬金属的刀具
	W6Mo5Cr4V2Al	850~870	1 220~1 250	550~570	67~69	

由表 6 – 7 可见，我国常用的高速钢有以下三类。

（1）钨高速钢。常用的 W18Cr4V 是以往应用最广的高速钢。红硬性为 600℃，61 ~ 62HRC，过热敏感性小，磨削性好。适于制造一般高速切削刀具，如车刀、铣刀等，但不宜制作薄刃刀具。

（2）钼高速钢。常用的 W6Mo5Cr4V2 可作为 W18Cr4V 的代用品。这种钢以钼代替一部分钨，碳化物更细小，使钢在 1 100℃仍有良好的热塑性，便于压力加工；而且热处理后的韧性也高，钒量多，使耐磨性更好，但易过热与脱碳。适于制造耐磨性与韧性要求较好配合的刃具，如齿轮铣刀、插齿刀等，更适于制造热加工成型的薄刃刀具，如麻花钻头等。

（3）超硬高速钢。这类钢用于加工高硬度、高强度金属（如钛合金、超高强度钢）的刀具，是在钨系或钼系高速钢的基础上加入 5% ~ 10% 的钴而形成的含钴高速钢，如 W18Cr4VCo10、W6Mo5Cr4V2Al。硬度高达 65 ~ 70HRC，红硬性达 670℃。

各种高速钢具有高的耐磨性和红硬性，足够高的强度和韧性，不仅可以制造用于高速切削的、负载大、形状复杂的切削刀具，还可以应用于冷冲模、冷挤压模及某些要求耐磨性高的零件。

二、合金模具钢

合金模具钢用于制造各种模具。按工作条件可分为冷作模具和热作模具两大类。

（一）冷作模具钢

冷作模具钢用于制造使金属冷塑性变形的模具。在受冲击、摩擦的工作过程中，要求冷作模具钢有高的硬度和耐磨性，高的强度和疲劳强度，以及足够的韧性。

冷作模具包括冷冲模、冷挤压模、拉丝模等，这些模具对硬度的要求列于表6-8。

表6-8　冷冲模的硬度要求

名　称		单式或复式硅钢片冲裁模	级进式硅钢片冲裁模	薄钢式冲裁模	厚钢板冲裁模	拉延模	拉丝模	剪刀	φ5 mm以下的小冲头	冷挤压模	
										挤铜、铝	挤钢
硬度/HRC	凸模	60~62	58~60	58~60	56~58	58~62	—	54~58	56~58	60~64	60~64
	凹模	60~62	60~62	58~60	56~58	62~64	>64	—	—	60~64	58~60

冷作模具钢的性能要求与刃具钢的相似，但对于热处理后尺寸精度的保持提出更高要求，而对红硬性的要求不高。因此，冷作模具钢的化学成分与热处理特点基本上与刃具钢的相同。

对于形状复杂、受力不大的模具，可采用低合金刃具钢如9Mn2V、9SiCr、CrWMn、Cr12等，具有淬透性好、硬度和耐磨性高的特点。对于大型、重载的模具，常用Cr12型钢，也可采用高速钢。

Cr12型钢是最常用的冷作模具钢，牌号有Cr12和Cr12MoV。这类钢具有高碳高铬的成分特点：C 1.45%~2.3%、Cr 11%~13%。碳对于高硬、高耐磨性起重要作用。

大量的铬极大地提高了淬透性：油淬直径可达200 mm，一般空冷也能淬硬。在淬火加热温度较高时，奥氏体溶入较多的铬，使淬火后残余奥氏体量增多，可大大减少淬火变形，故Cr12型钢也属于微变形钢。淬火温度对残余奥氏体量及硬度的影响如图6-9所示。

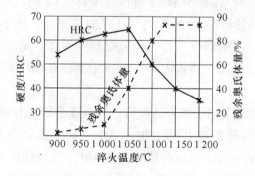

图6-9　Cr12MoV的残余奥氏体量及硬度与淬火温度的关系

Cr12型钢与高速钢一样，属于莱氏体钢。因此，需要经过反复锻造来破碎网状共晶碳化物，并消除其分布的不均匀性。锻造后也应进行等温退火的预先热处理。

Cr12型钢在不同温度淬火后，在不同温度下回火时其硬度变化如图6-10所示。从图中可以看出，提高Cr12型钢的硬度有两种方法。

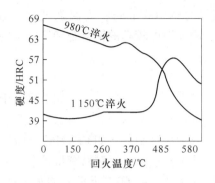

图 6 - 10 Cr12 钢淬火温度、回火温度与硬度的关系

（1）一次硬化法。采用较低的淬火温度和较低的回火温度。如 Cr12 钢 980℃保温后油淬，然后在 170℃左右低温回火，硬度达 60 ~ 62HRC。这种方法淬火变形小，应用较多。

（2）二次硬化法。采用较高的淬火温度与多次高温回火。如 Cr12 钢 1 100℃保温后油淬，残余奥氏体较多，温度较低，但经多次 510℃ ~ 520℃回火，产生二次硬化，硬度可升高到 60 ~ 62HRC。这种方法可获得较高的红硬性，用来处理 400℃ ~ 450℃条件下工作的模具或还需进行软氮化的模具。

Cr12 型钢的最终热处理组织是回火马氏体与少量残余奥氏体，其具有的高强度和硬度，极高的耐磨性，使它广泛应用于冲制硅钢片的冲模和滚压模等冷作模。其中 Cr12MoV 钢的含碳量较低，由于多种合金元素作用，它除耐磨性不及 Cr12 钢外，强度、韧性都更好。

近年来还发展了基体钢。因基体钢成分与高速钢基体相近而得名。它的耐磨性及强韧性高，常用于冷挤压模。常用的有 5Cr4W2Mo3V 等。

（二）热作模具钢

热作模具钢用来制造高温下使金属成型的模具，如热锻模、热挤压模、压铸模等。在工作中要求热作模具钢具有高温下良好的综合力学性能；淬透性好、回火稳定性高、回火脆性小，良好的导热性及抗氧化、抗热疲劳性能。

这类钢采用中碳成分，经淬火和中、高温回火后应获得良好的综合力学性能。加入的合金元素主要有铬、镍、锰、硅等，它们提高了钢的淬透性，强化基体。镍还能提高钢的韧性。加入钨、钼的作用是提高抗热疲劳性，提高回火稳定性和防止第二类回火脆性。

热锻模在冲击力下工作，强韧性要求较高。对模尾和模面部分的要求有所不同：模面是工作部分，要求硬度较高，应采用较低的回火温度，模尾应有好的韧性，以防脆断，故回火温度应高一些。常用的热锻模具钢有 5CrNiMo 和 5CrMnMo 等。

热挤压模在静压力下较长时间地与高温金属接触，因此要求有较高的高温强度。常用的有：3Cr2W8V，用做挤压钢或铜合金的模具；4Cr5W2SiV，用做挤压铝合金或镁合金的模具。

压铸模与炽热金属接触时间长，要求有更高的红硬性、导热性和抗热疲劳性，还应有抗金属液冲刷和抗腐蚀的能力。常用的是 3Cr2W8V，还有 4CrSi、4CrW2Si 等。3Cr2W8V 虽然含碳量在 0.3% 左右，但由于合金元素使 S 点左移，因此已属于过共析钢。

合金元素铬、钨、钒可使钢的临界点 A_{c1} 提高到 820℃ ~ 830℃，因而提高了抗热疲劳性。

这种钢的淬透性好（油淬直径可达 100 mm）；高温强度高（在 600℃～650℃ 时强度可达 1 000～1 200 MPa），适于制造浇注温度较高的钢合金和铝合金的压铸模。

三、合金量具钢

合金量具钢用于制造测量零件尺寸的各种量具，如卡尺、千分尺、塞规、样板等。要求有高的硬度、耐磨性、尺寸稳定性和一定的韧性、抗蚀性。为满足性能要求，形状复杂或精密的量具常采用低合金刃具钢或轴承钢制造，如 CrWMn、GCr15 等。

量具钢的热处理特点是保证尺寸稳定性。对精密量具在淬火后应立即进行冷处理，以消除不稳定的残余奥氏体。然后在 150℃～160℃ 下低温回火。低温回火后还应进行一次人工时效，以进一步消除组织应力。精磨后再进行一次人工时效来消除磨削应力。

第五节　特殊性能钢

特殊性能钢是具有特殊的物理或化学性能的高合金钢，其种类很多，机械制造中应用较多的有不锈钢、耐热钢、耐磨钢等。

一、不锈钢

不锈钢是指能够抵抗大气、酸、碱或其他介质腐蚀的合金钢。

（一）金属的腐蚀和保护

金属受周围介质作用而引起的损坏称作金属的腐蚀。按腐蚀机理可分为化学腐蚀和电化学腐蚀两类。

化学腐蚀是金属与周围介质直接发生化学反应而产生的腐蚀，如锻造时钢件表面的氧化皮。铜合金与橡胶制品接触时，橡胶中的硫与铜产生化学反应，形成硫化铜使铜合金损坏等，均属于化学腐蚀。

电化学腐蚀是金属在电解质溶液中发生电化学反应而发生的腐蚀。例如金属在酸、碱、盐的水溶液中发生的腐蚀，在潮湿空气或海水中发生的腐蚀等，均属于电化学腐蚀。

碳钢是由铁素体和渗碳体两相组成的，在潮湿空气中，钢表面形成电解液膜，两相又互相接触而导通，因而使电极电位低的铁素体发生电化学腐蚀。

防止金属腐蚀可以从外部和内部两方面采取措施。一是表面保护法，将金属与腐蚀介质隔离，如发蓝、磷化、喷漆、电镀等；二是合金化处理，提高金属本身的抗蚀能力。不锈钢就是经合金化处理后的耐蚀钢。

合金元素提高钢的耐蚀性的作用表现在以下三方面。

（1）形成钝化膜。铬、硅、铝等元素与氧的亲和力比铁的强，它们在钢的表面所形成的氧化膜如 Cr_2O_3、SiO_2、Al_2O_3 等，非常稳定和致密牢固，对钢有很好的保护作用。

（2）获得单相组织。一定量的铬、镍等元素加入后，由于钢的临界点改变，因此使钢有可能在室温下具有单相铁素体、奥氏体或马氏体。这样不可能形成原电池，就避免了电化学腐蚀。

（3）提高基体的电极电位。铬等元素加入后，提高基体相的电极电位。这样便形成原电池，使基体金属成为阴极而受到保护。

（二）常用的不锈钢

通过分析可知，铬不仅能在钢表面生成致密氧化膜，而且当铬量超过12.7%时，钢完全呈单相铁素体组织；此外，当含铬量达到12%以后，钢的基体电位跃增。因此铬是不锈钢的主要合金元素，常用的不锈钢为含铬量大于13%的低碳高铬合金钢。按正火组织的不同，不锈钢可分为铁素体不锈钢、马氏体不锈钢和奥氏体不锈钢等。

1. 铁素体不锈钢

这类钢含碳量低（小于0.15%），含铬量高（12%~30%），属于铬不锈钢。

它具有单相铁素体组织，抗蚀性很好，能够抗大气与酸的腐蚀，并且有良好的高温抗氧化性（700℃以下）。其塑性和焊接性能好，但强度不高，而且不能用热处理强化，只能用冷塑性变形等来改善性能。铁素体不锈钢的典型钢种是1Cr17，主要用做化工设备中的容器、管道等。

2. 马氏体不锈钢

Cr13型不锈钢是典型的马氏体不锈钢，也属于铬不锈钢。因含铬量较低（13%左右），抗蚀性比1Cr17的差。为提高强度，通常加入一定量的碳，但随含碳量的增多，抗蚀性降低。这类钢空冷即可淬透，但为了避免碳化物析出，一般采用高温加热后油淬，以获得单相马氏体。

含碳量较低的1Cr13和2Cr13钢具有良好的抗大气、蒸汽、海水等介质腐蚀的能力，经淬火和高温回火后得到回火索氏体组织，强韧性较好。适于制造在腐蚀条件下工作，受冲击载荷的零件，如汽轮机叶片、水压机机阀等。

含碳量较高的3Cr13和4Cr13钢分别属于共析钢和过共析钢，强度和硬度较高，但耐蚀性下降。经淬火和低温回火后得到回火马氏体组织，硬度可达50HRC。适于制造在弱腐蚀条件下工作的高硬度零件，如医疗器械、量具、轴承等。

3. 奥氏体不锈钢

18-8型不锈钢是典型的奥氏体不锈钢，是应用最广的不锈钢。这类钢属于铬镍不锈钢，含碳量很低，含铬量和含镍量分别在18%和8%左右，故而得名18-8型钢。由于镍的加入，扩大了奥氏体相区，使钢在室温下为单相奥氏体组织。

固溶处理（1 100℃水淬）可使所有碳化物都溶于奥氏体，组织更加单一，耐蚀性更好，并使组织软化。这种耐蚀性最好的不锈钢同时具有良好的塑性、韧性和焊接性，又是无铁磁性的钢。其强化方法是加工硬化。这类钢的切削性能很差。常用的牌号有 0Cr18Ni9、1Cr18Ni9 等。

二、耐热钢

在加热炉、钢炉、燃气机等高温装置中，许多零件要求耐热性。耐热性是金属材料在高温下抗氧化性和高强度的总称。由此将耐热钢分为抗氧化钢和热强钢两类。

（一）抗氧化钢

钢在560℃以上的高温工作条件下，表面容易被氧化而生成松脆多孔的氧化皮（FeO），而且氧原子穿过氧化皮使钢的内部继续被氧化。氧化皮的形成和剥落成为高温炉用件易损坏的主要原因。

抗氧化钢又称不起皮钢，加入的合金元素铬、硅、铝等因与氧的亲和力大而首先被氧化，形成一层致密牢固的高熔点氧化膜（Cr_2O_3、SiO_2、Al_2O_3），将钢与外界高温氧化性气氛隔绝，从而保证了钢不再被氧化。抗氧化钢可在900℃~1 100℃温度以下使用，使用较多是2Cr20Mn9Ni2Si2N和3Cr18Mn12Si2N，这类钢不仅抗氧化，而且还有抗硫、抗渗碳的能力，同时铸、锻、焊等工艺性较好。因含碳量增多，会降低钢的抗氧化性，所以抗氧化钢一般为低碳成分。

常用抗氧化钢的牌号、成分、热处理与用途列于表6-9。

表6-9 常用抗氧化钢的牌号、成分、热处理与用途

类别	牌号	化学成分/%						热处理	用途举例
		C	Mn	Si	Ni	Cr	其他		
铁素体钢	1Cr13Si3	≤0.12	≤0.70	2.30 ~ 2.80	≤0.60	12.50 ~ 14.50	—	退火 700℃~800℃ （空冷）	最高使用温度900℃，制各种承受压力不大的炉用构件，如喷嘴、退火炉罩、托架、吊挂等
	1Cr13SiAl	0.10 ~ 0.20	≤0.70	1.00 ~ 1.50	≤0.60	12.00 ~ 14.00	Al 1.00 ~ 1.80	退火 700℃~800℃ （空冷）	
奥氏体钢	3Cr18Ni25Si2	0.30 ~ 0.40	≤1.50	1.50 ~ 2.50	23.00 ~ 26.00	17.00 ~ 20.00		固溶处理 1 100℃~ 1 150℃	最高使用温度1 100℃，制各种热处理炉内构件
	3Cr18Mn12Si2N	0.22 ~ 0.30	10.50 ~ 12.50	1.40 ~ 2.20	—	17.00 ~ 19.00	N 0.22 ~ 0.33	固溶处理 1 100℃~ 1 150℃	最高使用温度1 000℃，制渗碳炉构件、加热炉传送带，料盘
	2Cr20Mn9 Ni2Si2N	0.17 ~ 0.26	8.50 ~ 11.00	1.80 ~ 2.70	2.00 ~ 3.00	18.00 ~ 21.00	N 0.20 ~ 0.30	固溶处理 1 100℃~ 1 150℃	最高使用温度1 050℃，用途同上，还可以制盐浴坩埚、加热炉管道

（二）热强钢

温度升高使金属原子间结合力减弱，强度下降，这时金属在外力作用下将缓慢地发生塑

性变形，此种现象称为金属的蠕变。当金属的温度超过再结晶温度时，蠕变过程并不产生加工硬化，变形量逐渐增大，导致金属的破坏。

金属的热强性是金属在高温下保持高强度的能力。提高金属的热强性，主要应提高金属的抗蠕变能力。合金化是提高钢热强性的重要方法。

加入钨、铝等合金元素提高再结晶温度，使再结晶难以进行，阻碍蠕变的发展。

加入铬、钒、钨、钼等碳化物形成元素，所形成的碳化物既产生了弥散强化，又阻碍了位错的移动，提高了抗蠕变能力。

加入合金元素强化晶界，也可提高热强性。

合金元素不仅提高了钢的热强性，也提高了抗氧化性。按正火组织的不同，热强钢可分为珠光体钢、马氏体钢和奥氏体钢三类。常用热强钢的牌号、热处理、使用温度与用途见表6-10。

表6-10　常用热强钢的牌号、热处理温度与用途

类别	牌号	热处理		最高使用温度/℃		用途举例
		淬火/℃	回火/℃	抗氧化性	热强性	
珠光体钢	15CrMo	930～960（正火）	680～730	350～600		锅炉、管道
	12CrMoV	980～1 020（正火）	720～760			
马氏体钢	1Cr13	1 000～1 050 水、油	700～790 油、水、空	750	500	内燃机气阀
	1Cr12WMoV	1 000 油	680～700 空、油	750	580	
	4Cr10Si2Mo	1 000～1 100 油、空	700～800 空	850	650	
奥氏体钢	4Cr14Ni14 W2Mo	1 170～1 200 固溶处理	750 时效	850	750	汽轮机叶片、过热器

三、耐磨钢

某些机械零件，如挖掘机铲齿、碎石机颚板、铁路道岔、坦克履带等，都是在强烈冲击和严重磨损条件下工作，因此要求具有很高的耐磨性和抗冲击能力。

高锰钢ZGMn13是典型的耐磨钢，这种铸钢的含碳量为1.0%～1.3%，含锰量为13%左右，高锰量是为了保证热处理后获得单相奥氏体组织。

这种钢铸态组织中存在较多碳化物，性能较硬而脆。经水韧处理，把高锰钢铸件加热到1 100℃，使碳化物全部溶于奥氏体，然后水淬获得单相奥氏体。

水韧处理后的高锰钢因具有单相奥氏体组织，一般情况下硬度不高，塑性和韧性很好。其耐磨机理是，在受到强烈冲击、强大压力和剧烈摩擦时，钢件表面因塑性变形而产生强烈

加工硬化，并伴随有奥氏体向马氏体的转变，使表面硬度提高到50HRC以上，获得高的耐磨性；而心部仍保持奥氏体组织，具有高的塑性和韧性。

当旧的表面磨损后，露出新的表面又在冲击和摩擦的作用下形成新的耐磨层。也就是说，这种具有很高耐磨性和抗冲击能力的高锰钢只有在受到强烈冲击和压力摩擦条件下，才有耐磨性，一般条件下并不耐磨。

水韧处理后的高锰钢不再回火，不能再加热到250℃~300℃，否则由于碳化物的析出会使钢变脆。由于高锰钢极易产生加工硬化，难于压力加工和切削加工，故大多数高锰钢零件是铸造成型的。

思 考 题

一、判断题

1. 大部分低合金钢和合金钢的淬透性比非合金钢好。 （ ）
2. 3Cr2W8V钢一般用来制造冷作模具。 （ ）
3. Cr12MoVA钢是不锈钢。 （ ）
4. 40Cr钢是最常用的合金调质钢。 （ ）
5. 40Cr钢中Cr的质量分数是0.04%。 （ ）
6. 20CrMnTi为合金渗碳钢。 （ ）
7. 60Si2Mn为合金调质钢。 （ ）
8. Q235和Q345同属碳素结构钢。 （ ）
9. 碳素工具钢和合金刃具钢之所以常用于手工刀具，是因为它们的热硬性较差。（ ）
10. 镍在含量较低时能使钢的强度、硬度提高，并且还能保持好的韧性。 （ ）
11. 因为40Cr钢为合金钢，所以淬火后马氏体的硬度比40钢高得多。 （ ）
12. 对于大截面、中碳成分的碳素调质钢，往往用正火代替调制处理。 （ ）
13. 在任何条件下，高锰钢都是耐磨的。 （ ）
14. GCr15钢中铬的质量分数为15%。 （ ）
15. T10钢中碳的质量分数是10%。 （ ）
16. 高碳钢的质量优于中碳钢，中碳钢的质量优于低碳钢。 （ ）
17. GCr15钢是滚动轴承钢，其铬（Cr）的质量分数是15%。 （ ）
18. 合金钢是指除Fe和C之外，还含有其他元素的钢。 （ ）
19. Q295属于普通碳素结构钢。 （ ）
20. Q275属于普通碳素结构钢。 （ ）
21. 20钢比T12钢的含碳量高。 （ ）
22. Q235A属于优质碳素结构钢。 （ ）
23. Q295属于低合金高强度碳素结构钢。 （ ）

24. 所有的合金元素都能提高钢的淬透性。 （　　）

25. 调质钢的合金化主要是考虑提高其热硬性。 （　　）

26. 合金元素对钢的强化效果仅是固溶强化。 （　　）

27. 高速钢需要反复锻造是因为其硬度高不易成形。 （　　）

28. T8 与 20MnVB 相比，T8 钢的淬透性和淬硬性都较低。 （　　）

29. 高速钢采用 1 270℃～1 280℃淬火，是为了使碳化物尽可能多地溶入奥氏体中，以保证热硬性，又不至于使奥氏体晶粒过分长大。 （　　）

30. 加热时所有合金元素溶入奥氏体，均使 M_s、M_f 下降。 （　　）

31. 20CrMnTi 是调质钢，一般应采用淬火后中温回火。 （　　）

32. Mn 在钢中是促进 A 晶粒长大的元素，并且降低 A_1 温度，故锰钢淬火加热时应选择较低的加热温度和较短的保温时间。 （　　）

33. 合金调质钢的综合机械性能高于碳素调质钢。 （　　）

34. 调质钢加入合金元素 W 或 Mo，主要是考虑抑制钢的第一类回火脆性。 （　　）

35. 合金元素除 Co 外，都使 C 曲线右移，但必须使合金元素溶入奥氏体后才能起这样的作用。 （　　）

36. 滚动轴承钢 GCr15 的平均含铬量为 15%。 （　　）

37. 有高温回火脆性的钢，回火后应缓慢冷却下来。 （　　）

二、简答题

1. 与非合金钢相比，合金钢有哪些优点？

2. 合金元素在钢中以什么形式存在？对钢的性能有哪些影响？

3. 一般来讲，在碳的质量分数相同的条件下，合金钢比非合金钢淬火加热温度高、保温时间长，这是什么原因？

4. 说明在一般情况下非合金钢用水淬火，而合金钢用油淬火的道理。

5. 合金元素对钢回火转变有哪些影响？有什么好处？

6. 说明下列牌号属何类钢，其数字和符号各表示什么？

20Cr　9SiCr　60Si2Mn　GCr15　1Cr13　Cr12

7. 试列表比较合金渗碳钢、合金调质钢、合金弹簧钢、滚动轴承钢碳的质量分数、典型钢材的牌号、常用最终热处理工艺、主要性能及用途。

8. 高速钢有何性能特点？回火后为什么硬度会增加？

9. 不锈钢和耐热钢有何性能特点？并举例说明其用途。

10. 耐磨钢常用牌号有哪些？它们为什么具有良好的耐磨性和良好的韧性？并举例说明其用途。

11. 比较冷作模具钢与热作模具钢碳的质量分数、性能要求及热处理工艺有何不同。

第七章 铸 铁

铸铁是含碳量大于 2.11% 的铁碳合金。工业上常用的铸铁化学成分大致是：C 2.5% ~ 4.0%，Si 1.0% ~3.0%，Mn 0.5% ~1.4%，P 0.01% ~0.50%，S 0.02% ~0.20%。根据零件的使用环境、受力状态，需要进一步提高铸铁的某些特殊性能时，可加入铬、钼、钒、铜、铝等合金元素，所得到的这类铸铁称为合金铸铁。

铸铁在工业上得到广泛的应用，是由于它所需要的生产设备和熔炼工艺简单、价格低廉，并且有优良的铸造性能、切削加工性、减摩性和减震性以及低的缺口敏感性等特点。特别是由于稀土镁球墨铸铁的发展，进一步打破了钢与铸铁的使用界限，过去是使用碳钢或合金钢制造的零件，现在可以用球墨铸铁来代替，这不仅节约了钢材，而且还降低了产品成本。

第一节 铸铁的分类

铸铁的分类主要有下列几种。

铸铁　　　铸铁 1

一、根据碳存在的形式分类

（1）灰铸铁。碳以石墨的形式存在，断口呈黑灰色，是工业上应用最为广泛的铸铁。

（2）白口铸铁。这类铸铁的碳几乎全部以渗碳体（Fe_3C）的形式存在，其性能硬而脆，断口呈银白色。白口铸铁的组织中存在着大量硬而脆的渗碳体，所以切削加工极为困难。因此工业上很少直接用白口铸铁制造零件，而主要用它作为炼钢的原材料及铸造可锻铸铁的毛坯。但是，由于它的硬度和耐磨性高，也可以铸成表面为白口组织的铸件，如轧辊、球磨机的磨球、火车轮及犁铧等要求耐磨性好的零件。

（3）麻口铸铁。碳以石墨和渗碳体的混合形态存在，断口呈灰白色。这种铸铁有较大的脆性，工业上很少应用。

二、按石墨的形态分类

（1）普通灰铸铁。碳全部或大部以片状石墨的形式存在，如图 7-1（a）所示。

（2）蠕墨铸铁。与灰铸铁很相似，只是其石墨短而厚，头部较圆，形似蠕虫，如图 7-1（b）所示。

（3）可锻铸铁。是由白口铸铁经石墨化退火而得，碳主要以团絮状石墨存在，如图 7-1（c）所示。它具有较高的塑性和韧性。

（4）球墨铸铁。在浇注前铁水经球化处理，碳主要以球状石墨形式存在，如图 7 - 1（d）所示。

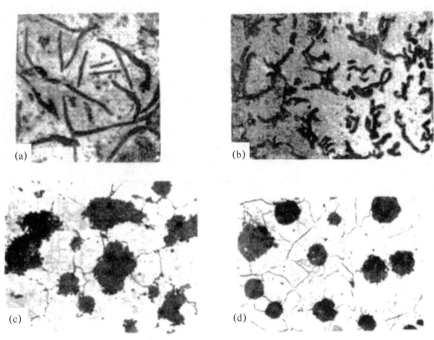

图 7 - 1 各种铸铁的石墨形态

（a）灰铸铁；（b）蠕墨铸铁；（c）可锻铸铁；（d）球墨铸铁

灰铸铁　　　　可锻铸铁　　　　球墨铸铁　　　　锡基轴承合金

三、按化学成分分类

（1）普通铸铁。即常规元素铸铁，如普通灰铸铁、蠕墨铸铁、可锻铸铁、球墨铸铁。

（2）合金铸铁。又称为特殊性能铸铁，是向普通灰铸铁或球墨铸铁中加入一定量的合金元素，如铬、镍、铜、钒、铅等使其具有一些特定性能的铸铁，如耐磨铸铁、耐热铸铁、耐蚀铸铁等。

第二节　铸铁的石墨化

一、铁碳合金双重相图

在铁碳合金中，碳有两种存在形式，一种是渗碳体（Fe_3C），另一种是石墨（碳的单质，常用"G"表示）。因而存在 Fe – Fe₃C 和 Fe – G 双重相图，如图 7 – 2 所示。图中实线表示 Fe – Fe₃C 相图，虚线表示 Fe – G 相图。铸铁从高温至低温的整个冷却过程中，碳可以分别按两个相图形成产物，即按铁 – 渗碳体相图形成渗碳体或按铁 – 石墨相图形成石墨。碳究竟以哪种形式存在于铁碳合金中，除与铁水的成分有关外，还与铁水的冷却速度有关。

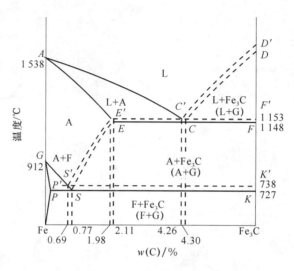

Fe – Fe₃C 和 Fe – G
双重相图

图 7 – 2　铁碳合金双重相图

相图中各点、线的意义如下：$AC'D'$ 为液相线，$AE'C'F'$ 为固相线，$E'D'F'$ 为共晶线，$E'S'$ 为碳在奥氏体中的固溶线，$P'S'K'$ 为共析线，C' 点为共晶点，S' 点为共析点。

由图可见，Fe – G 相图中的相应各点、线都在 Fe – Fe₃C 状态图的左上方，这说明同一成分的铁碳合金，石墨析出的温度比渗碳体析出的温度要高。

二、石墨化过程

铸铁组织中石墨的形成过程称为石墨化过程。

根据铁碳双重状态图中的 Fe – G 相图，$P'S'K'$ 温度以上析出石墨的过程称为第一阶段石墨化，$P'S'K'$ 及其以下温度析出石墨的过程称为第二阶段石墨化。

铸铁第一、第二阶段石墨化充分进行时，铸铁的最终组织是铁素体基体上分布着石墨，如图 7 – 3（a）所示。即 F + G。

铸铁第一阶段石墨化充分进行、第二阶段石墨化尚未充分进行时，铸铁的最终组织是铁素体与珠光体基体上分布着石墨，如图 7 – 3（b）所示。即 F + P + G。

铸铁第一阶段石墨化充分进行、第二阶段石墨化尚未进行时，铸铁的最终组织是珠光体基体上分布着石墨，如图 7 – 3（c）所示。即 P + G。

铸铁第一阶段石墨化未充分进行、第二阶段石墨化未进行时，铸铁的最终组织是莱氏体与珠光体基体上分布着石墨，习惯上称它为麻口铸铁，即 $L'_d + P + G$。

铸铁第一、第二阶段石墨化均未进行时，这种铸铁称为白口铸铁。

石墨化过程是一个原子扩散过程，石墨化的温度越低，原子扩散越困难，越不易石墨化。

图 7-3 灰铸铁的显微组织

(a) F+G；(b) F+P+G；(c) P+G

三、影响石墨化的因素

铸铁石墨化程度受到许多因素影响，但主要的影响因素是铸铁的化学成分和冷却速度。

(一) 化学成分的影响

常见合金元素对铸铁石墨化影响如下：

$$P、Cu、Ni、Ti、Si、C$$
$$\xrightarrow{\quad\quad\quad\quad}$$
促进作用增强

$$W、Mn、Mo、S、Cr、V、Te、Mg$$
$$\xrightarrow{\quad\quad\quad\quad}$$
阻碍作用增强

1. 碳和硅的影响

碳和硅是强烈促进石墨化的元素。铸铁中碳和硅的含量越高，石墨化程度越充分。实践证明，在铸铁中每增加 3% 的硅，能使含碳量相应降低 1%。碳和硅的化学成分要控制在一个适当的范围内，在灰铸铁中一般将其碳当量配制到接近共晶成分。

2. 锰的影响

锰是阻碍石墨化的元素，锰能增强铁、碳原子的结合力，还会使共析转变温度降低而不利于石墨的析出。但锰和硫化合后形成的硫化锰，可减弱硫的有害影响。因此，铸铁中含锰量一般为 0.8%~1.2%。

3. 硫的影响

硫是强烈阻碍石墨化的元素。硫不仅增强铁、碳原子的结合力，而且形成硫化物后常以共晶体形式分布在晶界上，阻碍碳原子的扩散。硫不但能促进铸铁白口化，而且还能降低铸铁的铸造性能和力学性能。所以硫是有害元素，铸铁中的含硫量越低越好，一般应控制在 0.15% 以下。

(二) 冷却速度的影响

冷却速度是指铁水从浇注到铸件在 600℃ 左右时的冷却速度，在这一温度范围的冷却速度是影响铸铁组织和石墨化的重要因素。冷却速度越小，越有利于石墨化。

影响冷却速度的因素主要有造型材料、浇注温度和铸件的壁厚。

1. 造型材料

各种造型材料的导热性能不同，金属型导热性能大于砂型，所以铸件在金属型中的冷却速度比在砂型中的冷却速度要大。同是砂型，湿砂型的冷却速度大于干砂型或预热砂型的冷却速度。因此控制铸型的冷却速度就可以控制铸件的组织。

2. 浇注温度

在其他条件相同的条件下，浇注温度越高，铸铁的冷却速度越小。

3. 铸件壁厚

铸件的壁厚是影响冷却速度的一个重要因素。铸件壁越薄，冷却速度越快。反之冷却速度越慢。所以，往往在同一铸件中，壁厚处为灰口，壁薄处为白口。

在生产中，不能通过改变铸件的壁厚来获得所需组织，而应根据铸件的尺寸和要求来选择铸铁的成分和工艺，以获得所需的组织和性能。图 7-4 为砂型铸造时，铸件壁厚和化学成分对组织的影响。

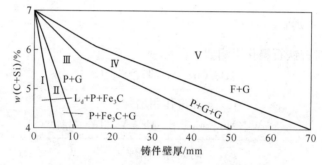

图 7-4　铸件壁厚和化学成分对铸铁组织的影响

四、石墨对铸件的性能影响

石墨对铸件的性能影响取决于石墨的数量、形状、大小及分布状况。

由于石墨本身的强度、硬度和塑性都很低，因此铸件中存在的石墨就相当于在钢的基体上布满了大量的孔洞和裂缝，割裂了基体组织的连续性，还由于石墨的尖角处易产生应力集中，造成铸件局部损坏。

因此，这就使铸铁的抗拉强度和塑性比同样基体的钢要低。片状石墨越多、尺寸越大、分布越不均匀，则铸件的抗拉强度和塑性就越差，石墨形成蠕虫状、团絮状或球状，则抗拉强度和塑性将显著提高。

第三节　灰铸铁

一、灰铸铁的成分、组织和性能

灰铸铁的化学成分一般应控制在下列范围：C 2.8% ~ 3.6%，Si 1.1% ~ 2.5%，Mn 0.6% ~

1.2%，P≤0.3%，S≤0.15%。普通灰铸铁的显微组织除片状石墨外，基体组织有以下三种：

（1）铁素体灰铸铁：强度、硬度和耐磨性较低，而塑性较好。

（2）珠光体灰铸铁：强度、硬度较高，耐磨性较好，而塑性较差。

（3）铁素体＋珠光体灰铸铁：性能介于上述两者之间。

片状石墨虽有割裂基体的不良作用，会减小基体的有效承载截面积，但它却有优良的工艺性能，如优良的切削加工性、良好的耐磨性、减振性和低的缺口敏感性，而且价格低廉。因此，灰铸铁被广泛地用于工业生产中，如制作机床床身、机架、箱体、壳体和承受摩擦的导轨、缸体等零件。

二、灰铸铁的变质处理

灰铸铁组织中因有片状石墨存在，因而它的力学性能较低。为了改善灰铸铁的组织和提高机械性能，可对灰铸铁进行变质处理。

灰铸铁的变质处理就是在浇注前往铁水中加入少量变质剂（如硅铁、硅钙铁），改变铁水的结晶条件，使其获得细小珠光体和细小均匀分布的片状石墨组织。变质处理后的灰铸铁叫变质铸铁或孕育铸铁。变质铸铁的强度有较大提高，韧性和塑性也有改善，可用于铸造力学性能要求较高、截面尺寸较大的铸件。

三、灰铸铁的牌号及其用途

灰铸铁的牌号是由"HT"和其后的一组数字组成的。牌号中的"HT"是"灰铁"两字的汉语拼音字首，其后的一组数字表示抗拉强度。如 HT150 表示抗拉强度为 150 MPa 的灰铸铁。灰铸铁的牌号、抗拉强度及用途见表 7-1。

表 7-1　灰铸铁的牌号、抗拉强度及用途（参照 GB 9439—1988）

牌号	铸件壁厚/mm		抗拉强度 σ_b/MPa 不小于	用途
	大于	至		
HT100	2.5	10	130	适用于载荷小，对摩擦、磨损无特殊要求的零件，如盖、外罩、油盘、手轮、支架、底座等
	10	20	100	
	20	30	90	
	30	50	80	
HT150	2.5	10	175	适用于承受中等载荷的零件，如卧式机床上的支柱、底座、齿轮箱、刀架、床身、轴承座、工作台、带轮等
	10	20	145	
	20	30	130	
	30	50	120	
HT200	2.5	10	220	适用于承受大载荷的重要零件，如汽车、拖拉机的气缸体、气缸盖、刹车轮等
	10	20	195	
	20	30	170	
	30	50	160	

续表

牌号	铸件壁厚/mm		抗拉强度 σ_b/MPa 不小于	用途
	大于	至		
HT250	4	10	270	适用于承受大载荷的重要零件，如联轴器盘、液压缸、阀体、泵体、圆周转速 12~20 m/s 的带轮、化工容器、泵壳、活塞等
	10	20	240	
	20	30	220	
	30	50	200	
HT300	10	20	290	适用于承受高载荷、要求耐磨和高气密性的重要零件，如剪床、压力机等重型机床的床身、机座及受力较大的齿轮、凸轮、衬套、大型发动机的气缸、缸套、气缸盖、液压缸、泵体、阀体等
	20	30	250	
	30	50	230	
HT350	10	20	340	
	20	30	290	
	30	50	260	

灰铸铁的强度与铸件壁厚大小有关，因此在根据性能要求选择铸铁牌号时，必须注意到铸件的壁厚。如铸件的壁厚超出表中所列的尺寸时，应根据具体情况适当提高或降低铸铁的牌号。

四、灰铸铁的热处理

灰铸铁的力学性能不高，这主要是片状石墨割裂了基体的连续性。热处理只能改变铸铁的基体组织，不能改变石墨的形状、大小、数量和分布情况，所以，灰铸铁的热处理一般只用于消除铸件的内应力和白口组织，稳定尺寸和提高工作表面的硬度和耐磨性。

1. 消除内应力退火

铸件在冷却过程中，因组织的转变和各部位冷却速度的不同，往往会产生一定的内应力。内应力能导致铸件的变形和裂纹，并且在机械加工后的精度不易保证。因此，对于大型、复杂的铸件或精密铸件，在切削加工前要进行一次消除应力退火。

消除内应力退火一般是将铸件缓慢加热到 500℃~600℃，保温一段时间，然后随炉冷却到 200℃后出炉空冷。这种消除内应力的方法又叫人工时效处理。

另外一种方法就是将铸件在露天情况下存放数月甚至一年以上来消除内应力，这种方法叫自然时效处理。自然时效处理由于时间太长，效果不佳，现在一般不用。

2. 石墨化退火

铸件在冷却时，表层及薄壁处由于冷却速度较快，易出现白口组织，使铸件的硬度和脆性增加，给切削加工带来很大困难。消除的办法是将铸件加热到 850℃~950℃，保温 2~4 h。然后随炉冷却至 400℃~500℃，出炉后空冷。

3. 表面热处理

为了提高灰铸铁件的表面硬度和耐磨性，可进行火焰表面淬火，高频、中频表面淬火和化学热处理等，其中以高频或中频表面淬火应用最多。

机床导轨表面可采用电接触表面加热自冷淬火法。其工作原理是采用低电压（2~5V）、大电流（400~700A）进行表面接触加热，使零件表面迅速加热到900℃~950℃，利用零件本身的散热以达到快速冷却的效果。淬火后硬度为55HRC左右，淬硬层深度为0.2~0.3mm，变形量极小，达到提高机床导轨耐磨的目的。

第四节　可锻铸铁

可锻铸铁又称马铁或玛钢，它是由白口铸铁经长时间石墨化退火而得到团絮状石墨的一种高强度铸铁。因其塑性优于灰铸铁而得名，但实际上并不能进行锻造。

一、可锻铸铁的成分、组织和性能

可锻铸铁的生产必须分为两个步骤，第一步浇注成白口铸铁，第二步经高温长时间的石墨化退火，以得到团絮状的石墨。

如果第一步得不到完全的白口组织，一旦有片状石墨形成，则在以后的退火过程中，便会沿着已生成的片状石墨结晶，其最终组织形态仍将是片状石墨而不是团絮状石墨。

为保证铸件首先得到完全的白口组织，必须降低铸铁中碳和硅的含量。为此，可锻铸铁的化学成分应控制在下列范围：C 2.2%~2.8%，Si 1.2%~2.0%，Mn 0.4%~1.2%，P ≤ 0.1%，S ≤ 0.2%。

第二步是将浇注成完全白口的铸件再加热到900℃~960℃，在此温度下经长时间（15h）的保温，如图7-5所示按两种不同的冷却方式进行冷却，将分别得到铁素体可锻铸铁（图7-5①线）和珠光体可锻铸铁（图7-5②线）。

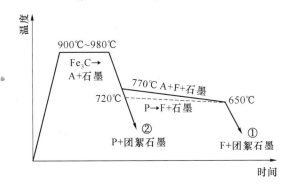

图7-5　可锻铸铁的石墨化退火工艺

珠光体可锻铸铁有较高的强度、硬度和耐磨性。铁素体可锻铸铁的塑性和韧性较好，强度和硬度较低。

可锻铸铁根据退火条件的不同，又可分为黑心可锻铸铁和白心可锻铸铁。

黑心可锻铸铁是由白口铸铁在中性介质中退火得到的，断口呈暗灰色或灰色。其金相组织是在铁素体（或珠光体）基体上加团絮状石墨。白心可锻铸铁是在氧化性介质中进行退火得到的，断口的中心呈灰白色，表面呈暗灰色。其金相组织的中心基体组织为珠光体（也有少量渗碳体），表面为铁素体。可锻铸铁的石墨呈团絮状，较之片状石墨对基体的割裂要小得多，应力集中也大为减少，所以可锻铸铁的强度、塑性和韧性比灰铸铁高。

二、可锻铸铁的牌号及用途

可锻铸铁的牌号、力学性能及用途见表 7-2。

表 7-2　可锻铸铁牌号、力学性能和用途（参照 GB 9440—88）

牌号	σ_b /MPa	$\sigma_{0.2}$ /MPa	δ/%	基体组织	应用
	不小于				
KTH300 - 06	300	—	6	铁素体	有一定强度和韧性，用于承受低动载荷、要求气密性好的零件，如管道配件、中低压阀门等
KTH330 - 08	330	—	8		用于承受中等动载荷和静载荷的零件，如犁刀、犁柱、机床用扳手及钢丝绳扎头等
KTH350 - 10	350	200	10		有较高的强度和韧性，用于承受较大冲击、振动及扭转载荷零件，如汽车、拖拉机后轮壳、转向节壳、制动器壳及铁道零件、冷暖器接头、船用电机壳、犁刀、犁柱等
KTH370 - 12	370	—	12		
KTH450 - 06	450	270	6		
KTH550 - 04	500	340	4	珠光体	强度、硬度及耐磨性好，用于承受较高应力与磨损的零件，如曲轴、连杆、凸轮轴、活塞环、摇臂、齿轮、轴套、犁刀、耙片、万向接头、棘轮扳手、传动链条、矿车轮等
KTH650 - 02	600	430	2		
KTH700 - 02	700	530	2		

可锻铸铁的牌号由"KTH"（或"KTZ""KTB"）和其后的两组数字组成。其中 KT 是"可铁"二字的汉语拼音字母，"H"表示黑心可锻铸铁，"Z"表示珠光体可锻铸铁，B 表示白心可锻铸铁；其后两组数字，第一组为抗拉强度，第二组为延伸率。

第五节　球墨铸铁

球墨铸铁是 20 世纪 60 年代发展起来的一种高强度铸铁材料。它是在浇注前往灰铸铁成分的铁水中加入少量球化剂和孕育剂，获得具有球状石墨的铸铁。由于球墨铸铁是基体组织上分布着球状石墨，使石墨对基体组织的割裂作用和应力集中作用减到最小，因此球墨铸铁的强度、塑性和韧性得到很大的提高。

另外，球墨铸铁还可以通过热处理来改善其组织和性能，从而进一步提高其力学性能。

一、球墨铸铁的成分、组织和性能

球墨铸铁的化学成分大致是：C 3.8% ~4.0%，Si 2.0% ~2.8%，Mn 0.6% ~0.8%，S≤

0.04%，P≤0.1%，Mg 0.03%～0.05%，Re≤0.05%（稀土）。

球墨铸铁的基体组织随成分和冷却速度的不同，可分为铁素体球墨铸铁、铁素体＋珠光体球墨铸铁、珠光体球墨铸铁三种。球墨铸铁的显微组织如图7－6所示。

 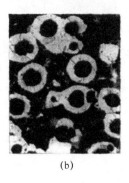 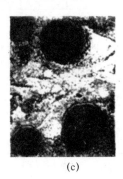

(a) (b) (c)

图7－6 球墨铸铁的显微组织

（a）铁素体球墨铸铁；（b）铁素体＋珠光体球墨铸铁；（c）珠光体球墨铸铁

在球墨铸铁中，石墨球越圆、球径越小、分布越均匀，则球墨铸铁的力学性能就越高。以铁素体为基体的球墨铸铁强度较低，塑性和韧性较高；以珠光体为基体的球墨铸铁强度高、耐磨性好，但塑性和韧性较差。球墨铸铁的力学性能超过灰铸铁，可与相应组织的铸钢相媲美。其疲劳极限接近于中碳钢，小能量多冲击抗力高于中碳钢，屈强比几乎是钢的一倍多。

此外，球墨铸铁还保留了灰铸铁的优良性能，如良好的铸造性、切削加工性、减振性、耐磨性及低的缺口敏感性等。

二、球墨铸铁的牌号及用途

球墨铸铁的牌号是由"QT"及其后的两组数字组成。其中"QT"是"球铁"二字的汉语拼音字首，两组数字，第一组表示抗拉强度，第二组表示延伸率。

球墨铸铁有许多优良性能，因此在机械工业中得到广泛的应用。它已成功地代替了许多可锻铸铁、铸钢及锻钢，可用来制造一些受力复杂、强度、韧性和耐磨性要求高的零件。球墨铸铁的牌号、力学性能及用途见表7－3。

表7－3 球墨铸铁的牌号、力学性能和主要用途

牌号	σ_b /MPa	$\sigma_{0.2}$ /MPa	$\delta/\%$	硬度/HBS	主 要 用 途
	不小于				
QT400－18	400	250	18	130～180	汽车轮毂、驱动桥壳体、变速器壳体、离合器壳、拨叉、阀体、阀盖
QT400－15	400	250	15	130～180	
QT450－10	450	310	10	160～210	
QT500－7	500	320	7	170～230	内燃机的机油泵齿轮、铁路车辆轴瓦、飞轮

续表

牌号	σ_b/MPa	$\sigma_{0.2}$/MPa	δ/%	硬度/HBS	主 要 用 途
	不小于				
QT600 – 3	600	370	3	190 ~ 270	柴油机曲轴、轻型柴油机凸轮轴、连杆、气缸套、进排气门座、磨床、铣床、车床主轴、矿车车轮
QT700 – 2	700	420	2	225 ~ 305	
OT800 – 2	800	480	2	245 ~ 335	
QT900 – 2	900	600	2	280 ~ 360	汽车锥齿轮、转向节、传动轴、内燃机曲轴、凸轮轴

三、球墨铸铁的热处理

由于球状石墨对基体割裂及应力集中作用不大，同时由于球墨铸铁的基体与钢的相同，因此凡是钢可以进行的热处理工艺，对球墨铸铁也基本适用，如退火、正火、调质处理、等温淬火等。

1. 退火

球墨铸铁在浇注后，铸态组织中往往会不同程度地出现自由渗碳体和珠光体，使其力学性能降低，而且还难以切削加工。为了提高球墨铸铁的塑性和韧性，改善切削加工性，消除内应力，就必须进行退火。根据球墨铸铁的铸态组织的不同，退火可分为高温退火和低温退火两种。

（1）高温退火。当球墨铸铁的铸态组织有自由渗碳体时，为了获得以铁素体为基体的球墨铸铁，则需要进行高温退火。其工艺是：将铸件加热到920℃~960℃，保温2~4 h，然后缓慢冷却至600℃后出炉空冷。

（2）低温退火。当球墨铸铁的铸态组织为铁素体＋珠光体＋石墨而没有自由渗碳体时，则采用低温退火。其工艺是：将铸件加热到700℃~780℃，保温2~8 h，然后缓慢冷却至600℃后出炉空冷。

2. 正火

正火是球墨铸铁使用最广泛的一种热处理工艺，目的是提高基体中的珠光体量，细化组织，提高强度和耐磨性。球墨铸铁的正火也可分为高温正火和低温正火两种。

（1）高温正火。将铸件加热到880℃~950℃，保温1~3 h，使基体组织全部转变为奥氏体，然后空冷。为了提高基体组织中珠光体的数量，也可以采用风冷或喷雾冷却。

由于正火冷却速度较快，铸件中常残留一定的内应力，因此，正火后需再进行一次消除内应力退火。其工艺是：将铸件再加热到550℃~600℃，保温3~4 h，然后出炉空冷。

（2）低温正火。低温正火是将铸件加热到840℃~880℃，保温1~4 h，然后空冷。由于加热温度较低，基体组织中的一部分铁素体尚未转变，其余的转变成奥氏体。这样正火后基体组织中仍保留一部分铁素体，所以低温正火可提高铸件的韧性和塑性，但强度比高温正火略低。低温正火后也会产生一定的内应力，也应该再进行一次去除应力退火。

3. 调质处理

球墨铸铁可以进行调质处理，其目的是获得以回火索氏体为基体的球墨铸件，以提高其综合力学性能。

球墨铸铁调质处理的淬火温度一般为 860℃ ~ 900℃，以保证全部奥氏体化，为了避免冷却时产生开裂，一般都采用油冷，淬火后组织为细片状马氏体和球形石墨。然后再进行高温回火，回火温度一般为 550℃ ~ 600℃，保温 1 ~ 3 h。

4. 等温淬火

对一些综合力学性能要求高、外形比较复杂、热处理易变形或开裂的零件，可采用等温淬火。

球墨铸铁等温淬火的工艺是：将铸件加热到 850℃ ~ 900℃，保温一段时间（约是钢的一倍）后，立即在 250℃ ~ 350℃ 的等温盐浴中进行等温处理，时间为 0.5 ~ 1.5 h，然后取出空冷。等温淬火后一般不再回火。

球墨铸铁等温淬火后的组织是下贝氏体 + 少量残余奥氏体 + 马氏体 + 球状石墨。这种组织具有较高的综合力学性能，而且还有很好的耐磨性。

球墨铸铁除上述进行的几种热处理工艺外，还可以进行表面热处理，如渗氮、渗硼等化学热处理及表面淬火硬化处理。

四、蠕墨铸铁

蠕墨铸铁是近年发展起来的一种新型铸铁材料，其石墨形态介于片状和球状之间，呈蠕虫状。石墨片短、粗，端部呈球形，如图 7 – 1 (b) 所示。蠕墨铸铁的基体也同样分为铁素体型、珠光体型和铁素体 + 珠光体型三种。其强度接近于球墨铸铁，有一定的韧性和较高的耐磨性。

蠕墨铸铁的生产与球墨铸铁相似，是向一定成分的铁水中加入蠕化剂（稀土硅铁、稀土硅钙铁等）而制得的。目前已广泛地应用于机械制造业中。

第六节　合金铸铁简介

为了获得具有某种特殊性能的铸铁，可在普通铸铁的基础上加入某些合金元素，所得到的铸铁称为合金铸铁。

一、耐磨铸铁

不易磨损的铸铁称为耐磨铸铁。通常是向铸铁中加入铜、钼、锰、磷等元素而得到。一般耐磨铸铁按其工作条件大致可分为两类：一类是在无润滑、干摩擦条件下工作的，如犁铧、轧辊和球磨机磨球等。另一类是在润滑条件下工作的，如机床导轨、气缸套、活塞环和轴承等。

在干摩擦条件下工作的零件，应具有均匀的高硬度组织，白口铸铁就是一种较好的耐磨铸铁。但白口铸铁脆性很大，在生产中可采用适当加快铸件表面或某一部位的冷却速度，使其得到一定深度的白口组织，从而使铸件既具有高的耐磨性，又能承受一定的冲击，这种铸铁称为冷硬铸铁（激冷铸铁），如轧辊等。在稀土镁球墨铸铁中加入一定量的锰，能使其具有高耐磨性。

在润滑条件下工作的零件，其组织应为软基体上分布着硬的组织，普通珠光体灰铸铁基本上符合要求，其中铁素体为软基体，渗碳体为硬的组织，而石墨片有润滑作用。加入一定量磷的铸铁称为高磷铸铁，而高磷铸铁能有效地提高铸铁的耐磨性。

耐磨铸铁还有钒钛、铬钼铜和硼耐磨合金铸铁。

二、耐热铸铁

在高温下使用，其抗氧化或抗生长性能符合使用要求的铸铁，称为耐热铸铁。生长是铸铁在高温下产生的体积不可逆膨胀现象，能使铸件尺寸增大，力学性能降低，甚至会产生严重的变形和开裂，导致报废。向铸铁中加入一定量的硅、铝、铬等元素，可使铸件表面形成一层致密的氧化膜，保护内层不被继续氧化，提高了铸铁的耐热性。

耐热铸铁主要有高硅和铝硅耐热球墨铸铁。主要用于工业加热炉附件，如炉底板、烟道挡板、传递链构件等。

三、耐蚀铸铁

耐蚀铸铁的化学和电化学腐蚀原理以及提高耐蚀性的途径基本上与不锈钢的相似，通常加入一定量的硅、铝、铬、镍、铜等元素，使铸件表面生成一层致密的氧化膜来提高其耐蚀能力。

耐蚀铸铁主要有高硅、高铝和高铬耐蚀铸铁，主要用于化工机械，如管件、阀门、耐酸泵等。

✿ 思 考 题 ✿

一、判断题

1. 可锻铸铁比灰铸铁的塑性好，因此，可以进行锻压加工。　　　　　　　　（　　）

2. 厚壁铸铁件的表面硬度总比其内部高。　　　　　　　　　　　　　　　（　　）

3. 热处理可以改变灰铸铁的基体组织，但不能改变石墨的形状、大小和分布情况。
　　　　　　　　　　　　　　　　　　　　　　　　　　　　　　　　（　　）

4. 可锻铸铁一般只适用于薄壁小型铸件。　　　　　　　　　　　　　　　（　　）

5. 白口铸铁件的硬度适中，易于进行切削加工。　　　　　　　　　　　　（　　）

6. 工程用铸钢可用于铸造生产形状复杂而力学性能要求较高的零件。　　　（　　）

7. 由于灰铸铁中碳和杂质元素含量高，所以力学性能是硬而脆。　　　　　（　　）

8. 石墨在铸铁中是有害无益的。 （ ）

9. 灰铸铁的力学性能特点是抗压不抗拉。 （ ）

10. 白口铸铁具有高的硬度，所以可用于制作刀具。 （ ）

11. 铸铁石墨化的第三阶段不易进行。 （ ）

12. 可以通过球化退火使普通灰口铸铁变成球墨铸铁。 （ ）

13. 球墨铸铁通过调质处理和等温淬火提高其机械性能的效果要比灰口铸铁通过相同热处理的效果来得显著。 （ ）

14. 采用热处理方法，可以使灰口铸铁中的片状石墨细化，从而提高其机械性能。
（ ）

15. 铸铁可以通过再结晶退火使晶粒细化。 （ ）

16. 灰口铸铁的减振性能比钢好。 （ ）

17. 铸铁的石墨化过程只与其成分有关，而与冷却速度没有关系。 （ ）

18. 铸铁化学成分相同的情况下，当冷凝速度越缓慢时，石墨越不易析出。 （ ）

19. 白口铸铁硬度高而脆性大，除作为炼钢原料外，还可作为生产可锻铸铁的原料，不能用来制造机械零件。 （ ）

20. 铸铁的显微组织特点是在钢的基体上分布着不同形态的石墨。 （ ）

二、简答题

1. 什么是铸铁？它与钢相比有什么优点？

2. 影响铸铁石墨化的因素有哪些？

3. 试述石墨形态对铸铁性能的影响。

4. 球墨铸铁是如何获得的？它与相同钢基体的灰铸铁相比，其突出性能特点是什么？

5. 下列牌号各表示什么铸铁？牌号中的数字表示什么意义？

①HT250 ②QT700 – 2 ③KTH330 – 08 ④KTZ450 – 06 ⑤RuT420

⑥RTSi5

6. 常用铸铁有哪几种类型的钢基体组织？为什么会出现这些不同的钢基体组织？

7. 试从石墨的存在分析灰口铸铁的机械性能和其他性能特征。

8. 影响铸铁石墨化的主要因素是什么？为什么铸铁牌号不用化学成分来表示？

第八章　有色金属及其合金

通常将金属分为两大类，即黑色金属和有色金属。钢铁被称为黑色金属，铝、铜、镁、锌、铅等及其合金被称为有色金属或非铁金属。

由于有色金属及合金具有独特的性能，如质轻、耐腐蚀及特殊的电、磁、热膨胀等物理性能，所以是现代工业中不可缺少的工程材料。有色金属铝、镁、钛等在地壳中都有较丰富的含量，其中铝的含量比铁的还多，但由于冶炼困难、生产成本高，故其产量和使用量远不如黑色金属。

第一节　铝及铝合金

一、纯铝

铝在地壳中储量丰富，占地壳总质量的8.2%，居所有金属元素之首。

铝及铝合金具有以下特点：

（1）纯铝的密度较小，约为$2.7~g/cm^3$，仅是钢铁密度的1/3左右。纯铝的熔点为660℃，结晶后具有面心立方晶格，无同素异构转变，故铝合金热处理的原理与钢的不同。

（2）具有良好的导电性和导热性，仅次于银、铜、金，居第四位。室温下铝的导电能力为铜的62%，但按单位质量导电能力计算，则铝的导电能力约为铜的200%。

（3）纯铝抗大气腐蚀性能好，在空气中铝的表面上形成致密的氧化膜，这层膜隔开了铝和空气的接触，阻止铝继续被氧化，从而起到了保护作用。但不耐酸、碱、盐的腐蚀。

（4）纯铝的强度低（σ_b仅$80 \sim 100$ MPa），塑性好（$\delta = 60\%$，$\psi = 80\%$），可通过冷热加工制成线、板、带、棒、管等型材，经冷变形加工硬化后强度可提高到$\sigma_b = 150 \sim 250$ MPa，而塑性则降低至$\delta = 50\% \sim 60\%$。

根据上述特点，纯铝的主要用途是：代替较贵重的铜，制作导线；配制各种铝合金以及制作要求质轻、导热或耐大气腐蚀的器皿等。

工业上使用的纯铝，其纯度为99.7%～98%，牌号有L1、L2、L3、L4、L5、L6和L7。后面的数字表示纯度，数字越大，纯度越低。

二、铝合金

通过向铝中加入一定量的合金元素（如硅、铜、锰等），并进行冷变形加工或热处理，可大大提高其力学性能，其强度甚至可达到钢的强度指标，σ_b 可达 400～700 MPa，可用于制造承受较大载荷的机器零件和构件。因此，铝合金广泛应用于民用与航空工业。

1. 铝合金的分类

根据铝合金的成分及生产工艺特点，可将铝合金分为变形铝合金和铸造铝合金两大类。

铝合金相图的一般类型如图 8-1 所示。由图可见，成分位于 D′ 左边的合金，当加热到固溶线以上时，可得均匀的单相固溶体，其塑性好，易进行锻压，称为变形铝合金。

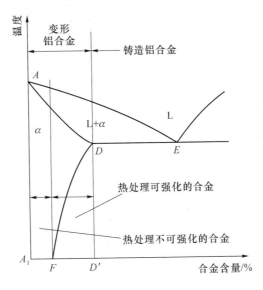

图 8-1　铝合金分类示意图

变形铝合金又分两类。成分在 F 点左边的合金，其固溶体成分不随温度而变化，故不能用热处理方法强化，称为不能用热处理强化合金；成分在 D′～F 点之间的铝合金，其固溶体的成分随温度而变化，可用热处理方法强化，故称为能用热处理强化合金。

成分在 D′ 右边的合金，由于共晶组织的存在，不适于锻压，而适于铸造，故称为铸造铝合金。

2. 铝合金的时效强化

铝合金的热处理与钢的不同。钢主要是通过控制同素异构转变来改变性能，如淬火后由奥氏体转变为马氏体，从而使钢的强度和硬度提高，而塑性下降，通过回火，又使强度和硬度下降而塑性上升。铝合金则不同，从相图可以看出，它是通过固溶－时效处理来改变性能的。

铝合金的热处理主要应用于可以热处理强化的变形铝合金，将铝合金加热到稍稍超过固溶线，保温适当时间，可得到均匀的单相 α 固溶体，然后在水中快速冷却，使第二相来不及析出，结果在室温下获得过饱和 α 固溶体组织。这就是固溶处理，是热处理的第一步。

在室温下，这种 α 固溶体是过饱和的、不稳定的组织，有分解出第二相过渡到稳定状态的倾向。所以接着进行热处理的第二步。

如果合金在室温下放置很长时间，或在一定温度下保持足够时间，由于不稳定固溶体在析出第二相过程中会导致晶格畸变，从而使合金的强度和硬度得到显著提高，而塑性则明显下降。铝合金固溶处理后的性能随时间延长而发生强化的现象，称为时效或时效强化。

合金在室温下搁置所产生的时效称自然时效；在高于室温的某一温度范围（100℃ ~ 200℃）发生的时效称为人工时效。时效温度越高，则时效的过程越快，但强化的效果越小。固溶时效处理是铝合金的主要强化手段，也是一种重要的热处理方法，在其他有色金属和高温合金中都有很广泛的应用，是金属中的重要强化手段之一。

图8-2为含铜4%的铝合金自然时效曲线。由图看出，淬火后的几小时内，强度无明显增加，有较好的塑性，这段时间称为孕育期。生产上可利用孕育期进行各种冷变形成形，如铆接、弯曲、矫直、卷边等。

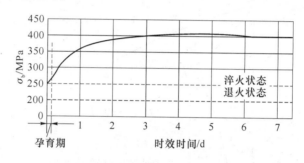

图8-2　含铜4%的铝合金自然时效曲线

图8-3为含铜4%的铝合金在不同温度下的时效曲线。由图可见，时效温度增高，时效强化过程加快，即合金达到最高强度所需的时间缩短，但最高强度值却降低，强化效果不好。时效温度在室温以下，则时效过程进行很慢。例如，在 -50℃ 以下长期放置后，铝合金的力学性能几乎没有变化。利用这一点，生产中对某些需要进一步加工变形的零件（如铆钉等），可在固溶后置于低温状态下保存，使其在需要加工变形时仍具有良好的塑性。若人工时效的时间过长或温度过高，反而使合金软化，这种现象称过时效。

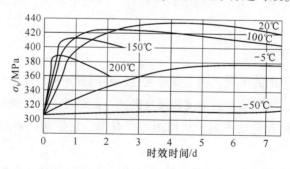

图8-3　含铜4%的铝合金在不同温度下的时效曲线

三、变形铝合金

不可热处理强化的变形铝合金主要有防锈铝合金；可热处理强化的变形铝合金主要有硬铝、超硬铝和锻铝合金。各种变形铝合金的牌号、化学成分、力学性能和用途举例见表8-1。

表 8 – 1　变形铝合金的牌号、化学成分、力学性能及用途举例（GB 3190—1982）

类别	牌号	化学成分/%					材料状态	力学性能			用途举例
		Cu	Mg	Mn	Zn	其他		σ_b /MPa	δ_{10} /%	HBS	
防锈铝合金	IF5	0.1	4.8 ~ 5.5	0.3 ~ 0.6	0.2		M	280	20	70	油箱、油臂、焊条、铆钉以及中载零件及制品
	LF11	0.1	4.8 ~ 5.5	0.3 ~ 0.6	0.2	Ti 或 V0.02 ~ 0.15	M	280	20	70	
	LF21	0.2	0.05	1.0 ~ 1.6	0.1	Ti0.15	M	130	20	30	
硬铝合金	LY1	2.2 ~ 3.0	0.2 ~ 0.5	0.2	0.1	Ti0.15	CZ	300	24	70	工作温度不超过 100℃ 的结构用中等强度铆钉
	LY11	3.8 ~ 1.8	0.4	0.4 ~ 0.8	0.3	Ni0.10 Ti0.15	CZ	420	15	100	中等强度的结构零件，如骨架模锻的固定接头、支柱、螺旋桨叶片、局部镦粗零件、螺栓和铆钉
超硬铝合金	LC4	1.4 ~ 2	1.8 ~ 2.8	0.2 ~ 0.6	5.0 ~ 7.0	Cr0.1 ~ 0.25	CS	600	12	150	结构中主要受力件，如飞机大梁、桁架、加强框、起落架
锻铝合金	LD5	1.8 ~ 2.6	0.4 ~ 0.8	0.4 ~ 0.6	0.3	Ni0.10 Ti0.15	CS	420	13	105	形状复杂中等强度的锻件及模锻件
	LD6	1.8 ~ 2.6	0.4 ~ 0.8	0.4 ~ 0.6	0.3	Ni0.10 Cr0.01 ~ 0.2 Ti0.02 ~ 0.1	CS	390	10	100	形状复杂的锻件和模锻件，如压气机轮和风扇叶轮
	LD7	1.9 ~ 2.5	1.4 ~ 1.8	0.20	0.3	Ni0.9 ~ 1.5 Ti0.02 ~ 0.1	CS	440	12	120	内燃机活塞和在高温下工作的复杂锻件、板材，可在高温下工作的结构件

注：M – 退火，CZ – 淬火 + 自然时效，CS – 淬火 + 人工时效。

1. 防锈铝合金（LF）

防锈铝合金用"铝防"汉语拼音字首"LF"加顺序号表示，属 Al－Mn 系合金及 Al－Mg 系合金。加入锰主要用于提高合金的耐蚀能力和产生固溶强化。加入镁起固溶强化作用和降低密度。防锈铝合金强度比纯铝的高，并有良好的耐蚀性、塑性和焊接性，但切削加工性较差，这类合金不能进行热处理强化，而只能进行冷塑性变形强化。防锈铝合金主要用于制造构件、容器、管道、蒙皮及需要拉伸、弯曲的零件和制品。

2. 硬铝合金（LY）

硬铝合金用"铝硬"的汉语拼音字首"LY"加顺序号表示，属 Al－Cu－Mg 系合金。加入铜和镁是为了在时效过程中产生强化相。这类合金既可通过热处理（时效处理）强化来获得较高的强度和硬度，还可以进行变形强化。硬铝在航空工业中获得了广泛的应用，如用做飞机构架、螺旋桨、叶片等，但其抗蚀性较差。

3. 超硬铝合金（LC）

超硬铝代号用"铝超"的汉语拼音字首"LC"加顺序号表示，属 Al－Cu－Mg－Zn 系合金。这类合金经淬火加人工时效后，可产生多种复杂的第二相，具有很高的强度和硬度，切削性能良好，但耐腐蚀性较差。常用做飞机上的主要受力部件，如大梁桁架、加强框和起落架等。

4. 锻铝合金（LD）

锻铝合金用"铝锻"的汉语拼音字首"LD"加顺序号表示，属 Al－Cu－Mg－Si 系合金。元素种类多，但含量少，因而合金的热塑性好，适于锻造，故称锻铝。锻铝通过固溶处理和人工时效来强化。主要用于制造外形复杂的锻件和模锻件。

四、铸造铝合金

铸造铝合金可分为四大类：Al－Si 系、Al－Cu 系、Al－Mg 系和 Al－Zn 系。其中 Al－Si 系合金具有良好的力学性能和铸造性能，应用最广。

铸造铝合金的牌号用"铸铝"汉字拼音字首"ZL"加顺序号表示。顺序号的三位数字中，第一位数字为合金系列，1 表示 Al－Si 系，2、3、4 分别表示 Al－Cu 系、Al－Mg 系、Al－Zn 系，后两位数字为顺序号。常用铸造铝合金的牌号、化学成分、力学性能及用途见表 8－2。

表 8－2　常用铸造铝合金的牌号、化学成分、力学性能及用途

牌号	化学成分/%					铸造方法	力学性能				用途举例
	Si	Cu	Mg	Mn	其他		热处理	σ_b/MPa	δ_5/%	HBS	
ZL101	6.0 ~ 8.0		0.2 ~ 0.4		Al 余量	J	T5	210	2	60	形状复杂的砂型、金属型和压力铸造零件，如飞机仪器零件、水泵壳体，工作温度不超过 185℃ 汽化器等
ZL104	8.0 ~ 10.5		0.17 ~ 0.30	0.2 ~ 0.5	Al 余量	J	T1	200	1.5	70	砂型、金属型和压力铸造的形状复杂、在 200℃ 以下工作的零件，如气缸体

续表

牌号	化学成分/%					铸造方法	力学性能				用途举例
	Si	Cu	Mg	Mn	其他		热处理	σ_b /MPa	δ_5 /%	HBS	
ZL203		4.0 ~ 5.0			Al 余量	J	T5	230	3	70	砂型铸造，中等载荷和形状比较简单的零件，如托架和工作温度不超过200℃并要求切削加工性能好的零件
ZL302	0.8 ~ 1.3		4.5 ~ 5.5	0.1 ~ 0.4	Al 余量	S, J	—	150	1	55	腐蚀介质作用下的中等载荷零件，在严寒大气中及工作温度不超过200℃零件，如海轮配件和各种壳体
ZL401	6.0 ~ 8.0	0.1 ~ 0.3			Zn9.0 ~ 13.0 Al 余量	J	T1	250	1.5	90	压力铸造零件，工作温度不超过200℃结构形状复杂的汽车飞机零件

1. 铝硅铸造铝合金

铝硅铸造铝合金俗称硅铝明。在 Al－Si 系合金中，由铝、硅两种元素组成的合金称简单硅铝明，除硅以外尚有其他元素的称特殊硅铝明。

在简单硅铝明中，硅含量为11%～13%，铸造后的组织几乎全为共晶体(α＋Si)。由于 Si 的脆性大，又呈粗针状，故使合金的力学性能变坏。为了提高这类合金的力学性能，生产中常采用变质处理，即在浇注前向液态合金中加入质量为合金总量2%～3%的变质剂，以细化晶粒，改善合金的力学性能。变质后形成亚共晶组织 α＋（α＋Si）。

简单硅铝明经变质处理后强度提高并不很多，且不能热处理强化。为了进一步提高铝硅合金的强度，可适当降低硅的含量，并向合金中加入能形成强化相的铜、镁、锰等合金元素，制成特殊硅铝明。这种合金不仅可变质处理，还可进行淬火－时效强化。

2. 其他铸造铝合金

Al－Cu 合金有较好的高温性能，但铸造性能和抗蚀性差，而且密度大，主要用于制造要求高强度或在高温条件下工作的零件，如金属铸型等。

Al－Mg 系合金具有较高的强度和良好的耐腐蚀性能，比重小，铸造性能差，多用于制造在腐蚀性介质中工作的零件。

Al－Zn 系合金的强度较高，热稳定性和铸造性能较好，但密度较大，耐腐蚀性很差，用来制造结构形状复杂的汽车、飞机零件等。

第二节　铜及铜合金

一、纯铜

纯铜又称紫铜，因纯铜是用电解法获得的，故又称电解铜。其密度为 8.9 g/cm^3，熔点为 1 083℃，固态时晶体结构为面心立方晶格，无同素异构转变。

纯铜的强度低，σ_b 为 200～250 MPa，塑性高，δ 为 35%～45%，便于承受冷、热锻压加工。

纯铜的化学稳定性较高，在大气、水蒸气、水和热水中基本不受腐蚀，在海水中易受腐蚀。

纯铜具有很高的导电、导热性，其导电性仅次于银，居第二位，故在电器工业和动力机械中得到广泛的应用，如用来制造电导线、散热器、冷凝器等。

工业纯铜一般被加工成棒、线、板、管等型材，用于制造电线、电缆、电器零件及熔制铜合金等。根据杂质的含量，工业纯铜可分为四种：T1、T2、T3、T4。"T"为铜的汉语拼音字首，数字序号越大，铜的纯度越低。

二、铜合金

纯铜的强度低，不适于制作结构件，为此常加入适量的合金元素制成铜合金。铜合金是工业生产中广泛使用的有色金属材料。按化学成分的不同，铜合金可分为黄铜、青铜和白铜。一般机械工业中应用较多的是黄铜、青铜，而白铜主要是制造精密机械与仪表的耐蚀件及电阻器、热电偶等。

（一）黄铜

黄铜是以锌为主要合金元素的铜合金，因成金黄色，故称黄铜。按其化学成分的不同，分为普通黄铜和特殊黄铜两种。

1. 普通黄铜

以锌和铜组成的合金叫普通黄铜。锌含量对普通黄铜力学性能的影响如图8-4所示。锌加入铜中不但能使强度增高，也能使塑性增高。当含锌量增加到30%～32%时，塑性最高。当增至40%～42%时，塑性下降而强度最高。这是由于合金组织中出现了以化合物 CuZn 为基的固溶体（称为 β 相）。

当含锌量超过45%以后，组织全部为 β 相，黄铜的强度急剧下降，塑性太差，已无使用价值。

普通黄铜的牌号用"黄"的汉语拼音字首"H"加数字表示，数字表示铜的平均含量，H68表示铜含量为68%，其余为锌。普通黄铜的力学性能、工艺性和耐蚀性都较好，应用较为广泛。

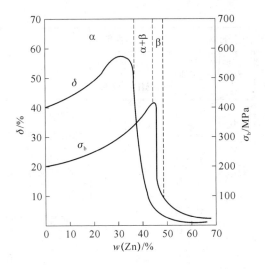

图 8-4 锌对普通黄铜力学性能的影响

2. 特殊黄铜

在普通黄铜基础上加入其他合金元素的铜合金，称为特殊黄铜。

常加入的合金元素有铅、铝、锰、锡、铁、镍、硅等。这些元素的加入都能提高黄铜的强度，其中铝、锰、锡、镍还能提高黄铜的抗蚀性和耐磨性。

特殊黄铜可分为压力加工和铸造用的两种，前者加入合金元素较少，使之能溶入固溶体中，以保证较高的塑性，后者不要求高的塑性，为了提高强度和铸造性能，可以加入较多的合金元素。

特殊黄铜的牌号仍以"H"为首，后跟添加元素的化学符号，再跟数字，依次表示含铜量和加入元素的含量。铸造用黄铜的牌号前面还加一"Z"字。例如 HPb59-1 表示加入铅的特殊黄铜，其含铜量为 59%，含铅量为 1%。

黄铜的牌号、化学成分、力学性能及用途列于表 8-3。

表 8-3 常用黄铜的牌号、化学成分、力学性能及用途举例

类别	牌号	化学成分/%			力学性能		用途举例
		Cu	Zn	其他	σ_b /MPa	δ_5 /%	
普通黄铜	H80	79~81	余量		320	52	用于镀层及装饰
	H70	69~72	余量		320	55	多用于制造弹壳，有弹壳黄铜之称
	H68	67~70	余量		300	40	复杂的冷冲压件、散热器外壳、导管、波纹管、轴套
	H62	60.5~63.5	余量		330	49	销钉、铆钉、螺钉、螺母、垫圈、弹簧等

续表

| 类别 | 牌号 | 化学成分/% | | | 力学性能 | | 用途举例 |
		Cu	Zn	其他	σ_b /MPa	δ_5 /%	
特殊黄铜	HPb59－1	57～60	余量	Pb 0.8～1.9	400	45	切削加工性好，强度高，用于热冲压和切削零件销、螺钉等
	HMn58－2	57～60	余量	Mn 1.0～2.0	400	40	耐腐蚀和弱电用零件
铸铝黄铜	ZCuZn31 Al 2	66～68	余量	Al 2.0～3.0	295 390	12 15	常温下耐腐蚀性高的零件
铸硅黄铜	ZCuZn16 Si4	79～81	余量	Si 2.5～4.5	345 390	15 20	接触海水工作的管配件及水泵叶轮、螺塞等

注：1. 铸造黄铜摘自 GB 1176—1987《铸造铜合金技术条件》。
　　2. 其他黄铜摘自 YB 146—1971《黄铜加工产品化学成分》；力学性能系 600℃ 退火后。

（二）青铜

锡青铜是人类历史上应用最早的铜锡合金，因其外观呈青黑色，故称为锡青铜。近代广泛应用于含铝、铍、铅、硅等的铜基合金，称为特殊青铜。

1. 锡青铜

锡青铜的力学性能随含锡量的不同而变化，如图 8－5 所示。当含锡量在5%～6%以下时，铝溶于铜中形成固溶体，合金的强度与塑性随含锡量的增加而上升。当含锡量超过5%～6%时，合金组织中出现硬而脆的 Cu31Sn8 化合物，使塑性急剧下降；当含锡大于20%时，锡青铜的强度也急剧下降。

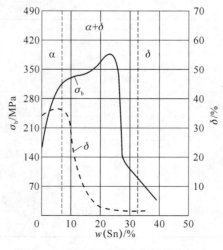

图 8－5　锡对锡青铜力学性能的影响

工业用锡青铜的含锡量都在3%～14%。含锡量小于8%的锡青铜具有较好的塑性，适用于锻压加工；含锡量大于10%的锡青铜塑性低，只适用于铸造。

锡青铜在铸造时，因为锡青铜的结晶范围较大，流动性差，易形成分散的微小缩孔，所以铸造收缩率很小，适宜铸造形状复杂、外形尺寸要求较严格的铸件。但因致密性差，不适于制造密封性要求高的铸件。

锡青铜抗大气、海水、蒸汽的腐蚀性能比黄铜和纯铜的好，此外，冲击时不产生火花，无冷脆现象，耐磨性高。

2. 特殊青铜

（1）铝青铜。铝青铜具有可与钢相比的强度，高的冲击韧度与疲劳强度，耐蚀、耐磨、受冲击时不产生火花等性能。铸造时，由于流动性好，可获得致密的铸件。铝青铜常用来制造齿轮、摩擦片、蜗轮等要求高强度、高耐磨性的零件。

（2）铍青铜。铍青铜是含1.7%～2.5% Be 的铜合金。因为铍在铜中的固溶度随温度下降而急剧降低，所以铍青铜可以通过淬火加人工时效的方法进行强化，具有很高的强度和硬度（$\sigma_b = 1\,200 \sim 1\,500$ MPa，HBS $= 300 \sim 400$），远超过其他所有的铜合金，甚至可以和高强度钢相媲美。它的弹性极限、疲劳极限、耐磨性、抗蚀性也都很高，是综合性能很好的一种合金。另外，它具有导电、导热性好，耐寒、无磁，受冲击时不产生火花等一系列优点，只是由于价格高昂，限制了它的使用。铍青铜在工业上用来制造重要的弹性元件、耐磨件和其他重要零件，如仪表齿轮、弹簧、航海罗盘、电焊机电极、防爆工具等。

青铜的牌号用"青"字的汉语拼音字首"Q"加主要元素符号及含量表示。铸造青铜，在牌号前加一"Z"字。例如 ZQSn10 表示含锡10%的铸造用青铜。常用青铜的牌号、化学成分、力学性能及用途举例见表 8 - 4。

表 8 - 4 常用青铜的牌号、化学成分、力学性能及用途举例

类别	牌号	化学成分/%			力学性能		用途举例
		Sn	Cu	其他	σ_b/MPa	δ_5/%	
压力加工锡青铜	QSn4 - 3	3.5～4.5	余量	Zn 2.7～3.3	350	40	弹簧、管配件和化工机械等次要零件
	QSn6.5 - 0.1	6.0～7.0	余量	P 0.1～0.25	300 500 600	38 5 1	耐磨及弹性零件
	QSn4.4 - 2.5	3.0～5.0	余量	Zn 3.0～5.0 Pb 1.5～3.5	300～350	35～45	轴承和轴套的衬垫等
铸造锡青铜	H62	9.0～11.0	余量	Zn 1.0～3.0	245 240	6 12	在中等及较高负荷下工作的重要管配件、阀、泵、齿轮等
	HPb59 - 1	9.0～11.5	余量	P 0.5～1.0	310 220	2 3	重要的轴瓦、齿轮、连杆和轴套等

续表

类别	牌号	化学成分/%			力学性能		用途举例
		Sn	Cu	其他	σ_b /MPa	δ_5/%	
特殊青铜	HMn58-2	Al 8.5~11.0	余量	Fe 2.0~4.0	540 490	15 13	重要用途的耐磨、耐蚀的重型铸件，如轴套、螺母、涡轮
	ZCuZn31	Be 1.9~2.2	余量	Ni 0.2~0.5	500	3	重要仪表的弹簧、齿轮等
	Al2	Pb 27.0~33.0	余量	—	—	—	高速双金属轴瓦、减磨零件等

第三节　轴承合金

　　滑动轴承由轴承体和轴瓦构成，与滚动轴承相比较，具有承压面积大、工作平稳，噪声小，制造、修理、更换方便等优点，广泛用于发动机、机床及其他动力设备的轴承。

　　轴瓦直接支持转动轴，为了提高轴瓦的强度和耐磨性，往往在钢质轴瓦的内侧浇铸或轧制一层均匀的内衬。用来制造轴承内衬的合金，称为轴承合金。

一、对轴承合金的性能要求

　　有足够的强度和硬度，以便承受轴颈施加的较大压力；有足够的塑性和韧性，以抵抗冲击和振动。

　　具有良好的减磨性。摩擦系数小，耐磨性好，蓄油性好，以保证轴承在较好的润滑条件和低的摩擦系数下工作。

　　有良好的耐蚀性、导热性和较小的膨胀系数，以防与轴发生咬合。

　　加工工艺性好，容易制造，价格低廉。

二、轴承合金的组织

　　为保证上述性能要求，轴承合金应具有如图 8-6 所示的理想的组织，即在软的基体上分布着硬质点。

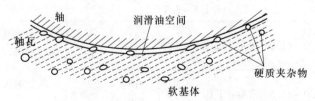

图 8-6　轴承理想表面示意图

轴承工作时，软基体很快磨损而凹下，以便储存润滑油，使轴与轴瓦间形成连续油膜，硬质点突出于表面以承受载荷，并抵抗自身的磨损。属于这类组织的有锡基、铅基轴承合金，但这种组织难以承受高的载荷。

　　还有一类轴承合金的组织，是在硬的基体上分布着软的质点，也具有低的摩擦系数，而且能承受较高的载荷，但其磨合性较差。属于这类组织的轴承合金有铜基、铝基等轴承合金。

三、常用轴承合金

　　常用的轴承合金有锡基与铅基轴承合金、铜基轴承合金、铝基轴承合金等。

（一）锡基与铅基轴承合金

1. 锡基轴承合金（锡基巴氏合金）

　　它是以锡为基础，加入锑、铜等元素组成的合金。其组织是由锑溶入锡形成的固溶体为软基体，以锡与锑、锡与铜形成的化合物为硬质点组成的。

　　这种合金有良好的磨合性、韧性、导热性、耐蚀性和抗冲击性，但承载能力较低。常用于最重要的轴承，如汽轮机、发动机、压气机等巨型机器的高速轴承。

2. 铅基轴承合金（铅基巴氏合金）

　　它是以铅锑为基础，加入锡、铜等元素的轴承合金，属于软基体加硬质点的组织。这类合金的硬度、强度、韧性均较锡基合金低，且摩擦系数较大，但价格较便宜。铅基轴承合金常用来制造承受中、低载荷的中速轴承。如汽车、拖拉机的曲轴、连杆轴承及电动机轴承。

　　锡基、铅基轴承合金的牌号用"铸""承"的汉语拼音字首"ZCh"加基本元素符号与主加元素符号，再加主加元素与辅加元素含量表示。如铸造锡基轴承合金表示为 ZChSnSb11 – 6，主加元素锑的含量为 11%，辅加元素铜含量为 6%，余量为锡。

（二）铜基、铝基轴承合金

　　铜基、铝基轴承合金大多属于硬基体软质点的组织，其承载能力高，但磨合能力较差，其中铝基轴承合金的线膨胀系数较大，易与轴咬合，因此需要较大轴承间隙。除上述轴承合金外，可作滑动轴承的还有粉末冶金含油轴承、聚四氟乙烯等工程塑料。

第四节　粉末冶金与硬质合金

一、粉末冶金简介

　　粉末冶金是利用金属粉末（或金属粉末与非金属粉末的混合物）作原料，将几种粉末混匀压制成型，并经过烧结而获得材料或零件的加工方法。近二三十年来，粉末冶金得到迅速的发展，粉末冶金法在机械、冶金、化工、交通运输、轻工、原子能、电子、遥控、火箭、宇航等部门得到越来越广泛的应用。

粉末冶金法和金属熔炼法与铸造方法有根本的不同。其生产过程包括粉末的生产、混料、压制成型、烧结及烧结后的处理等工序。用粉末冶金方法不但可以生产多种具有特殊性能的金属材料，如硬质合金、难熔金属材料、无偏析高速钢、耐热材料、减磨材料、热交换材料、摩擦材料、磁性材料及核燃料元件等，而且还可以制造很多机械零件，如齿轮、凸轮、轴套、衬套、摩擦片、含油轴承等。与一般零件的生产方法相比，它具有少切削或无切削、生产率高、材料利用率高、节省生产设备和占地面积小等优点。

由于压制设备吨位及模具制造的限制，目前粉末冶金法还只能生产尺寸有限和形状不很复杂的工件。

二、硬质合金

硬质合金是以碳化钨（WC）、碳化钛（TiC）等高熔点、高硬度的碳化物的粉末和起黏结作用的金属钴粉末经混合、加压成型、再烧结而制成的一种粉末冶金制品。因其工艺与陶瓷烧结相似，所以也称金属陶瓷硬质合金或烧结硬质合金。硬质合金具有高硬度（69~81HRC）、高热硬性（可达900℃~1 000℃）、高耐磨性和较高抗压强度。用它制造刀具，其切削速度、耐磨性与寿命都比高速钢的高。硬质合金通常制成一定规格的刀片，装夹或镶焊在刀体上使用。它还用于制造某些冷作模具、量具及不受冲击、振动的高耐磨零件。

目前，常用的硬质合金有金属陶瓷硬质合金和钢结硬质合金。

（一）金属陶瓷硬质合金

1. 钨钴类硬质合金

它的主要化学成分为碳化钨和钴。其代号用"硬""钴"汉语拼音字首"YG"加数字表示。

数字代表硬质合金中含钴量的百分数。例如 YG6 表示钨钴类硬质合金，含钴量为 6%，其余为碳化钨。常用的牌号有 YG3、YG6、YG8 等。这类合金刀具主要用来加工产生断续切屑的脆性材料。

2. 钨、钴、钛类硬质合金

由碳化钨、碳化钛和钴组成。其牌号用"硬""钛"两字的汉语拼音字首"YT"加数字表示，数字表示硬质合金中碳化钛的百分数。

例如 YT15 表示含碳化钛量为 15% 的钨钴钛类硬质合金。常用的牌号有 YT5、YT15、YT30 等。钨钴钛类硬质合金刀具主要用来加工韧性材料，如各种钢材。

3. 通用硬质合金

以碳化钽（TaN）或碳化铌（NbC）取代钨钴钛类硬质合金中的一部分碳化钛而成。通用硬质合金也叫万能硬质合金，其牌号用"硬""万"两字的汉语拼音字首"YW"加序号数字表示。这类合金刀具适宜于加工各类钢材，特别是当切削不锈钢、耐热钢、高锰钢等难加工的钢材时效果更好。

（二）钢结硬质合金

钢结硬质合金是以一种或几种碳化物（如 TiC、WC）为强化相，以合金钢（如高速钢、铬钼钢等）的粉末为黏结剂制成的粉末冶金材料。这种材料有耐热、耐蚀和抗氧化等性能，可进行焊接和锻造加工，经退火后可进行切削加工，淬火、回火后有相当于硬质合金的高硬度和耐磨性，硬度达 70HRC。用做刀具时，钢结硬质合金的寿命与钨钴类合金的差不多，大大超过合金工具钢，由于它可切削加工，故适宜制造各种形状复杂的刀具、模具与耐磨零件。

思 考 题

一、判断题

1. 纯铝和纯铜是不能用热处理来强化的金属。　　　　　　　　　　　　　（　　）
2. 变形铝合金中一般合金元素含量低，并且具有良好的塑性，适宜于塑性加工。（　　）
3. 变质处理可有效提高铸造铝合金的力学性能。　　　　　　　　　　　　（　　）
4. 固溶处理后的铝合金在随后的时效过程中，强度下降，塑性改善。　　　（　　）
5. 黄铜呈黄色，白铜呈白色，青铜呈青色。　　　　　　　　　　　　　　（　　）
6. 滑动轴承因为与轴颈处有摩擦，所以滑动轴承合金应该具备大于 50HRC 的高硬度。

　　　　　　　　　　　　　　　　　　　　　　　　　　　　　　　　　（　　）
7. 纯钛和钛合金的性能特点是质轻、强韧性好，并且耐腐蚀。　　　　　　（　　）
8. 可锻铸铁比灰铸铁的塑性好，因此，可以进行锻压加工。　　　　　　　（　　）
9. 变形铝合金都不能用热处理强化。　　　　　　　　　　　　　　　　　（　　）
10. 特殊黄铜是不含锌元素的黄铜。　　　　　　　　　　　　　　　　　　（　　）
11. 若铝合金的晶粒粗大，可以重新加热、冷却予以细化。　　　　　　　　（　　）

二、简答题

1. 滑动轴承合金应具备哪些主要性能？具备什么样的理想组织？
2. 铝合金热处理强化的原理与钢热处理强化的原理有何不同？

第九章 铸 造

第一节 概 述

一、铸造分类

将液体金属浇入与零件几何形状相适应的铸型空腔中，待冷却凝固后，获得零件或毛坯。这种工艺方法称为铸造。用这种方法获得的毛坯或零件称铸件。

铸件一般作为金属零件的毛坯，大多需经部分或全部切削加工方能制成合格零件，但有时用特种铸造方法生产的某些铸件亦可不经加工而直接作为零件来使用。

铸件的生产方法有多种，使用最多的是砂型铸造。除砂型铸造外，还有特种铸造，主要有金属型铸造、熔模（失蜡）铸造、压力铸造、离心铸造等。

二、铸造特点

（1）可以制成几何形状复杂，特别是具有复杂内腔的毛坯，如各种机器的箱体、气缸体、床身、机架等。

（2）适应性强。工业上常用的金属材料均可用来铸造。如铸铁、有色金属、钢都能熔铸。有的不易加工的合金钢材料，如高锰钢也能用铸造方法浇注成零件。

（3）铸件成本较低。铸造所用的原材料大多价格低廉，来源广泛，能直接利用报废的机件、废钢和切屑等。一般情况下铸造生产不需要昂贵或复杂设备。

（4）铸件形状和尺寸与零件接近，可实现少削无削加工，节省金属消耗。

（5）用同样金属制成的铸件不及锻件力学性能高。其显微组织粗大，内部常出现缩孔、缩松、气孔、夹渣等缺陷，铸件质量不易稳定，易出废品。

（6）劳动强度大，劳动条件差，生产率低。

三、铸造的应用

铸造虽存在缺点，但优点居多，在工业生产中已获得广泛应用。在机器设备中，铸件占有很大比重。近年来，由于特种铸造的迅速发展，使铸件尺寸精度和表面质量有所提高。新型铸造材料的广泛应用，使铸件力学性能有显著的提高。铸造车间的技术改造和生产机械化、自动化程度不断提高，大大提高了劳动生产率和改善了劳动条件。铸造生产的缺点不断被克服，铸件性能显著提高，其使用范围越来越广泛。

第二节　砂型铸造

砂型铸造的工艺过程如图9-1所示。首先根据零件的形状和尺寸制造模样和芯盒，配制好型砂和芯砂；用模样制造砂型，用芯盒制造型芯；把型芯装入砂型，合箱后即得铸型；然后将液态体金属浇入铸型，冷凝后落砂清理便得到零件的铸件。

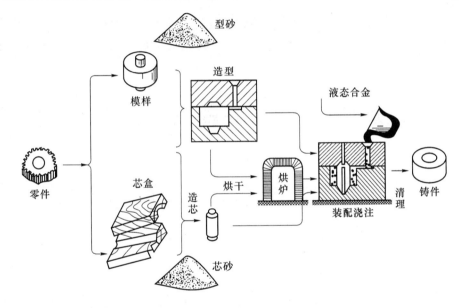

图9-1　砂型铸造的工艺过程

一、模样与型芯盒

砂型铸造之手工造型

模样和型芯盒是制造砂型的基本工具。模样用来获得铸件的外形，用型芯盒制得的型芯主要是用来获得铸件的内腔。

制造模样和型芯盒的材料，应根据铸件的大小和生产规模大小有所不同。产量少的铸件一般用木材制造模样或型芯盒；产量多的铸件，常用金属和塑料制造模样和型芯盒。木质的模样制造容易，成本低，使用广泛。

为了保证铸件质量，并使造型制芯方便，降低成本，在设计和制造模样及芯盒时，必须考虑下列问题。

1. 分型面

分型面是上下模样的分界面。一般情况下，也叫模样的分模面。模样大多从分型面取出。

选择分型面时必须考虑使模样从砂型中能顺利取出，并使造型方便和能保证铸件质量。

因此分型面最好选在铸件的最大平直面上。

2. 起模斜度

为了便于从砂型中取出模样或由型芯盒中取出型芯，在垂直于分型面的模壁应做出起模斜度。一般木模起模斜度为 $1°\sim3°$，金属模起模斜度为 $0.5°\sim1°$。

3. 加工余量与铸造圆角

铸件上凡需要加工的部分，都应在木模上增加加工余量。有些小直径的孔，可以做成实心不铸孔，以后加工时直接钻孔。铸件上各表面的转折处，都要做成过渡性圆角以改善造型，防止浇注时冲砂，避免铸件应力集中。

4. 收缩量

考虑合金在冷凝时的收缩，模样尺寸应比铸件的尺寸大。其值决定于合金的线收缩率。常用合金中灰铸铁的线收缩率为 $0.8\%\sim1.0\%$，铸钢为 $1.6\%\sim2.0\%$，青铜为 $1.25\%\sim1.5\%$，铝合金为 $1.0\%\sim1.5\%$。

5. 型芯头

有型芯的砂型，为了便于安置型芯、模样与芯盒，都要考虑做芯头。

二、造型材料

造型材料包括型砂、芯砂、涂料等。它们的质量对砂型的优劣有很大影响。生产 1 t 铸件，需要 2.5~10 t 造型材料。因此，必须合理选用和配制造型材料。

（一）对型砂和芯砂的性能要求

1. 可塑性

型砂在外力作用下容易获得清晰的模型轮廓，外力去除后仍能保持其形状的性能称为可塑性。可塑性高，铸件表面质量就好。型砂的可塑性与黏土含量有关。含黏土量多，分布均匀，可塑性就高。

2. 强度

型砂在外力作用下，能保持砂型的形状和尺寸不被破坏的能力称为强度。为了合箱和浇注时不致损坏，型砂应有足够的强度。型砂强度与型砂中的原砂、黏结剂、捣实程度、砂粒粗细、粒度均匀性和水分有关。把型砂烘干，也能增加型砂的强度。

3. 耐火性

在高温液体金属作用下，型砂不软化、不烧结、不黏在金属表面的性能称为耐火性。若耐火性差，型砂将黏结在铸件表面上，致使铸件难以清理，并使机械加工产生困难。耐火性主要与型砂的化学成分、砂粒形状及大小有关。纯石英砂耐火性较好。圆形粗大的砂粒，其耐火性较多面形、细小砂粒的耐火性好。

4. 透气性

型砂允许气体透过的能力称透气性。型腔中本来没有气体，型砂和芯砂在高温条件下，会产生气体，液体金属冷却时也会析出气体。如果型砂透气性不好，气体不能及时排出，将会使铸件产生气孔等缺陷。砂粒大、均匀、黏土少、水分适当则可提高透气性。另外，烘干的砂型浇注金属时产生气体少，并且砂型本身透气性也高。

5. 退让性

铸件冷却收缩时，砂型和型芯可被压缩的性能称退让性。砂型和型芯退让性不好，使铸件收缩时受到阻力增大，容易造成变形和裂纹。减少型砂中黏土量，使用特殊黏结剂或附加物（如木屑），可以提高砂型和型芯的退让性。

型芯是芯砂制作的。由于型芯置于铸型型腔内部，浇注后被高温液态金属所包围，故芯砂对上述性能要求更高。

（二）造型材料的配制

为了使型砂和芯砂具有合适的性能，就需要进行配制。配制用的原材料种类较多，但最常用的有以下几种。

1. 原砂

原砂多为天然砂。质量高的原砂要求含石英量高，粒度均匀，圆形，含杂质少。所以，并非任何天然砂都能用于铸造。

2. 黏结剂

一般为黏土、膨润土。有时为了提高型砂和芯砂的强度、透气性和退让性，对复杂的铸型也常采用特殊黏结剂。常用的有桐油、纸浆废液、糖浆、水玻璃等。

3. 特殊附加物

为了提高造型材料的某些性能而附加的物质。如：加木屑增加砂型的透气性和退让性；加煤粉防止黏砂。

型砂或芯砂的配制（主要指原砂粒度的选定、黏结剂、特殊附加物种类及加入量等）是根据铸件的材料（铸钢、铸铁、有色金属）、铸件的复杂程度以及铸件的技术要求而定的。一般方法是把有关原材料和水分按一定的比例在混砂机上进行均匀拌和。为了保证性能，拌和的型砂或芯砂在使用前应放在型砂试验仪中进行测定。

（三）涂料

液态金属如直接接触砂型和型芯表面，很容易产生黏砂。为了提高砂的耐火性，增加铸件表面光滑度，通常在砂型和型芯表面涂刷一层涂料。铸铁件涂石墨水浆，铸钢件涂石英粉浆。

三、造型方法

在实际生产中，由于铸件的尺寸、形状、铸造合金、产品的批量等条件不一，就要有相适应的各种造型方法。常用的方法有砂箱造型、地坑造型、刮板造型和机器造型。

1. 砂箱造型

砂箱造型有整模造型和分模造型。整模造型基本方法是把整个模型全放在一个砂箱内，盖箱通常是一个平面。这种造型方法适用于简单铸件。分模造型即把木模分成两半。造型方法及顺序如图9-2和图9-3所示。

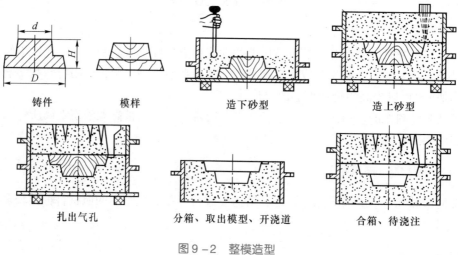

铸件　　　模样　　　造下砂型　　　造上砂型

扎出气孔　　　分箱、取出模型、开浇道　　　合箱、待浇注

图9-2　整模造型

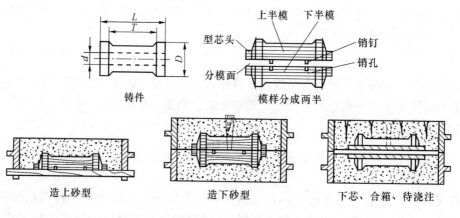

铸件　　　模样分成两半

造上砂型　　　造下砂型　　　下芯、合箱、待浇注

图9-3　分模造型

2. 地坑造型

在车间地面挖坑，填入型砂以代替下箱，再制造上箱，用定位楔促使上下定位。图9-4所示为有盖箱地坑造型。

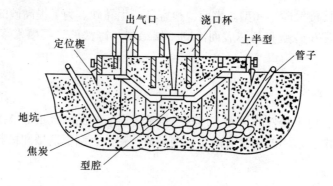

图9-4　有盖箱地坑造型

为了能顺利地在浇注时把气体引出，在制造大铸件时，常以焦炭垫底，并用管子将气体引出。

有的铸件表面质量要求不高，往往可不用上箱；如生铁芯骨、生铁板等。但砂坑的表面必须用水平仪确保水平，然后造型，使铁液浇注时获得正确的水平面，以保证铸件尺寸。

3. 刮板造型

这种造型是用刮板代替木模来制造砂型。如图 9-5 所示。其特点是大大降低了制造木模的成本，缩短了生产准备时间。刮板造型目前都用手工进行，它只能适用单件或小批量生产，特别是一些尺寸较大的回转体铸件，如带轮、飞轮等。

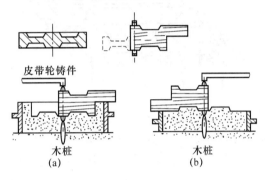

图 9-5　刮板造型

(a) 刮制上型；(b) 刮制下型

4. 机器造型

大批量铸件生产中广泛使用机器造型。较完善的机器造型能使整个造型过程即填砂、紧砂、起模、翻箱、搬动等一系列工序实现机械化。机器造型用的模样与一般模样略有不同，它是采用模板即把模样分做在板的两面。如图 9-6 所示。

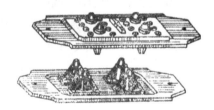

图 9-6　造型机上用的模板

机器造型不但大大提高了生产效率，改善了劳动条件，提高了铸件表面质量，减小了铸件加工余量，而且对工人的技术要求也低于手工造型。

机器造型需要专用砂箱、模板和造型设备。模板一般用铝合金制作，投资较大，但在大批量生产中，由于上述优点，总的铸件成本还是显著降低的。因此，机器造型为现代化铸造生产的基本方式。

造型机械种类很多。目前工厂常用的造型机械有震压式造型机和抛砂机。震压式造型机以压缩空气为动力，一般多用于小铸件。抛砂机主要是为砂箱的装砂和紧砂之用，广泛使用于中大型铸件的生产中。

四、造型芯及合箱

1. 造芯

型芯是放置在砂型内腔的，四周受液体金属包围，所以对型芯性能如强度、透气性、耐火性、退让性等要求较高。在制造型芯时，除采用合适的型芯砂外，还需要采取其他措施。如为了提高型芯强度，在型芯中间安置芯骨。小的芯骨可用铁丝弯扎制成，大的芯骨是用铸铁浇注成的，如图 9 - 7 所示。

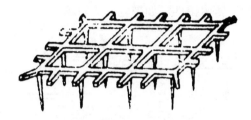

图 9 - 7　铸铁芯骨

型芯制作后一般都经过烘干，以提高强度，减少发气量，提高透气性。为了提高型芯的透气性，除烘干外，还必须在型芯中间做排气道，从中心经芯头通至铸型外，以便浇注时产生的气体经芯头排至砂箱外。大的型芯中间可放置焦炭，使气体容易排出，同时提高型芯的退让性。

制造型芯的基本方法是用芯盒制造。在单件和小批量生产中，一般使用手工造芯。在大量生产中广泛使用造芯机，大型的型芯，也可以用抛砂机制造。

2. 合箱

把砂箱、型芯装配起来，成为一个完整的铸型，此工序称为合箱。合箱一般是由 2 ~ 3 只砂箱和 1 ~ 2 只型芯装配成。但大型铸件，如机座等就可能用 5 ~ 6 只砂箱和十余只型芯装配起来。合箱后要保证铸型型腔几何形状和尺寸准确不变。型芯要稳固，砂箱之间要扣紧。在上箱上面要放压铁或用螺栓紧固，以防浇注时受液体金属的浮力造成抬箱和漏铁液等事故。

在自动化造型线上，合箱工作是由合箱机自动完成的。

五、铸铁的熔炼

熔炼铸铁所用的设备，主要是冲天炉。熔炼铸铁的炉料有金属料、燃料和熔剂。

1. 金属料

包括铸造生铁锭、回炉料（浇冒口、废铸件）、废铁、废钢和少量铁合金（硅铁、锰铁等）。

铸造生铁锭是炼铁厂用铁矿石炼成的，它是熔炼铸铁的主要金属料，配料时常占 40% ~ 60%。回炉料和废铁的使用，是使废料不废。使用废钢是为了降低铸铁的含碳量。回炉料、废铁废钢等金属料在入炉前必须清除黏砂、铁锈及其他污物。否则，将消耗较多的燃料和熔剂，还影响铸件的质量。硅铁和锰铁等铁合金用来调整铁水的化学成分，应按配料计算加入。

2. 燃料

熔炼铸铁所用的燃料，主要是焦炭。焦炭的发热量高，灰分少，在高温下仍具有较好的强度，是冲天炉最好的一种燃料。

3. 熔剂

在冲天炉熔炼过程中，燃料燃烧后的灰分、金属氧化物（金属料的烧损）以及其他夹杂物（砂子、炉衬的浸蚀物）都生成熔渣。熔剂的作用是使炉渣稀释，并具有较好的流动性，便于排除，以保证铁水质量和熔炼的正常进行。为此，在冲天炉中每加一层金属料和燃料时，要加一定数量的熔剂。常用的熔剂有石灰石、白云石和萤石等。

六、浇注和铸件的落砂及清理

（一）砂型的浇注

将液体金属浇入铸型的过程称为浇注。正确地进行浇注，对保证铸件质量和安全生产都是非常重要的。为了保证铸件质量，浇注时必须注意浇注温度和浇注速度。

1. 浇注温度

浇注温度的高低，对铸件的质量影响很大。温度过低，金属液体的流动性差，容易浇不足而产生冷隔现象。温度高，金属液体的流动性好，易于充填铸型，这对于薄壁、形状复杂的铸件，尤其重要；同时，也有利于熔渣的排除，从而可减少铸件夹渣等缺陷。但是，浇注温度过高，会使铸件产生气孔和缩孔、力学性能下降等缺陷。

要控制浇注温度，主要是根据铸件的壁厚、形状复杂程度及铸造金属液体的流动性等来确定。为了保证铸件质量，一般铁水的出炉温度应尽可能高一些，以利于熔渣上浮。但在浇注时，则应在保证铁水有足够流动性的条件下，尽可能低一些，以免产生缩孔、气孔和晶粒粗大等缺陷。

2. 浇注速度

浇注速度快，容易充满铸型。但浇注速度太快，对铸型冲击力大，易发生冲砂。在实际生产中，薄壁铸件应采取快速浇注，厚壁铸件则应采取慢 – 快 – 慢的原则进行浇注。在浇注过程中应挡好渣，并使铁水连续不断地注入铸型，使浇注系统一直保持充满状态。

（二）铸件的落砂和清理

铸件从砂型中取出的过程称为落砂。落砂应注意铸件温度和凝固时间，铸件出箱落砂温度不得高于 500℃。如果过早落砂会因铸件尚未凝固而发生烫伤事故。即使铸件已凝固，也会使铸件急冷而产生白口、变形和裂纹等缺陷。铸件在砂型中冷凝时间与铸件的大小、质量、形状、壁厚及所用的金属材料性质有关。一般小于 10 kg 的铸件，浇铸 1 h 左右就可落砂。单件生产用手工落砂，成批大量生产用落砂机落砂。

铸件的清理包括：去浇冒口、清除型芯及芯骨、清除铸件表面的黏砂及飞翅、毛刺等。铸件的清理工作劳动强度大，劳动条件差，单件或小批量铸件的清理一般是人工清理。在大量生产中现已采用机械化和自动化。

七、铸件的检验及常见的缺陷

1. 铸件的检验

铸件的检验是铸造生产中的最终检验。铸件的检验包括外观检验、内部检验、化学成分分析、力学性能检验和金相组织检验等。外观检验是用肉眼观察和借助于器具、样板等工具检验铸件的形状和尺寸，以及铸件表面上的缺陷，如裂纹、气孔、缩孔、夹渣及黏砂等。

对于特别重要的铸件，则要进行内部缺陷的检验，一般采用磁粉探伤、超声波探伤以及X射线探伤等检验手段来进行，由于是在不损坏铸件的情况下检验其内部缺陷的，故称为无损探伤试验。

用化学分析的方法测量铸件的化学成分，主要测定铸件中碳、硅、锰、磷、硫五大元素的含量。用各种材料试验机检验铸件材料的有关主要力学性能，如抗拉、抗弯及硬度等。此两种检验常是按每类铸件或每一种合金牌号铸件进行的。对于有金相组织要求的零件，才进行金相检验。对有防止渗漏要求的零件如高压泵壳，才进行气密性试验或水压试验。

2. 铸件缺陷及产生原因

在铸造生产中，由于工艺繁杂，所以产生铸件缺陷的原因很多，往往同一缺陷，可由不同原因造成。常见铸件缺陷可分为以下几种情况。

（1）表面缺陷：黏砂、夹渣、冷隔。

（2）裂纹类缺陷：热裂、冷裂。

（3）孔眼类缺陷：气孔、缩孔、缩松、渣孔、砂眼、铁豆等。

（4）铸件形状、尺寸及质量不合格：多肉、浇不足、落砂、抬箱、错箱、偏芯、变形及其他损伤等。

（5）铸件成分、组织及性能不合格、化学成分不合格、金相组织不合格、偏析过大、物理性能不合格。

由此可见，铸件可能产生的缺陷是很多的。现将最常见的几种缺陷及其产生原因列于表 9 - 1 中。

表 9 - 1　铸件常见缺陷及产生的主要原因

缺陷类别	缺陷名称	缺陷形态图举例	特　征	产生的主要原因
孔	气孔		气孔出现在铸件内部，其孔壁圆滑	1. 铸型透气性差 2. 起模时聚水过多，型芯未干
	砂眼		铸件表面或内部有型砂充填的小凹坑	1. 型腔或浇口内散砂未吹净 2. 起模时聚水过多，型芯未干

续表

缺陷类别	缺陷名称	缺陷形态图举例	特　征	产生的主要原因
眼	渣眼		铸件表面有不规则的含有熔渣的孔眼	1. 浇注时挡渣效果不良 2. 浇注温度太低，熔渣不易上浮
	缩孔		铸件的厚大部分有不规则的粗糙孔形	1. 合金收缩大，冒口太小 2. 浇冒口位置不对 3. 铸件结构不合理，壁厚不均匀
形状	变形		铸件向上、向下或向其他方向弯曲凸起	1. 壁厚不匀 2. 铸件结构不合理
	错箱		铸件在分型面处有错移	1. 模型的上下半模有错移 2. 合箱时上下砂箱未对准
	偏芯		铸件的孔出现偏斜	1. 型芯放置偏斜或变形 2. 浇口位置不对，铁水冲移了型芯
	浇不足		液体金属未充满铸型	1. 合金流动性差或浇注温度太低 2. 铸件太薄 3. 浇包内铁水不够
表面	黏砂		铸件表面黏有砂粒，外观粗糙	1. 浇注温度太高，型砂的耐火性差 2. 未刷涂料或涂料太薄
	冷隔		铸件外表面似乎融合但实际并未融透，有缝隙或洼坑	1. 铸件太薄，合金流动性差或浇注温度太低 2. 浇注速度太慢或浇注曾有中断
裂纹	冷、热裂		铸件表面或内部有裂纹，多产生在角尖部或厚薄交接处	1. 铸件结构不合理，冷却不均匀 2. 型砂、芯砂退让性差 3. 合金硫、磷含量高

第三节 铸造工艺的基本内容

进行铸造生产时，应根据零件的结构特点、技术要求、生产批量和生产现场条件确定铸造工艺。铸造工艺的基本内容主要用铸造工艺图来表达。所以，铸造工艺图是指导铸工车间生产的基本文件。制订铸造工艺主要考虑如下几个方面的基本内容：铸件浇注位置的选择与确定、分型面、型芯的形状和数量、机械加工余量、起模斜度、铸造合金收缩率、铸造圆角以及浇注系统等。图 9-8 为气缸套的零件图和铸造工艺图。

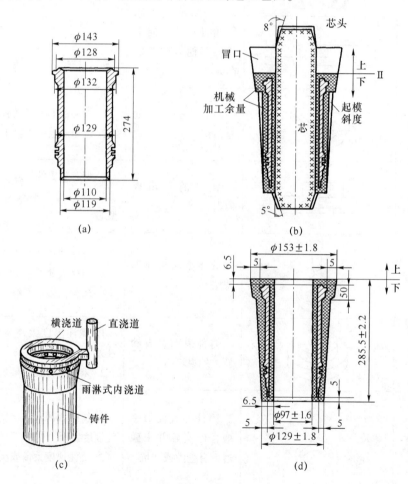

图 9-8 衬套的零件图和铸造工艺图

(a) 气缸套零件图；(b) 铸造工艺图；(c) 浇注系统；(d) 铸件图

一、浇注位置的选择与确定

浇注位置是指铸件在浇注时其主要表面在铸型中所在的位置。一般应按下列原则选择浇注位置。

（1）铸件的重要加工面、基准面和耐磨面应朝下。因为铸件在铸造过程中上表面的缺陷（如砂眼、气孔、夹渣等）通常比下部多，组织也不如下部致密，如果工艺上确有困难时，应尽量使之位于侧面。当铸件的重要加工面不在一个方向时，应将较大的面朝下，并对朝上的表面加大加工余量，以保证朝上的表面经切削加工后无气孔、夹渣等缺陷。图9-9为车床床身的铸造工艺方案。床身的导轨面是最重要的加工面，不允许有任何表面缺陷，因此，在工艺方案中将导轨面朝下。

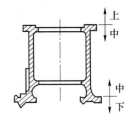

图9-9　床身的浇注位置

（2）体收缩率大的合金铸件，应尽量使需要补缩的部分朝上，便于设置明冒口，使之自下而上地顺序凝固，防止铸件产生缩孔。

（3）铸件最宽大的平面应置于朝下（或置于侧面），以防止大平面产生夹渣、气孔等。如图9-10所示。

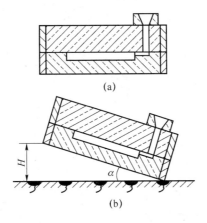

图9-10　大平板铸件浇注

（a）不合理；（b）合理

二、分型面的选择

分型面是指上下砂型相互接触的表面。造型后为了能从砂型中起出模样，在砂型中安放型芯，必须将砂型分开，因而产生分型面。分型面选择的好坏对于造型工艺的繁简和铸件质量有很大影响。一般应根据下列原则选择分型面。

（1）尽量选择平直面为分型面，数量要少，避免不必要的活块和型芯，以简化模样的制造及造型工艺。尽量减少分型面数量，最好只有一个分型面。多一个分型面就增加一些误差。分型面应选在铸件最大截面处，以保证在起模时不致损伤铸型，并使安装型芯方便。如图9-11所示。

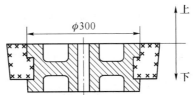

图9-11　绳轮用砂芯使三箱造型变为两箱造型

（2）尽量使铸件的主要加工面和加工基准面安放在同一个砂箱里，便于保证铸件的精度。

（3）应使型腔和主要型芯位于下箱，以便于造型，并能方便而稳妥地安放主要型芯，也便于检查铸件的壁厚。

（4）分型面尽量采用平直面。如图 9 - 12（a）所示分型面为平面，选这样分型面合理。若选图 9 - 12（b）所示的弯曲分型面，则需要采用挖砂或假箱造型，在大批量生产中，会使模板和砂箱的制造成本增加，一般不宜采用。

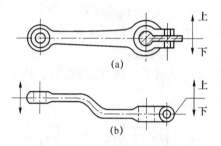

图 9 - 12 起重臂的分型面
（a）合理；（b）不合理

三、浇注系统

液体金属流入铸型型腔的通道称为浇注系统，如图 9 - 13 所示。它一般由浇口盆、直浇道、横浇道、内浇口等几部分组成。

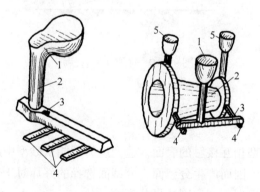

图 9 - 13 浇注系统
盆；2—直浇道；3—横浇道；4—内浇口；5—出气冒口

浇口盆通常做成漏斗形，用以减少浇注时液体金属对砂型的冲击和使熔渣浮于表面。

直浇道用以引导液体金属流入铸型及改善液体金属充型能力。一般做成锥形，以便造型。

横浇道是分配液体金属流入内浇口，并有阻止熔渣沉入型腔的作用，常位于内浇口之上，其截面多为梯形。

内浇口直接和铸型型腔相连，为了使液体金属快而平稳地流入型腔，避免冲歪型芯，内浇口可沿切线引入液体金属，或沿型腔周边均匀分布多个内浇口。切忌内浇口正对细长型芯。内浇口多开在带型腔的分型面上。为了便于清理，内浇口的截面多为扁梯形。

有的铸件还设置冒口以补充液体金属凝固时的体积收缩，并兼有排除型腔气体、浮渣及观察浇注情况等作用。

四、工艺参数的确定

1. 机械加工余量和最小铸出孔

铸件加工面上为进行机械加工而加大的尺寸称为机械加工余量。其大小要根据铸件的大小、铸造合金种类、铸造方法、铸件的复杂程度及加工面在铸型中的位置等来确定。表 9-2 为灰铸铁件的加工余量。

表 9-2　灰铸铁件的机械加工余量

铸件最大尺寸/mm	浇注时的位置	加工面与基准面的距离/mm				
		≤120	120~260	260~500	500~800	800~1 250
≤120	顶面	4.5				
	底面，侧面	3.5				
120~260	顶面	5	5.5			
	底面，侧面	1	4.5			
260~500	顶面	6	7	8		
	底面，侧面	4.5	5	6		
500~800	顶面	7	7	8	9	
	底面，侧面	5	5	6	7	
800~1 250	顶面	7	8	8.9	9	10
	底面，侧面	5	6	6	7	7.5

铸钢件的表面粗糙，其加工余量比铸铁件的大些；机器造型比手工造型生产的铸件精度高，故加工余量较小。单件、小批生产时，铸铁件上直径小于 30 mm 和铸钢件上直径小于 50 mm 的孔可不铸出，直接进行钻孔更经济。

2. 起模斜度（铸造斜度）

为使模样（或型芯）易于从铸型（或芯盒）中取出，需在垂直分型面的壁上做出斜度，通常称为起模斜度。斜度大小取决于模壁高度、模样材料和造型方法等因素。垂直壁越高，其斜度越小；外壁的斜度比内壁小；机器造型比手工造型的斜度小。通常为 3°~15°。

3. 铸造圆角

在设计和制造模样时，壁间的连接处应做成圆弧过渡，称为铸造圆角。铸造圆角可防止铸件转角处黏砂或由于应力集中而产生裂纹。

4. 收缩余量

铸件冷却时，由于收缩而引起尺寸减小，因此模样尺寸应比铸件尺寸放大一个收缩余量，收缩余量大小与铸件尺寸和铸造合金的线收缩率有关。通常灰铸铁的收缩率为 0.8% ~

1%，铸钢为 1.6% ~2%，有色合金约为 1.5%。

5. 型芯头

型芯头是指安放在型芯座里不和金属接触的部分型芯。其作用是支撑、定位和排气。为承受砂芯本身重力及浇铸时金属液对它的浮力，型芯头的形状和尺寸应该足够大才不致被破坏。浇注后砂芯产生的气体应能够通过型芯头排至铸型外。芯头可分为垂直芯头和水平芯头两类。

第四节　铸 造 合 金

制造铸件的材料大多数是合金。铸造合金应具有符合使用要求的力学性能、物理性能和化学性能。

把铸造合金先熔炼成液体，再浇入铸型，冷却后才形成一定形状的铸件。在此过程中合金有一系列化学、物理性能变化影响铸件质量，作为铸造用的合金，在保持使用性能的前提下，还必须具有适应铸造的工艺性能。

一、合金的铸造性能

合金的铸造性能是指氧化性、吸气性、流动性、收缩、偏析等。若合金易氧化、吸气、流动性差、收缩大和偏析严重，就很难铸出合格铸件。相反，合金的铸造性能良好，则不需采取特别工艺措施便可获得合格铸件。

1. 流动性

液体金属充满铸型的能力称流动性。如果流动性过低，常常不能把型腔全部充满，造成铸件因浇不足而产生冷隔等缺陷而报废。对于薄壁或外型复杂的铸件，要求合金具有较高的流动性。

影响合金流动性的因素很多，主要有合金的化学成分、浇注温度和铸型工艺等。铸铁中的磷能提高流动性，而硫则降低流动性。铸型越复杂，型腔狭窄部分越多，对液体金属流动的阻力也就越大。铸型材料导热性越好，合金液体的温度下降也越快，就会使合金流动性变差。

2. 收缩

液体合金在冷却凝固过程中，会产生体积和尺寸减小的现象，当液体合金的体积收缩很大时，在铸件上容易产生缩孔。因此，要设置冒口进行补缩。当固体收缩很大，同时又受到阻碍时，会产生内应力，致使铸件产生变形甚至开裂等缺陷。

影响合金收缩的因素很多，主要有合金的化学成分、浇注温度和铸型工艺等。

具有共晶成分或靠近共晶成分的合金，以及结晶温度范围窄的合金易产生集中缩孔，一般可用设置适当冒口的方法来消除。结晶温度范围宽的合金，易产生分散缩孔和缩松，而且不易防止。

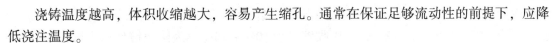

浇铸温度越高，体积收缩越大，容易产生缩孔。通常在保证足够流动性的前提下，应降低浇注温度。

铸型越复杂，型砂和芯砂的退让性越差，会阻碍收缩。铸铁件冷却速度越快，阻碍铸件中石墨的析出，能使收缩量增加。

3. 偏析

偏析会严重影响铸件的力学性能和物理化学性能。铸件中的偏析有枝晶偏析和区域偏析两种。枝晶偏析是指在各个晶粒内部的化学成分不均匀，先凝固的部分含高熔点的成分多，后凝固的部分含低熔点的成分多。例如锡青铜铸件中枝晶的轴线上含铜较多，含锡较少；而枝晶的边缘则相反。又如钢中碳和硫的分布也有类似现象。这种偏析可以采用长时间的扩散退火来消除。

区域偏析是铸件各部分化学成分不均匀的现象。密度偏析就是其中一例。它是先结晶出的晶体与剩余的金属液密度不同所致。铅锡合金、铅青铜等极易产生这种偏析。这类偏析不能用扩散退火方法消除，故在浇注前，应均匀搅拌，以减少密度偏析。

4. 吸气性和氧化性

铸造合金在熔化时，常常不可避免地要吸收大量气体（主要是氢气）。这种吸收气体的能力，称为吸气性。如果吸收的气体多，而在冷却凝固时来不及排出，则便在铸件中形成气孔。

铸造合金液体与氧接触时还会被氧化。氧化形成的氧化物不易清除，带入铸件将形成夹渣缺陷。

影响吸气性和氧化性的主要因素是合金的种类，如铅合金的吸气性较大，镁合金的氧化性很严重。

二、常用合金的铸造特点

常用的铸造合金有铸铁（包括灰铸铁、球墨铸铁、可锻铸铁及蠕墨铸铁）、铸钢及铸造有色合金等。现仅就铸钢及常见两种铸造有色合金的铸造特点作以下分析。

（一）铸钢的铸造特点

铸钢具有良好的综合力学性能，用以制造形状复杂，要求具有高强度、塑性、韧性的机器零件。如轧钢机机架、汽轮机叶片等。铸钢的焊接性能比铸铁的好，可采用铸－焊复合工艺，用于制造大型复杂铸件。

铸钢按照化学成分可分为碳素铸钢和合金铸钢两大类。其中碳素铸钢应用最广，占铸钢总产量的 80% 以上。

1. 铸造碳素钢

铸钢的熔点高（约 1 500℃），流动性差，收缩率大，在熔炼过程中易吸气和氧化，因此铸钢的铸造性能较差，必须采取相应的措施才能保证铸件的质量。

铸钢用的型砂和芯砂必须具有高的耐火性，通常采用大颗粒的石英砂，铸型表面涂上石英粉或锆砂粉涂料，以防黏砂。由于铸钢的流动性差，为了防止产生冷隔和浇不足等缺陷，铸钢件的壁厚不能小于 6 mm，铸型常用干型，其内浇口总截面积比铸铁的大。

其线收缩率为 1.8%～2.5%，体收缩率为 10%～14%，为防止铸件产生缩孔和裂纹，铸件壁厚要均匀，在型砂中加锯末、焦炭等以增加其透气性和退让性，对于壁厚不均的铸件，应采用顺序凝固，在厚壁部位设置冒口进行补缩。而对于轮廓尺寸较大而壁厚均匀的薄壁铸件，可采用同时凝固原则，多开内浇口，使铸钢液均匀迅速充满铸型。

2. 铸造合金钢

低合金铸钢比碳素铸钢有更高的力学性能，高合金铸钢常具有耐热、耐酸、耐磨等特殊性能，设计时应根据零件的工作要求来选择。如汽轮机叶片、加热炉撑等在高温下工作，选用铸造耐热钢；耐酸泵体选用铸造不锈钢。其铸造工艺性能特点与铸造碳素钢基本类似，但部分工艺要求更高。

（二）铸造有色合金

1. 铸造铝合金

铸造铝合金中以铝硅合金应用最多，约占铸造铝合金的50%以上。ZL102 的含硅量在共晶点附近，熔点低、流动性高，适于铸造各种形状复杂的薄壁铸件。

铸造铝合金熔点不高，有较好的流动性，有的铝合金可浇注出壁厚为2.5 mm的复杂铸件。对型砂、芯砂耐火性的要求不高。

铝合金在高温下氧化和吸气能力很强，铝与氧生成 Al_2O_3，其熔点约为2 050℃，密度稍大于铝合金，悬浮于铝液中，在熔炼和浇注过程中很难去掉，而形成夹渣，降低铸件的力学性能。铝合金液体吸收的气体，在凝固时被其表面致密的 Al_2O_3 薄膜阻碍，残留在铸件中形成许多分散的针孔，使铸件的气密性和力学性能降低。为了避免合金氧化和吸气，一般都在熔剂层下熔炼，并进行去气精炼。此外，还需选择合理的浇注系统，使液体合金能平稳而较快地充满型腔，以免继续氧化。

部分铝合金铸造性能较差，要求型砂、型芯具有足够的退让性。为了防止产生浇不足等缺陷，要适当提高浇注温度和速度。铸件的凝固温度较宽，要在易产生缩孔或缩松的地方设置冒口、冷铁。

2. 铸造铜合金

铸造铜合金分为铸造黄铜和铸造青铜两大类。普通黄铜很少用来制造铸件。部分特殊黄铜具有较好的铸造性能。如硅黄铜由于含锌较低，锌的蒸发和氧化倾向小，但吸气倾向比其他黄铜大，流动性好，体收缩较小，也需设置冒口补缩，在热节处安放冷铁激冷，容易获得致密铸件。又如锰黄铜中锌易氧化引起夹渣，要求浇注系统具有强的撇渣能力；浇注前加入少量铝以减少锌的气化和氧化，能提高流动性。锰黄铜的体收缩和线收缩都很大，要注意补缩和增加铸型的退让性，防止缩孔，防止裂纹。

锡青铜的结晶温度范围宽，流动性较差，易产生显微缩松。采用金属型铸造时，因冷却速度快，铸件的结晶细小致密。锡青铜铸造性能比黄铜的差。

铝青铜流动性良好，但熔液易氧化吸气，且收缩率大，线收缩达3%，需设置冒口补缩。铅青铜易产生密度偏析，浇注前要充分搅拌，并使铸件快速冷却，以减少密度偏析。

第五节　特种铸造简介

特种铸造是指与普通砂型铸造有显著区别的一些铸造方法，常见的特种铸造方法有熔模铸造、金属型铸造、压力铸造和离心铸造等。每种特种铸造方法在提高铸件精度和表面质量、改善合金性能、提高劳动生产率、改善劳动条件和降低铸件成本等方面，各有其优越之处。近些年来，特种铸造在我国发展特别迅速，方法也日益繁多，在铸造生产中占有相当重要的地位。

一、熔模铸造

用易熔材料制成与零件相同的模型，然后用造型材料将其包住，经过硬化，再将模型熔失，从而获得无分型面的铸型，浇注合金液，经冷凝后获得铸件的方法称为熔模铸造。其工艺过程如图 9 – 14 所示。

首先根据零件图样制造母模，母模是铸件的基本模样，用来制造易熔合金压型。

压型是用来制造蜡模的特殊铸型。为保证蜡模质量，压型必须有很高的尺寸精度和表面质量，且型腔尺寸必须包括蜡料和铸造合金双重线收缩率。压型有机械加工制作的，也有用母模，用易熔合金直接浇铸出来。

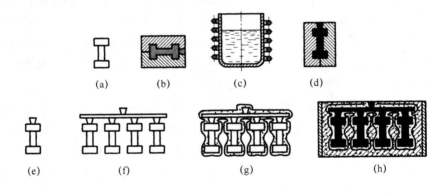

图 9 – 14　熔模铸造工艺过程

(a) 母模；(b) 压型；(c) 熔蜡；(d) 造蜡模；(e) 单个蜡模；

(f) 蜡模组；(g) 制造型壳、熔去蜡模；(h) 填砂、浇注

1. 蜡模制造

蜡模所用材料有石蜡、蜂蜡、硬脂酸和松香等，常采用的是 50% 石蜡和 50% 硬脂酸。将熔好的蜡料挤入压型中，冷却凝固后取出，修去毛刺，即得单个蜡模，然后组合成组。

2. 铸型的制造

主要包括结壳、脱蜡、造型、焙烧等。

结壳是在蜡模上涂挂耐火涂料层，并使其成为具有一定强度的耐火型壳的过程。制好型壳后便可进行脱蜡。通常是将型壳浸泡在 85℃ ~95℃ 的热水中，蜡模熔化而脱出，型壳则

形成了铸型空腔。金属液浇注常在焙烧后趁热进行浇注（600℃～700℃）。

熔模铸造的特点及适用范围：铸件精度可达 IT11～IT14，表面粗糙度可达 $Ra12.5～1.6\ \mu m$，因此可以大大减少切削加工的工作量，提高金属材料利用率；能铸造各种合金铸件，适用于生产那些高熔点金属及难以切削加工的合金，如耐热合金、磁钢等；生产批量不受限制，既适宜单体生产，也适宜大批生产。但是熔模铸造工艺过程复杂，生产周期长，成本高，而且铸件的质量不能太大，一般单件不超过 25 kg。熔模铸造是实现少切削、无切削的重要加工方法，主要用于制造汽轮机、燃气轮机、蜗轮发动机的叶片和叶轮、切削刀具、汽车、拖拉机、纺织机械、风动工具和机床的小型零件。

二、金属型铸造

将液体金属注入金属制成的铸型以获得铸件的过程，称为金属型铸造。

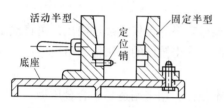

图 9 – 15　垂直分型式金属型

金属铸型根据分型面特点的不同，有多种不同的形式，目前应用最多的是垂直分型式金属型，如图 9 – 15 所示。制造金属模型的材料，多用灰铸铁，有时也可选用铸钢。

为了排出型腔内的气体，分型面上应开出足够数量的通气槽。此外，大多数的金属型均开设出气口。

金属型要保持一定的工作温度，有助于液态金属的充填能力，而且还能延长铸型的使用寿命。金属型的型腔要涂以一定厚度的耐火涂料，使金属与铸型分开，以保护型腔、减小铸件表面粗糙度和减缓铸型的冷却速度。另外，还要选择适宜的开型时间，使铸件尽早从铸型中取出，但也不能太早，否则因金属在高温时的强度较低，取出时可能产生变形。为防止铸件产生白口组织，应适当地控制铸件的壁厚和化学成分。

金属型铸造的特点和应用范围：可承受多次浇铸，生产率高，能节约大量造型材料；金属型铸件精度高、表面粗糙度细，可以实现少切削或无切削；金属型导热性好，冷却速度快，铸件结晶细密，能提高铸件的力学性能。但是金属型的制造成本高、周期长、铸造工艺规程要求严格，铸件易产生难以切削加工的白口组织，不宜生产大型、复杂形状和薄壁的铸件。金属型铸造主要适用于大批量生产的有色金属铸件，如汽车、拖拉机的铝活塞、气缸体、缸盖、液压泵壳体及铜合金轴瓦、轴套等。

三、压力铸造

在高压下，将液态或半液态金属压入金属铸型，并在压力下凝固以获得铸件的方法，称为压力铸造。

高压高速是压力铸造区别于金属型铸造的重要特征。压力铸造过程是利用压铸机产生的高压将液体金属快速压入压型的型腔中。其主要工序有闭合压型、压入金属、打开压型和顶出铸件。

压铸机的种类很多，立、卧式都有。但卧式冷压室式压铸机的应用最为广泛。如图 9 – 16 所示。

压力铸造的特点及应用范围：可浇铸出薄而复杂的精密铸件，并可直接铸出 1 mm 的小孔、螺纹和齿轮，铸件精度可达 IT11 ~ IT13，表面粗糙度达 Ra3.2 ~ 0.8 μm。压力铸造生产率高，每小时可达几百件；铸型冷却快，铸件的结晶细密，机械强度高。但是压铸的设备投资大，压型制造成本高，周期长；因浇铸速度极高，压型中的空气不易完全排除，在压铸件中易形成细小气孔而影响铸件质量；这些小气孔在热处理时因气体膨胀会使铸件表面不平或变形，因此压铸件不能进行热处理。压力铸造主要适用于有色合金薄壁小铸件的大量生产，在汽车、拖拉机、飞机、电器、仪表、国防等部门得到广泛的应用。压铸是实现无切削加工的有效途径。

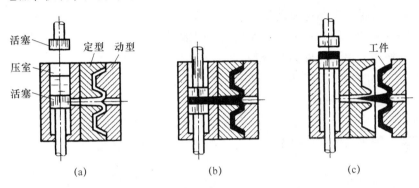

图 9 – 16　冷压室卧式压铸机工作原理图
（a）合型浇注；（b）压射；（c）开型顶件

四、离心铸造

将液体金属浇入旋转着的铸型中，使金属在离心力作用下充满铸型并结晶而获得铸件的方法，称为离心铸造。

离心铸造可用金属型，也可用砂型。离心铸造机分立式和卧式两种，卧式应用较为广泛。如图 9 – 17 所示。

压力铸造　　　压力铸造 1

图 9 – 17　离心铸造示意图
（a）立式离心铸造；（b）卧式离心铸造

在离心力作用下，金属中的气体、熔渣等均集中于内表面，使金属成方向性结晶，因而铸件的力学性能较好。当铸造圆形内腔的铸件时，可以省去砂芯。此外，铸件上不带浇注系统，减少了金属的消耗量。

离心铸造适用于铸造空心旋转体的铸件，如各种管子、缸套等。离心铸造便于铸造"双金属"铸件，如缸套镶铜轴承等，其结合面牢固，耐磨，可节约贵重金属材料。

离心铸造的主要缺点是铸件的内表面质量差，内孔不准确。

思考题

一、判断题

1. 铸造热应力最终的结论是薄壁或表层受拉。　　　　　　　　　　　　　（　　）
2. 铸件的主要加工面和重要的工作面浇注时应朝上。　　　　　　　　　　（　　）
3. 冒口的作用是保证铸件同时冷却。　　　　　　　　　　　　　　　　　（　　）
4. 铸件上宽大的水平面浇注时应朝下。　　　　　　　　　　　　　　　　（　　）
5. 铸铁的流动性比铸钢的好。　　　　　　　　　　　　　　　　　　　　（　　）
6. 铸造生产特别适合于制造受力较大或受力复杂零件的毛坯。　　　　　　（　　）
7. 收缩较小的灰铁铸件可以采用定向（顺序）凝固原则来减少或消除铸造内应力。

　　　　　　　　　　　　　　　　　　　　　　　　　　　　　　　　　　　（　　）
8. 相同的铸件在金属型铸造时，合金的浇注温度应比砂型铸造时低。　　　（　　）
9. 压铸由于熔融金属是在高压下快速充型，合金的流动性很强。　　　　　（　　）
10. 铸件的分型面应尽量使重要的加工面和加工基准面在同一砂箱内，以保证铸件精度。
　　　　　　　　　　　　　　　　　　　　　　　　　　　　　　　　　　（　　）
11. 采用震击紧实法紧实型砂时，砂型下层的紧实度小于上层的紧实度。　（　　）
12. 由于压力铸造有质量好、效率高、效益好等优点，目前大量应用于黑色金属的铸造。
　　　　　　　　　　　　　　　　　　　　　　　　　　　　　　　　　　（　　）
13. 熔模铸造所得铸件的尺寸精度高，而表面光洁度较低。　　　　　　　（　　）
14. 浇注温度是影响合金流动性和收缩的重要因素，一般认为浇注温度越高，流动性好，收缩小。
15. 铸件中产生缩孔与缩松缺陷的主要原因是固态收缩。　　　　　　　　（　　）
16. 铸件的晶粒粗大，为细化晶粒，可采用再结晶退火。　　　　　　　　（　　）
17. 金属型铸造主要用于形状复杂的高熔点难切削合金铸件的生产。　　　（　　）
18. 合金的结晶温度范围越大，液相线和固相线距离越宽，流动性也越差。（　　）
19. 不同合金的流动性差别较大，铸钢的流动性最好，铸铁的流动性最差。（　　）
20. 减小和消除铸造内应力的主要方法是对铸件进行时效处理。　　　　　（　　）
21. 常用金属材料在铸造时，灰口铸铁收缩率最大，有色金属次之，铸钢最小。（　　）
22. 共晶成分的合金流动性比非共晶合金好。　　　　　　　　　　　　　（　　）
23. 铸造圆角的主要作用是美观。　　　　　　　　　　　　　　　　　　（　　）
24. 金属型铸型能一型多次使用适用于有色金属的大批量生产。　　　　　（　　）
25. 为了保证良好的铸造性能，铸造合金，如铸造铝合金和铸铁等，往往选用接近共晶成分的合金。
　　　　　　　　　　　　　　　　　　　　　　　　　　　　　　　　　　（　　）
26. 在过热度等条件都相同的情况下，共晶成分的铁碳合金流动性最好，收缩也小。
　　　　　　　　　　　　　　　　　　　　　　　　　　　　　　　　　　（　　）

27. 铸型材料的导热性越人，则合金的流动性越差。　　　　　　（　　）

二、简答题

1. 何谓合金的充型能力？影响充型能力的主要因素有哪些？

2. 合金流动性不好时容易产生哪些铸造缺陷？影响合金流动性的因素有哪些？设计铸件时，如何考虑保证合金的流动性？

3. 合金的充型能力不好时，易产生哪些缺陷？设计铸件时应如何考虑充型能力？

4. 为什么对薄壁铸件和流动性较差的合金，要采用高温快速浇注？

5. 什么是铸造合金的收缩性？有哪些因素影响铸件的收缩性？

6. 缩孔和缩松产生原因是什么？如何防止？

7. 什么是定向凝固原则和同时凝固原则？如何保证铸件按规定凝固方式进行凝固？

8. 哪类合金易产生缩孔？哪类合金易产生缩松？如何促进缩松向缩孔转化？

9. 液态合金的充型能力与合金的流动性有何关系？不同化学成分的合金为何流动性不同？为什么铸钢的充型能力比铸铁差？

10. 某定型生产的薄壁铸件，投产以来质量基本稳定，但最近一段时期浇不足和冷隔缺陷突然增多，试分析其原因？

11. 既然提高浇注温度可提高液态合金的充型能力，但为什么又要防止浇注温度过高？

12. 铸件的凝固方式按照什么来划分？哪些合金倾向于逐层凝固？在化学成分已定的前提下，铸件的凝固方式是否还能加以改变？

13. 某铸件时常产生裂纹，如何区分其裂纹性质？如果属于热裂，该从哪些方面寻找原因？

14. 金属型铸造有何优越性？为什么金属型铸造未能广泛取代砂型铸造？

15. 压力铸造有何优缺点？它与熔模铸造适用范围有何显著不同？

16. 零件、模样、铸件各有什么异同之处？

17. 确定浇注位置和分型面的各自出发点是什么？相互关系如何？

18. 变质铸铁性能上有何特点？常应用在什么地方？

19. 试简述铸造性能对铸铁质量的影响。

20. 为什么要规定最小的铸件壁厚？普通灰口铁壁厚过大或壁厚不均匀各会出现什么问题？

第十章 锻 压

锻压是对坯料施加外力，使其产生塑性变形、改变尺寸、形状及改善性能，用以制造机械零件或毛坯的成形加工方法。它是锻造与冲压的总称。

锻压加工的基本方式如图 10-1 所示。

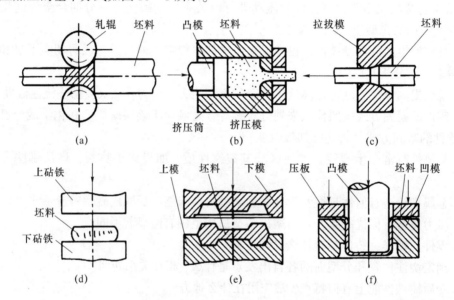

图 10-1 锻压加工的基本方式

(a) 轧制；(b) 挤压；(c) 拉拔；(d) 自由锻；(e) 模锻；(f) 板料冲压

锻压加工的主要特点为：

(1) 能消除金属内部缺陷，改善金属组织，提高力学性能。金属经压力加工后，可以将铸锭中气孔、缩孔、粗晶等缺陷压合和细化，从而提高金属组织致密度；还可以控制金属热加工流线，提高零件的冲击韧度。

(2) 具有较高的生产效率。以生产内六角螺钉为例，用模锻成形比切削成形效率提高50 倍，若采用多工位冷镦工艺，比切削成形生产率提高 400 倍以上。

(3) 可以节省金属材料和切削加工工时，提高材料利用率和经济效益。用锻压加工坯料，再经切削加工成为所需零件，要比直接用坯料进行切削加工既省材又省时。如某型号汽车上的曲轴，质量为 17 kg，采用钢坯直接切削加工时，钢坯切掉的切屑为轴质量的 189%，而采用锻压制坯后再切削加工，切屑只占轴质量的 30%，并减少 1/6 的加工工时。

(4) 锻压加工的适应性很强。锻压能加工各种形状和各种质量的毛坯及零件，其锻压件的质量可小到几克、大到几百吨，可单件小批生产，也可以成批生产。

但锻压成形困难，对材料的适应性差。因为锻压成形是金属在固态的塑性流动，其成形比铸造困难得多。形状复杂的工件难以锻造成形，锻件的外形轮廓也难于充分接近零件的形状，材料的利用率低；塑性差的金属材料（如灰铸铁）不能锻压成形，只有那些塑性优良的钢、铝合金、黄铜等材料才能进行锻造加工；另外，锻造设备贵重，锻件的成本也比铸件的高。

如上所述，锻压不仅是零件成形的一种加工方法，还是一种改善材料组织性能的加工方法。与铸造比较，具有强度高、晶粒细、冲击韧度好等优点。与由棒料直接切削加工相比，可节约金属，降低成本。如采用轧制、挤压和冲压等加工方法，还可提高生产率。因此，在机械制造业中，许多重要零件（如轴类、齿轮、连杆、切削刀具等），都是采用锻压的方法成形的。所以，锻压生产被广泛地用于汽车、造船、国防、电器仪表、农业机械等部门中。

第一节　金属的塑性变形

塑性变形是锻压加工的基础，也是强化金属的重要手段之一。研究塑性变形的实质、规律和影响因素，对正确选用锻压加工方法、合理设计锻压工艺、提高产品质量有着重要意义。

一、塑性变形的实质

金属在外力作用下将产生变形，其变形的过程是随着外力的增加，金属由弹性变形阶段进入弹塑性变形阶段。其中在弹性变形阶段，金属变形是可逆的，不能用于成形加工，而弹塑性变形阶段的塑性变形部分才能用于成形加工。为了便于了解金属塑性变形的实质，首先讨论单晶体的塑性变形。

单晶体塑性变形方式有两种：滑移和孪生（孪晶），而滑移是单晶体塑性变形的主要方式。

1. 滑移

滑移是指单晶体在切应力的作用下，晶体的一部分沿着一定的晶面和晶向（称滑移面和滑移方向）相对另一部分产生滑动的现象。滑移具有以下特点：

（1）晶体未受到外力作用时晶格内原子处于平衡状态，如图 10 - 2 （a）所示。

（2）当晶体受到的切应力较小时，晶格将畸变产生弹性剪切变形，如图10 - 2（b）所示。

（3）当切应力继续增大到某一临界值时，晶体的上半部沿滑移面产生滑移，此时为弹塑性变形，如图 10 - 2 （c）所示。

（4）晶体发生滑移后，若消除应力，晶体不能全部恢复到原始状态，而使晶体在左右方向增加一个原子间距，这就产生了塑性变形，如图 10 - 2 （d）所示。

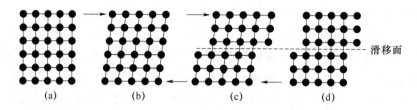

图 10 - 2 单晶体塑性变形过程

（a）未变形；（b）弹性变形；（c）弹塑性变形；（d）塑性变形

2. 孪生（孪晶）

晶体变形的另一种形式是孪生。其特点是晶体受切应力的作用达到一定数值时，晶体的一部分相对另一部分发生剪切变形。晶体在孪生变形时，未变形部分和变形部分的交界面称为孪生面。变形后晶体在孪生面两侧形成镜面分布。

孪生变形一般在切应力难以使晶体内部产生滑移的金属中发生。如密排六方晶格金属，就是通过孪生变形来实现塑性变形。

金属的塑性变形是一个非常复杂的过程，它实际上还与金属内部的各种缺陷密切相关。

二、金属的加工硬化、回复和再结晶

产生加工硬化的原因

（一）金属的加工硬化（冷变形强化）

金属在低温下进行塑性变形时，随着变形程度的增加，金属的硬度和强度升高，而塑性、韧性下降，这种现象称为金属的加工硬化。图 10 - 3 所示为低碳钢在低温变形时力学性能的变化。产生加工硬化的原因，通常认为是金属在塑性变形过程中，在滑移面附近的晶格产生了强烈扭曲，在晶粒间产生许多细小碎晶块，导致了金属进一步滑移的阻力增大。

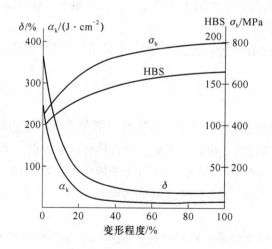

图 10 - 3 低碳钢冷塑性变形程度与力学性能关系图

加工硬化是强化金属的重要途径之一，尤其是对一些不能用热处理强化的金属材料显得特别重要，如低碳钢、纯铜、防锈铝、镍铬不锈钢等，可通过冷轧、冷挤、冷拔、冷冲压等方法来提高金属的强度、硬度。

（二）回复与再结晶

金属在低温变形时产生的加工硬化组织是一种不稳定的组织，它具有自发地恢复到稳定状态的趋势。但在低温下多数金属的原子活动能力较低而不易实现。若对塑性变形的金属加热，使金属原子获得热能，热运动加剧，就会使组织和性能恢复到原来状态。随着加热温度的升高，组织和性能的变化过程可分为回复、再结晶和晶粒长大三个阶段，如图 10 - 4 所示。

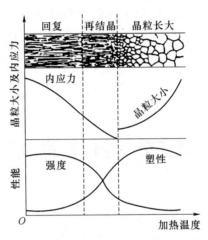

图 10 - 4　冷变形金属再结晶的影响

1. 回复

当加热温度较低时，原子活动能力不大，只做短距离扩散，使晶格扭曲减轻，残余应力显著下降，但组织和力学性能无明显变化。这一过程称为回复。金属的回复温度一般用下列公式来表示：

$$T_{回} \approx (0.25 \sim 0.30) T_{熔}$$

式中　$T_{回}$——金属的回复温度（K）；

$T_{熔}$——金属的熔点（K）。

在生产中，利用回复处理使金属保持较高强度和硬度的同时，还适当提高其韧性，降低内应力。如冷拔钢丝卷制成弹簧后，进行一次 250℃ ~ 300℃的低温退火。

2. 再结晶

当加热温度升高到该金属熔化温度的 40% 时，金属的原子获得更多能量，原子扩散能力加大，则开始以某些碎晶或杂质为核心，形核并长大成新的细小、均匀的等轴晶粒。加热后组织和性能的变化过程称为再结晶。对于纯金属，再结晶温度一般用下列公式表示：

$$T_{再} = 0.4 T_{熔}$$

式中　$T_{再}$——纯金属的再结晶温度（K）；

$T_{熔}$——纯金属的熔点（K）。

金属经过再结晶后，不但晶粒得到了细化，且消除了金属由于塑性变形而产生的加工硬化现象，使金属的强度、硬度下降，塑性、韧性升高，金属的性能基本上恢复到塑性变形前的状态，如图 10 - 3 所示。

3. 晶粒长大

金属再结晶后，若继续加热，将发生晶粒长大的现象，这是应该防止和避免的。

金属在再结晶温度以下进行的塑性变形称为冷变形，如冷轧、冷挤、冷冲压等。金属在冷变形的过程中，不发生再结晶，只有加工硬化的现象，所以冷变形后金属得到强化，并且获得的毛坯和零件尺寸精度、表面质量都很好。但冷变形的变形程度不宜过大，以免金属产生破裂。金属在再结晶温度以上进行塑性变形称为热变形，如热轧、热挤、锻造等。金属在热变形的过程中，既产生加工硬化，又有再结晶发生，不过加工硬化现象会随时被再结晶消除，所以热变形后获得的毛坯和零件的力学性能（特别是塑性和冲击韧度）很好。

第二节　自由锻造

自由锻造是只用简单的通用性工具或在锻造设备的上、下砧之间直接使坯料变形，从而获得所需几何形状及内部质量的锻件的一种成形加工方法。金属坯料在变形时，除与工具接触的部分外均做自由流动，故称自由锻。

一、自由锻造的特点及设备

1. 自由锻造的特点

（1）改善组织结构，提高力学性能。在自由锻过程中，金属内部粗晶结构被打碎，气孔、缩孔、裂纹等缺陷被压合，提高了致密性，金属的纤维流线在锻件截面上正确分布，因而大大提高了金属的力学性能。

（2）自由锻成本低，经济性合理。其所用设备、工具通用性好，生产准备周期短，便于更换产品。

（3）自由锻工艺灵活，适用性强。

（4）自由锻件尺寸精度低。自由锻件的形状、尺寸精度取决于技术工人的水平。因此，自由锻主要用于单件小批、形状不太复杂、尺寸精度要求不高的锻件及一些大型锻件的生产。

2. 自由锻设备

自由锻设备分两类：一类是产生冲击力的设备，如空气锤和蒸汽 - 空气锤；另一类是产生静压力的设备，如水压机等。

（1）空气锤。空气锤广泛用于小型锻件生产，它的结构比较简单，操作灵活，维修方便，但由于受压缩缸和工作缸大小的限制，空气锤吨位较小，锤击能力也小。空气锤吨位一般在 40 ~ 1 000 kg，常用吨位范围为 65 ~ 750 kg。

（2）水压机。水压机的优点是在静压力下使坯料产生塑性变形，工作平稳，噪声小，工作条件好；锻透深度大；变形速度慢，有利于获得金属再结晶组织，从而改善锻件的内部组织。水压机的缺点是设备庞大，结构复杂，价格昂贵。

二、自由锻造的基本工序

自由锻造工序分三类，即辅助工序、基本工序和精整工序。

主要工序的工艺要求及应用如下。

1. 镦粗

使坯料的横截面积增加、高度减小的工序称为镦粗。如图 10 – 5 所示。

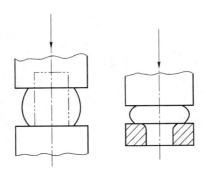

图 10 – 5　镦粗

工艺要求：圆坯料的高度与直径之比应小于 2.5，否则易镦弯；坯料加热温度应在允许的最高温度范围内，以便消除缺陷，减小变形抗力。

应用：镦粗工序主要用于圆盘类工件，如齿轮、圆饼等，也可以作为冲孔前辅助工序。

2. 拔长

使坯料长度增加、横截面积减小的工序称为拔长。如图 10 – 6 所示。

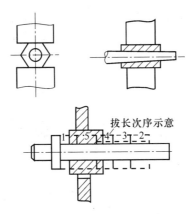

拔长次序示意

拔长

图 10 – 6　拔长

165

工艺要求：坯料的下料长度应大于直径或边长；拔长凹档或台阶前应先压肩；矩形坯料拔长时要不断翻转，以免造成偏心与弯曲。

应用：广泛用于轴类、杆类锻件的生产（还可以用来改善锻件内部质量）。

3. 冲孔

在工件上冲出通孔或不通孔的工序称为冲孔。如图 10−7 所示。

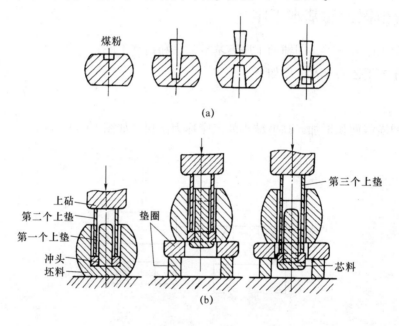

图 10−7　冲孔

（a）实心冲头双面冲孔；（b）用空心冲头冲孔

冲孔

冲孔 1

冲孔 2

工艺要求：孔径小于 450 mm 的可用实心冲子冲孔；孔径大于 450 mm 的用空心冲子冲孔；孔径小于 30 mm 的孔，一般不冲出。冲孔前将坯料镦粗以改善坯料的组织性能及减小冲孔的深度。

第三节　模型锻造

利用模具使毛坯变形而获得锻件的锻造方法称为模锻。因金属坯料是在模膛内产生变形的，因此获得的锻件与模膛的形状相同。

一、模锻的特点

模锻与自由锻相比具有如下特点：

（1）生产效率高，一般比自由锻高数倍。

（2）锻件尺寸精度高，加工余量小，从而节约金属材料和切削加工的工时。

（3）能锻造形状复杂的锻件。

（4）热加工流线较合理，大大提高了零件的力学性能和使用寿命。

（5）操作过程简单，易于实现机械化，工人劳动强度低。

由于锻模是用优质模具钢制成的，因而成本高，而且加工工艺复杂，生产周期长，金属坯料在模膛内变形时所需设备吨位大，故锻件不能太大，一般在150 kg以下。模锻只适用于中、小型锻件的大批量生产。

二、常用模锻方法

按使用设备的不同将模锻分为锤上模锻、压力机上模锻和胎膜锻等。

1. 锤上模锻

锤上模锻是在模锻锤上进行的模锻，是我国目前模锻生产中应用最广泛的一种锻造方法，如锤上模锻可进行镦粗、拔长、滚挤、弯曲、成形、预锻和终锻等各变形工序的操作，锤击力量大小可在操作时进行调整控制，以完成各种形状模锻件的生产，如图10-8所示。

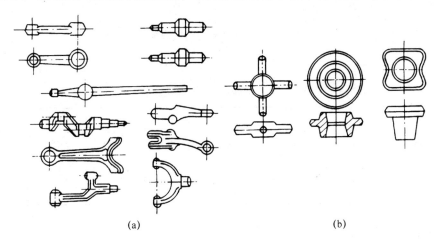

（a）　　　　　　　　　　　　　　（b）

图10-8　锤上模锻的锻件

（a）长轴类锻件；（b）短轴类锻件

锤上模锻使用的设备主要是蒸汽－空气模锻锤，如图10-9所示，它与蒸汽－空气锤相比，左右立柱上安装有较高精度的导轨1，锤头与导轨之间的间隙比自由锻锤的小，且机架2直接与砧座3相连接，使锤头运动精确，保证上、下模对准，工作时比自由锻锤的刚度大，精度高，用于大批量生产各种中、小型模锻件。

锤上模锻

蒸汽 – 空气模锻锤的吨位为 1～16 t，模锻件质量为 0.5～150 kg，各种不同吨位的模锻锤所能锻制的模锻件见表 10 – 1。

模具装配

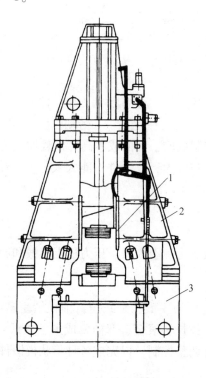

图 10 – 9　蒸汽—空气模锻锤

1—导轨；2—机架；3—砧座

表 10 – 1　模锻锤的锻造能力范围

模锻锤吨位/t	1	2	3	5	10	16
锻件在分模面处投影面积/cm²	13	380	1 080	1 260	1 960	2 830
能锻齿轮的最大直径/mm	130	220	370	400	500	600
锻件质量/kg	2.5	6	17	40	80	120

锻模结构与模膛种类：

（1）锻模结构。锻模一般由两部分组成，上模固定在锤头上，下模固定在底座上，上下模合拢后，内部形成模膛，构成锻件形状。

（2）模膛的种类。根据模膛的作用和模膛在锻模中的个数不同，模膛可分为单模膛和多模膛。单模膛形状与锻件基本相同，但因锻件的冷却收缩，模膛尺寸应比锻件尺寸大一个金属收缩量，钢件收缩量可取 1.5%。在模膛的四周设有飞边槽（见图 10 – 10）。飞边槽的作用有三个：①容纳多余的金属；②有利于金属充满模膛；③缓和上、下间的冲击，延长模具的寿命。单模膛用于形状比较简单的锻件。对于形状复杂的锻件，为提高生产率，在一副锻模上设置几个模膛，这类模膛称为多模膛。多模膛用于截面相差大或轴线弯曲的轴（杆）类锻件及形状不对称的锻件，多模膛由拔长模膛、滚压模膛、弯曲模膛、预锻模膛、终锻模膛等组成。

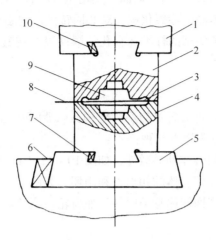

图 10 – 10　单模膛锻模构造

1—锤头；2—上模；3—飞边槽；4—下模；5—模垫；6, 7, 10—紧固楔铁；8—分模面；9—模膛

2. 压力机上模锻

锤上模锻虽然应用广泛，但模锻锤工作时振动噪声大、劳动条件差等缺点难以克服，因此近年来大吨位的模锻锤逐渐被压力机所代替。

（1）摩擦压力机模锻。摩擦压力机是利用摩擦传动的，故称摩擦压力机。其吨位是以滑块到达最下位置时所产生的压力来表示的，一般不超过 10 000 kN（350～1 000 kg）。其特点是：①工艺适应性强，可满足不同变形要求的锻件，如镦粗、成形、弯曲、预锻、终锻、切边、校正等；②滑块速度低，锻击频率低，易于锻造低塑性材料，有利于金属再结晶的充分进行，但生产效率低，适用于单模膛模锻；③摩擦压力机结构简单，造价低，维护方便，劳动条件好，是中小型工厂普遍采用的锻造设备。

摩擦压力机模锻适用于小型锻件的批量生产，尤其是常用来锻造带头的杆类小锻件，如铆钉、螺钉等。

（2）曲柄压力机模锻。曲柄压力机又称热模锻压力机，其吨位的大小也是以滑块接近最下位置时所产生的压力来表示，一般为 200～12 000 kg。它的特点是：①金属坯料是在静压力下变形的，无振动，噪声小，劳动条件好；②锻造时滑块行程固定不变，锻件一次成形，易实现机械化和自动化，生产效率高；③压力机上有推杆装置能把锻件推出模膛，因此减小了模膛斜度；④设备的刚度大，导轨与滑块间隙小，装配精度高，保证上下模面精确对准，故锻件精度高；⑤由于滑块行程固定不变，因此不能进行拔长、滚挤等工序操作。

曲柄压力机的设备费用高，结构较复杂，仅适用于大批生产的模锻件。

（3）平锻机模锻。平锻机属于曲柄压力机类设备，与普通曲柄压力机的主要区别在于平锻机具有两个滑块（主滑块和夹紧滑块），而且彼此是在同一水平面沿相互垂直方向做往复运动进行锻造的，故取名平锻机或卧式锻造机。

平锻机模锻的特点是：①平锻机具有两个分型面，可锻出其他设备难以完成的两个方向上带有凹孔或凹槽的锻件；②可锻出长杆类锻件和进行深冲孔及深穿孔，也可用长棒进行连续锻造多个锻件；③生产效率高，锻件尺寸精确，表面光洁，节约金属（模锻斜度小或没有斜度）；④平锻机可完成切边、剪料、弯曲、热精压等联合工序，不需另外配压力机。

但是平锻机造价高，锻前需清除氧化皮，对非回转体及中心不对称的锻件制造困难，平锻机模锻适用于大批量生产带头部的杆类和有孔的锻件以及在其他设备上难以锻出的锻件，如汽车半轴、倒车齿轮等。

3. 胎膜锻

胎膜锻是在自由锻设备上使用简单的不固定模具（胎膜）生产锻件的工艺方法。按照胎膜结构形式，常用胎膜可分为以下几种：

（1）摔模。适用于锻造回转体轴类锻件，如图 10 – 11（a）所示。

（2）扣模。适用于生产非回转体的扣形件和制坯，如图 10 – 11（b）所示。

（3）套筒模。适用于生产回转体盘类锻件，如齿轮、法兰盘等，如图10 – 11（c）、（d）所示。

（4）合模。适用于生产形状复杂的非回转体锻件，如连杆及叉类件，如图 10 – 11（e）所示。

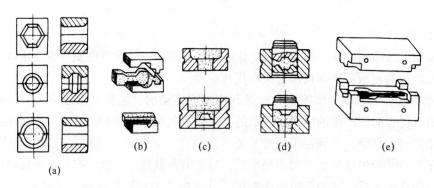

图 10 – 11　胎膜种类
(a) 摔模；(b) 扣模；(c)，(d) 套筒模；(e) 合模

胎膜锻与自由锻相比可获得形状较为复杂、尺寸较为精确的锻件，可节约金属，提高生产效率。与其他模锻相比，它具有模具简单、便于制造、不需要昂贵的模锻设备等优点。但胎膜锻生产效率低，锻件质量也不如其他的模锻，工人劳动强度大，锻模的寿命低，因此这种模锻方法适用于中、小批量生产，它在没有模锻设备的工厂中应用较为普遍。

第四节　板料冲压

板料冲压是利用装在压力机上的模具对金属板料加压，使其产生分离或变形，从而获得毛坯或零件的一种加工方法。

板料冲压的坯料通常都是厚度在 1～2 mm 以下的金属板料，而且冲压时一般不需加热，故又称为薄板冲压或冷冲压，简称冷冲或冲压。

板料冲压的优点主要有以下几点：

（1）能压制其他加工工艺难以加工或不能加工的形状复杂的零件。

（2）冲压件的尺寸精度高，表面粗糙度较小，互换性强，可直接装配使用。

（3）冲压件的强度高，刚度好，质量轻，材料的利用率高。

（4）板料冲压操作简便，易于实现机械化、自动化，生产效率高。

但是板料冲压模具制造周期长，并需要较高制模技术，成本高，因此板料冲压适用于大批量生产。在汽车、拖拉机、电机电器、仪表、国防工业及日常生产中都得到广泛应用。

一、板料冲压的基本工序

按板料的变形方式，可将冲压基本工序分为分离和变形两大类。分离工序是使坯料的一部分相对另一部分产生分离，主要包括剪切、冲裁、切口、切边及修整等；变形工序是使坯料的一部分相对另一部分产生位移而不破坏，包括弯曲、拉深、翻边、胀形等。

（一）冲裁

使坯料沿着封闭的轮廓线产生分离的工序，称为冲裁。包括冲孔、落料，二者的变形过程和模具结构都是相同的，不同的是，对于冲孔来讲，板料上冲出的孔是产品，冲下来的部分是废料，而落料工序冲下来的部分为产品，剩余板料或周边板料是废料。

冲裁的变形过程如图 10-12 所示，板料在凸、凹模之间冲裁分离的变形过程可分为如下三个阶段：

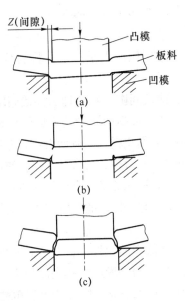

落料

落料 1

图 10-12 冲裁的变形和分离过程

（a）变形；（b）产生裂纹；（c）断裂分离

（1）弹性变形阶段。凸模压缩板料，产生局部弹性拉深与弯曲变形。

（2）塑性变形阶段。当材料的内应力超过屈服极限时，便开始塑性变形，并引起加工硬化。在拉应力的作用下，应力集中的刃口附近出现裂纹，此时冲裁力最大。

（3）断裂分离阶段。随着凸凹模刃口继续压入，上下裂纹迅速延伸，相遇重合，板料断裂分离。

冲裁时，由于板料各部分变形性质和外观特征的不同，将冲裁断面分为塌角、光亮带、剪裂带和毛刺四部分，如图 10-13 所示。光亮带是在变形开始阶段，凹凸模刃口附近挤压板料表面形成的，断面平整，尺寸精度比较高；剪裂带是由于微裂纹继续扩展形成倾斜的粗糙面；塌角是变形区的材料产生弯曲变形所致；毛刺是材料出现断裂时产生的尖刺。

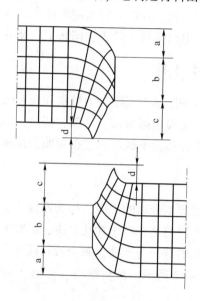

图 10-13　冲裁断面

a—塌角；b—光亮带；c—剪裂带；d—毛刺

以上四个部分在冲裁断面所占的比例的大小，与材料的性质、厚度、冲裁凹凸模间隙、模具结构及冲裁条件等有关。

影响冲裁件质量的主要因素是冲裁间隙。在合理的冲裁间隙范围内，上、下裂纹能自然会合，光亮带占板厚的 1/3 左右，冲裁件断面质量处于最佳状态。如果间隙过大，上下裂纹错开形成双层断裂层，光亮带变小，断面粗糙，毛刺增大；间隙过小，上下裂纹边不重合，光亮带较大，毛刺也较大，断面质量差，同时模具刃口易磨损，使用寿命大大降低。因此，生产上采用合理的冲裁间隙是保证冲裁件质量的关键，合理的冲裁间隙应为材料厚度的 6%～15%。冲裁间隙与材料性质、厚度有关，厚板与塑性低的金属应选上限值，薄板或塑性高的金属应选下限值。

为了提高冲裁件的尺寸精度，降低表面粗糙度，对于高精度冲裁件应该在专用的修整模上进行修整。修整时，修整模沿冲裁件的外缘或内孔表面切去一层薄金属，以去掉塌角、毛刺、剪裂带等，单边修整量为 0.05～0.12 mm，修整后表面粗糙度 Ra 值为 1.25～0.63 μm，尺寸精度 IT6～IT7。

（二）弯曲

弯曲是将板料、型材或管材在弯矩作用下，弯成具有一定的曲率和角度零件的成形方法。弯曲工序在生产中应用很广泛，如汽车大梁支架、自行车车把、门搭链等都是用弯曲方法成形的。

折弯　　　　　　　　折弯1　　　　　　　绞支板一次弯曲

1. 弯曲变形过程

如图 10 - 14 所示，当凸模下压时，变形区内板料外层金属受切向拉应力作用发生伸长变形，内层金属受切向压应力作用发生缩短变形，而在板料中心部位的金属没有应力应变的产生，故称为"中性层"。

在弯曲变形区内，材料外层金属的拉应力值最大，当拉应力超过材料的抗拉强度时，将会造成金属弯裂现象。为防止弯裂，生产上规定出最小弯曲半径 $r_{\min}$ 通常取 $r_{\min} = (0.25 \sim 1)\delta$，其中 δ 为金属板料的厚度，材料塑性好，则弯曲半径可取较小值。

2. 弯曲件弹复

弯曲过程中，在外载荷作用下，板料产生的变形是由塑性变形和弹性变形组成的。当外载荷去除后，塑性变形保留下来而弹性变形恢复，这种现象称为弹复。弹复程度通常以弹复角 $\Delta\alpha$ 表示。为抵消弹复现象对弯曲件质量的影响，在设计弯曲模时应考虑模具的角度比弯曲件小一个弹复角，一般弹复角为 $0° \sim 10°$。材料的屈服极限越大，弹复角越大，弯曲半径越大。

弯曲

弯曲时应尽可能使弯曲线与坯料流线方向垂直。若弯曲线与坯料流线方向平行，坯料的抗拉强度较低，容易在其外侧开裂，在这种情况下弯曲时，必须通过增大最小弯曲半径来避免拉裂，如图 10 - 15 所示。

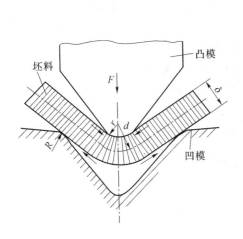

图 10 - 14　弯曲时的金属变形

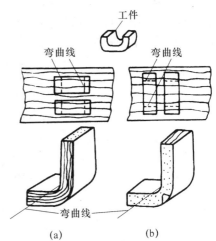

图 10 - 15　弯曲时的流线方向
(a) 合理；(b) 不合理

（三）拉深

拉深是将平板毛坯利用拉深模制成开口空心零件的成形工艺方法。用拉深的方法可以制成筒形、阶梯形、弯曲线锥形、方盒形以及其他不规则和复杂的薄壁零件，在汽车、拖拉机、电器、仪表、电子等工业部门以及日常生活中应用很广泛。

1. 拉深过程

如图 10 – 16 所示，在凸模的作用下，原始板料直径 D_0，通过拉深后形成内径为 d，高度为 H 的空心筒件。在拉深过程中，由于应力作用，坯料厚度的变化规律是：在筒壁上部厚度最大，在靠近筒底的圆角部位附近壁厚最小，此处是整个零件强度最薄弱的地方，当该处的拉应力超过材料的强度极限时，就会产生拉裂缺陷。

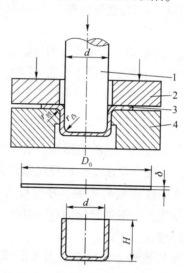

拉深

拉深1

图 10 – 16 拉深过程

1—凸模；2—压边圈；3—板料；4—凹模

在拉深过程中，环状区的切向压应力达到一定数值时，就将失去稳定而产生拱起，称为起皱，如图 10 – 17 所示。

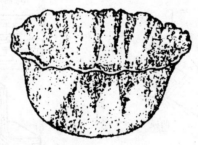

图 10 – 17 起皱

2. 防止筒形拉深件产生拉裂、起皱的措施

（1）凸凹模边缘都要做成圆角（见图 10 – 18）。凹模圆角半径 $r_凹 = 10\delta$，其中 δ 为板料的厚度，凸模圆角半径 $r_凸 = (0.6 \sim 1.0)r_凹$。

（2）凹凸模之间应留有合适的间隙 Z，一般 $Z = (1.1 \sim 1.2)\delta$，如果 Z 过小，易产生拉裂，Z 过大则拉深件起皱，影响其精度。

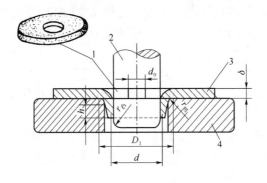

图 10 – 18 翻边简图

1—带孔坯料；2—凸模；3—成品；4—凹模

（3）正确选用拉深系数。拉深后直径 d 与坯料直径 D_0 的比值称为拉深系数，用 m 表示，即 $m = d/D_0$。拉深系数反映拉深件变形程度，m 越小，表明拉深件直径小，变形程度大，坯料拉入凹模越困难，越容易拉裂。一般 $m = 0.5 \sim 0.8$，坯料的塑性好，m 可取小值，如果要求 m 值很小，则不应一次拉成，可进行多次拉深，但在多次拉深过程中应安排再结晶退火，以便消除多次拉深中的加工硬化现象及应力，拉深系数应一次比一次增大。

（4）要进行良好润滑。为减小拉深件部位的拉应力及减少模具的磨损，拉深时应适当加润滑剂，常用的润滑剂有矿物油和掺入石墨粉的矿物油等。

以上介绍了板料冲压的基本工序，在生产中应根据零件的形状、尺寸及允许的变形程度合理地选用，并合理地安排工序。

二、冷冲模简介

冲压用的模具称为冲模，冲模大致分为简单冲模、连续冲模和复合模三种。

（一）简单冲模

冲床滑块在一次冲程中，只完成一道冲压工序的冲模称为简单冲模。图10 – 19为导柱式简单落料冲裁模的基本结构。凹模 8 用压板 7 固定在下模板 12 上，下模板用螺栓固定在冲床工作台上，凸模 1 用压板 4 固定在上模板 3 上，上模板通过模柄 2 固定在冲床的滑块上，凸模可随滑块上下运动，为了保证凸模与凹模能更好地对准并保持它们之间的间隙，通常用导柱 6 和套筒 5 的结构，以起导向作用。

小圆一次压弯

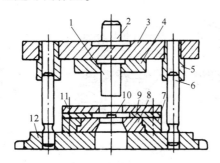

自动推件圆形
件一次压弯

图 10 – 19 简单冲模

1—凸模；2—模柄；3—上模板；4，7—压板；5—套筒；6—导柱；
8—凹模；9—导料板；10—定位销；11—卸料板；12—下模板

操作时，条料在凹模上沿导料板9之间送进，定位销10控制每次送进的距离，冲模每次工作后，夹在凸模上的条料在凸模回程时，由卸料板11将条料卸下，然后条料继续送进。

(二) 连续冲模

冲床滑块在一次冲程中，模具的不同工位上能完成几道冲压工序的冲模称为连续冲模。图10-20为连续冲模结构示意图。

图中的凸模1及凹模2为冲孔模，凸模6及凹模4为落料模，将两种简单冲模同装在一块模板上构成生产垫圈的连续模。工作时，用定料销3进行精定位，保证带料步距准确，每个冲程内可得到一个环形垫圈。

无压边装置的
反向拉深膜

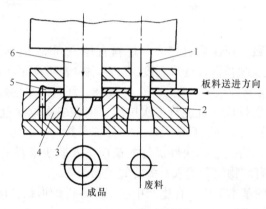

板料送进方向

双动压力机
上刚性压边

成品　　废料

图10-20　连续冲模

1，6—凸模；2，4—凹模；3—定料销；5—挡料销

(三) 复合模

冲床滑块在一次冲程中，模具的同一工位上完成数道冲压工序的冲模称为复合模，如图10-21所示。其最大特点是，它有一个凹凸模，凹凸模的外圈是落料凸模1，内孔为拉深凹模3，带料送进时，靠挡料销2定位，当滑块带着凸模下降时，条料4首先在落料凸模1和落料凹模6中落料，然后再由拉深凸模7将落下的料推入凹模3中进行拉深，推出器8和卸料器5在滑块回程时将拉深件7推出模具。复合模适用于大批量生产精确度高的冲压件，便于实现机械化和自动化，但模具结构复杂，成本高。

压边装置在上模
的反向拉深模

压边装置在下
模的反向拉深模

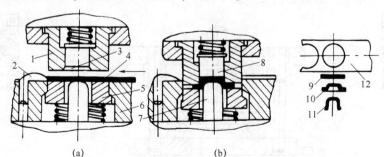

(a)　　　　　　(b)

图10-21　落料与拉深的复合模

(a) 冲压前；(b) 冲压时

1—落料凸模；2—挡料销；3—拉深凹模；4—条料；5—压板 (卸料器)；6—落料凹模；
7—拉深凸模；8—推出器；9—落料成品；10—开始拉深件；11—拉深件 (成品)；12—废料

第五节　其他锻压方法简介

随着现代工业的进步，越来越要求锻压向高精确度、高生产率、小变形力、零件质量较高的方向发展，因而出现了很多新工艺。这里仅介绍精密模锻、零件轧制、零件挤压三种。

一、精密模锻

它是在普通模锻设备上锻造形状复杂、精度较高的零件的一种工艺。如锻造锥齿轮、离合器等。锻出的零件精度可达 IT12，表面粗糙度为 $Ra3.2 \sim 0.8 \ \mu m$，生产率高 $2 \sim 3$ 倍。可以不需切削加工。

工艺特点：①毛坯必须计算精确。②表面必须精细清理。③应采用无氧化、少氧化加热，以便减少氧化皮。④模腔精度要求很高。⑤锻模要很好地润滑与冷却。

二、零件的轧制

除轧制型材、板材、管材外进一步轧制零件。因其生产率高、质量好、成本低、省料，所以应用很广。常用的轧制方法有：纵轧、横轧、斜轧。

（一）纵轧

轧辊轴线与坯料轴线相垂直的轧制方法称为纵轧。

（1）辊锻：使坯料通过装有圆弧形模块的一对相对旋转的轧辊受压、

轧制成形

成形的加工方法称为辊锻。可生产模锻毛坯和扳手、链环、叶片、连杆等锻件。坯料一般都比较短，变形时没有冲击与振动。

（2）辗环轧制：利用改变环形坯料截面形状，扩大外径、内径而获得环状零件的加工方法称为辗环轧制。

（二）横轧

轧辊轴线与坯料轴线互相平行的轧制方法称为横轧。轧辊带动坯料做相反方向转动。用这种方法可热轧齿轮。

（三）斜轧

轧辊轴线与坯料轴线相交成一定角度的轧制方法称为斜轧。斜轧时两个带有螺旋形槽的其轴线相互在空间交错的轧辊同向旋转。坯料边旋转边前进，做螺旋运动，故又称为螺旋斜轧。用它来轧制截面作周期性变化的毛坯如轧钢球、丝杠、麻花钻头、纺锭杆等。

三、零件的挤压

以强大压力作用于放在模腔中的金属，使其变形获得零件或各种管、型材的加工方法称为挤压。

反挤压

挤压的特点：

① 受三向压应力，可提高材料的塑性。一些高碳钢、高合金钢虽然塑性差，但也能挤压成形。

② 可挤出各种形状复杂、深孔、薄壁、异型截面的零件。

③ 零件精度高、表面粗糙度低。尺寸精度为 IT6～IT7，表面粗糙度为 $Ra3.2～0.4\ \mu m$。

④ 纤维组织布置连续、合理，力学性能提高。

⑤ 节约原材料、生产率高。

按挤压时金属流动方向分：

（1）正挤压。即金属流动方向与凸模运动方向相同。正挤压可制造带头的杆件、管件。

（2）反挤压。即金属流动方向与凸模运动方向相反。反挤压可制造各种截面形状的杯形件。

（3）复合挤压。挤压时一部分金属的流动方向与凸模运动方向相同，另一部分金属的流动方向则相反。它可制造形状较复杂的零件。

按坯料加热温度分：

（1）热挤压。坯料加热温度与锻造温度相同。热挤压时材料塑性好、变形抗力小，允许的变形程度较大，但尺寸精度较低，表面质量较差。可挤压有色金属及其合金的型材、管材，也可挤压强度较高、尺寸较大的中、高碳钢、合金结构钢、不锈钢等零件。

（2）冷挤压。即在室温下的挤压。它所需挤压力大。受模具强度、刚度与寿命限制，目前只对有色金属及中、低碳钢的小型零件进行冷挤压，而且在冷挤压前要对坯料进行退火处理，以降低变形抗力。它尺寸精度高，可达 IT8～IT9，表面粗糙度为 $Ra0.4～3.2\ \mu m$；生产率高；材料消耗少，纤维连续分布。由于加工硬化使表面强度大为提高，所以受到重视，在汽车、拖拉机、仪表、轻工、军工等部门广为应用。

冷挤压时为了降低挤压力，防止模具磨损，提高工件质量，必须有效地进行润滑。对钢件要用磷酸盐进行表面处理，然后放入肥皂液中皂化或加二硫化钼，使坯料呈多孔性薄膜表面，充分吸收润滑剂，能在高压下隔离坯料与模具的接触，起到良好的润滑作用。对有色金属常用动、植物油、硬脂酸等作为润滑剂。

（3）温挤压。温挤压是介于热、冷两种挤压之间的一种挤压方法。

它是将坯料加热到不产生强烈氧化的温度（再结晶温度以下某个合适温度）时进行挤压。它所需变形抗力、获得的表面质量均处于冷、热挤压之间。它不需磷化处理，不必挤前对坯料进行退火处理，变形程度较大，挤压力不大，模具寿命长。这些特点使它在高强度的金属材料如中碳钢、合金钢等的零件挤压中广为应用。

思考题

一、判断题

1. 锻造流线的化学稳定性很高，不能用再结晶的方法消除。　　　　　　　　（　　）

2. 锻件的热处理一般采用淬火和回火。　　　　　　　　　　　　　　　　（　　）

3. 冲压的基本工序可分为分离工序和成形工序两大类。　　　　　　　　　（　　）

4. 成形工序包括剪切、落料、冲孔和整修等。（ ）
5. 过热会使坯料塑性下降，锻件力学性能降低。（ ）
6. 金属的预先变形度越大，其开始再结晶的温度越高。（ ）
7. 变形金属的再结晶退火温度越高，退火后得到的晶粒越大。（ ）
8. 金属在再结晶温度以下加热时会发生再结晶现象。（ ）
9. 金属铸件可以通过再结晶退火来细化晶粒。（ ）
10. 凡是在室温以上的塑性变形加工，均可称为热加工。（ ）
11. 凡是在室温进行的塑性变形加工，均可称为冷加工。（ ）
12. 再结晶能够消除加工硬化的效果，是一种软化过程。（ ）
13. 纯金属即使没有发生塑性变形冷作硬化现象，在加热时也可能发生回复，再结晶过程。（ ）
14. 再结晶过程是有晶格类型变化的结晶过程，因此发生了相变。（ ）
15. 再结晶过程虽然是没有晶格类型变化的结晶过程，但是发生了相变。（ ）
16. 通常，实际金属晶体中的位错密度越高，滑移越容易进行。（ ）
17. 位错可以通过晶界在相邻晶粒内继续滑移。（ ）
18. 在金属晶体中，原子排列最紧密的晶面间的距离最小，所以这些晶面间难以发生滑移。（ ）
19. 冷加工塑性变形金属加热发生再结晶后，其晶格类型和晶粒形状都发生了改变。（ ）
20. 金属在热加工过程中，没有加工硬化的产生，当然也没有回复，再结晶发生。（ ）
21. 冷加工可使零件毛坯中的流线分布更加合理，从而提高零件的使用寿命。（ ）
22. 再结晶温度不是一个确定值，它只是一个大致开始再结晶的温度。（ ）

三、简答题
1. 锻造流线对金属性能有何影响？加工零件时如何利用锻造流线？
2. 冷变形强化对工件性能和加工过程有何影响？
3. 自由锻造的结构工艺性表现在哪些方面？
4. 落料和冲孔的区别是什么？凸模与凹模的间隙对冲裁质量和工件尺寸有何影响？
5. 拉伸时为什么会出现褶皱？如何防止？
6. 简述自由锻特点及应用。
7. 制订自由锻工艺规程的主要内容步骤是什么？
8. 确定自由锻件图时余块要从哪些方面考虑？
9. 模锻生产可应用在哪些范围？为什么？
10. 板料冲压有何特点？应用范围如何？
11. 镦粗时的一般原则是什么？
12. 锻造前坯料加热的目的是什么？

第十一章 焊 接

焊接是通过加热或加压，或两者并用（用或不用填充材料）使两部分分离的金属形成原子结合的一种永久性连接方法。与铆接比较，焊接具有节省材料、减轻质量；连接质量好、接头的密封性好、可承受高压；简化加工与装配工序、缩短生产周期，易于实现机械化和自动化生产等优点。但焊接件不可拆卸，还会产生焊接变形、裂纹等缺陷。

在工业生产中应用的焊接方法很多，常用的焊接方法如图11-1所示。

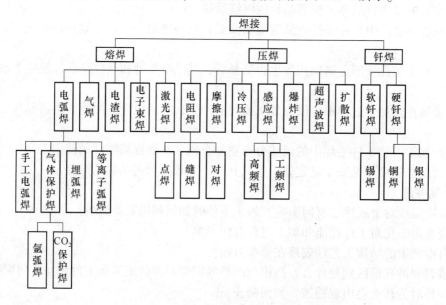

图11-1 常用的焊接方法

焊接在现代工业生产中具有十分重要的作用，广泛应用于机械制造中的毛坯生产和制造各种金属结构件，如高炉炉壳、建筑构架、锅炉与受压容器、大型箱体、汽车车身、桥梁、矿山机械、大型转子轴、缸体等。此外，焊接还用于零件的修复焊补等。

第一节 手工电弧焊

利用电弧作为焊接热源的熔焊方法，称为电弧焊。用手工操纵焊条进行焊接的电弧焊方法，称为手工电弧焊，简称手弧焊。其焊接过程如图11-2和图11-3所示。

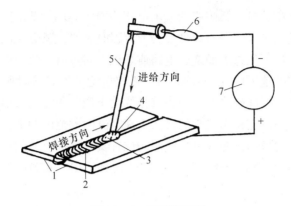

图 11-2　手工电弧焊

1—焊件；2—焊缝；3—熔池；4—电弧；5—焊条；6—焊钳；7—弧焊机

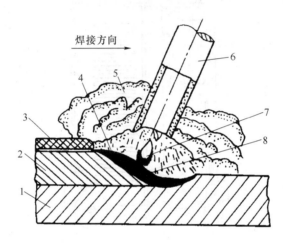

图 11-3　手弧焊的焊接过程

1—焊件；2—焊缝；3—渣壳；4—熔渣；5—气体；6—焊条；7—熔滴；8—熔池

焊接前将电焊机的两个输出端分别用电缆线与焊钳和焊件相连接，用焊钳夹牢焊条后，使焊条和焊件瞬时接触（短路），随即提起一定的距离（2~4 mm），即可引燃电弧。利用电弧高达 6 000 K 的高温使母材（焊件）和焊条同时熔化，形成金属熔池。随着母材和焊条的熔化，焊条应向下和向焊接方向同时前移，保证电弧的连续燃烧并同时形成焊缝。焊条上的药皮形成熔渣覆盖熔池表面，对熔池和焊缝起保护作用。

手弧焊设备简单便宜，操作灵活方便，适应性强，但生产效率低，焊接质量不够稳定，对焊工操作技术要求较高，劳动条件较差。手弧焊多用于单件小批生产和修复，一般适用于 2 mm 以上各种常用金属的各种焊接位置的、短的、不规则的焊缝。

一、手工电弧焊设备

手弧焊机是供给焊接电弧燃烧电源的设备。根据焊接电流性质的不同，分为交流弧焊机和直流弧焊机两大类。

（一）交流弧焊机

交流弧焊机是一种电弧焊专用的降压变压器，亦称弧焊变压器。弧焊机的输出电压随输出电流的变化而变化。空载时，弧焊机的输出电压为 60~80 V，既能满足顺利起弧的需要，对操作者也较安全。起弧时，焊条与焊件接触形成瞬时短路，弧焊机的输出电压会自动降低至趋近于零，使短路电流不致过大而烧毁电路或焊机。起弧后，弧焊机的输出电压会自动维持在电弧正常燃烧所需的范围内（20~30 V）。弧焊机能供给焊接时所需的电流，一般为几十安至几百安，并可根据焊件的厚度和焊条直径的大小调节所需电流值。电流调节一般分为两级。一级是粗调，常用改变输出线头的接法实现电流的大范围调节；另一级是细调，通过摇动调节手柄改变焊机内可动铁芯或可动线圈的位置实现焊接电流的小范围调节。

常用的交流弧焊机有 BX1—300 和 BX3—300 两种。BX3—300 型交流弧焊机的外形如图 11-4所示。

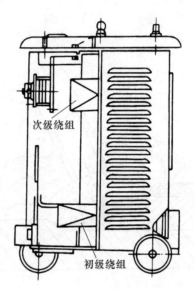

次级绕组

初级绕组

图 11-4　交流弧焊机

（二）直流弧焊机

直流弧焊机，一般分为发电机式和整流式两类。

发电机式直流弧焊机由一台交流电动机和一台直流弧焊发电机组成，发电机由电动机带动。如常用的 AX5—500 型旋转式直流弧焊机。焊接电流的粗调是通过改变发电机电刷的位置实现的，细调则是通过旋转调节手柄改变变阻器的电阻实现的。型号 AX5—500 中，"A"表示弧焊发电机；"X"表示下降外特性，"5"表示系列产品序号；"500"表示其额定焊接电流为 500 A。旋转式直流弧焊机的电弧稳定性好，焊接质量较好，但其结构复杂，制造成本较高，维修较困难，且使用时噪声大。

整流式直流弧焊机的结构相当于在交流弧焊机上加上整流器，从而将交流电变为直流电，故又称弧焊整流器。如常用的 ZXG—300 型整流弧焊机。型号 ZXG—300 中，"Z"表示弧焊整流器，"X"表示下降外特性；"G"表示该弧焊整流器采用硅整流元件；"300"表示其额定焊接电流为 300 A。与交流弧焊机比较，整流弧焊机的电弧稳定性好；与旋转式直流弧焊机比较，整流弧焊机的结构简单，使用时噪声小。因此，整流弧焊机的应用日益增多，已成为我国手弧焊机的发展方向。

直流弧焊机的输出端有正、负极之分，焊接时电弧两端的极性不变。因此，直流弧焊机的输出端有两种不同的接线方法：①正接，即焊件接弧焊机的正极，焊条接其负极；②反接，即焊件接弧焊机的负极，焊条接其正极，如图11-5所示。正接用于较厚或高熔点金属的焊接，反接用于较薄或低熔点金属的焊接。当采用碱性焊条焊接时，应采用直流反接，以保证电弧稳定燃烧；采用酸性焊条焊接时，一般采用交流弧焊机。

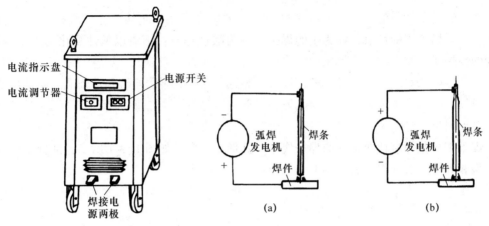

图11-5 直流弧焊机及正负极接法

（a）正接；（b）反接

（三）焊条

1. 焊条的组成和作用

电焊条是手弧焊用的焊接材料，简称焊条。焊条由金属焊芯和药皮两部分组成，如图11-6所示。

图11-6 电焊条组成

焊芯在焊接时有两个方面的作用：①作为电极，传导电流，产生电弧；②熔化后作为填充金属，与母材一起组成焊缝金属。因此，焊芯都采用焊接专用的金属丝。结构钢焊条的焊芯常用H08A，其中"H"表示焊接用钢丝（称钢焊丝）；"08"表示碳的平均质量分数为0.08%；"A"表示高级优质钢。焊芯的直径称为焊条直径，焊芯的长度就是焊条的长度。常用的焊条直径有2.0 mm、2.5 mm、3.2 mm、4.0 mm和5.0 mm等，焊条长度为250~450 mm。

药皮是压涂在焊芯表面上的涂料层，由多种矿石粉、铁合金粉和黏结剂等原料按一定比例配制而成。它的主要作用是：①改善焊条工艺性，如易于引弧，保持电弧稳定燃烧，利于焊缝成形，防止飞溅等；②机械保护作用，药皮分解产生大量气体并形成熔渣，对熔化金属起保护作用；③冶金处理作用，即通过冶金反应除去有害杂质并补充有益的合金元素，改善焊缝质量。

2. 焊条的分类和型（牌）号

国产焊条按其用途分为结构钢焊条（常用，箱体类零件焊接用）、耐热钢焊条、不锈钢焊条、堆焊焊条、镍及镍合金焊条、铸铁焊条、低温钢焊条、铜及铜合金焊条、铝及铝合金焊条和特殊用途焊条十类。其中，结构钢焊条应用最广泛。

按熔渣化学性质的不同，焊条又分为酸性焊条（常用，箱体类零件焊接用）和碱性焊条两大类。**熔渣以酸性氧化物为主的焊条，称为酸性焊条；熔渣以碱性氧化物为主的焊条，称为碱性焊条。**酸性焊条的氧化性强，焊接时合金元素烧损较大，焊缝的力学性能较差，但焊接工艺性好，对铁锈、油污和水分等容易导致气孔的有害物质敏感性较低。碱性焊条有较强的脱氧、去氢、除硫和抗裂纹的能力，焊缝的力学性能好，但焊接工艺性不如酸性焊条，如引弧较困难、电弧稳定性较差等，一般要求采用直流电源。

焊条牌号是焊接行业统一的焊条代号，其形式与含义如图 11-7 所示，部分碳钢焊条药皮类型和焊接电流种类见表 11-1。

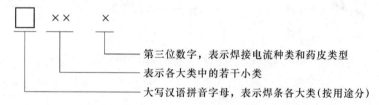

图 11-7　焊条牌号形式

表 11-1　部分碳钢焊条药皮类型和焊接电流种类

焊条型号	药皮类型	焊接电流种类	相应的焊条牌号
EXX01	钛铁矿型	交流或直流正、反接	JXX3
EXX03	钛钙型	交流或直流正、反接	JXX2
EXX11	高纤维素钾型	交流或直流反接	JXX5
EXX13	高钛钾型	交流或直流正、反接	JXX1
EXX15	低氢钠型	直流反接	JXX7
EXX16	低氢钾型	交流或直流反接	JXX6
EXX20	氧化铁型	交流或直流正接	JXX4

3. 焊条的选用原则

焊条的种类很多，选用是否得当，会直接影响焊接质量、生产率和生产成本。生产中选用焊条的基本原则是保证焊缝金属与母材具有同等水平的性能。具体选用时，应遵循以下原则：

（1）根据母材的化学成分和力学性能选用。焊接低碳钢和低合金高强度钢时，一般根据母材的抗拉强度按"等强度原则"选择与母材有相同强度等级，且成分相近的焊条；异种钢焊接时，应按其中强度较低的钢材选用焊条。焊接耐热钢和不锈钢时，一般根据母材的化学成分类型按"等成分原则"选用与母材成分类型相同的焊条。若母材中碳、硫、磷含量较高，则应选用抗裂性能好的碱性焊条。

（2）根据焊件的工作条件与结构特点选用。对于承受交变载荷、冲击载荷的焊接结构，或者形状复杂、厚度大、刚性大的焊件，应选用碱性焊条。

（3）按焊接设备、施工条件和焊接工艺性选用。如果焊接现场没有直流弧焊机时，应选用交、直流两用的焊条；当焊件接头附近污物、锈皮过多时，应选用酸性焊条，在保证焊缝质量的前提下，应尽量选用成本低、劳动条件好的焊条；无特殊要求时应尽量选用焊接工艺性好的酸性焊条。

二、手弧焊基本操作要领

（一）引弧

引弧就是使焊条与焊件间引燃并保持稳定的电弧。引弧方法有两种，即敲击法和摩擦法，如图 11-8 所示。这两种方法都是使焊条末端与工件表面接触形成短路，然后迅速将焊条向上提起一段距离（2～4 mm），即可引燃并保持稳定的电弧。应当注意，焊条不能提得太高，否则电弧易熄灭。焊条末端与工件接触时间不能太长，以免焊条粘连在焊件上。当发生粘连时，应迅速左右摆动焊条，以使焊条脱离工件。

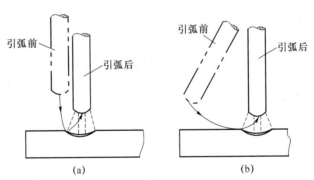

图 11-8 引弧方法

（a）敲击法；（b）摩擦法

（二）运条

手弧焊时，焊条除了沿其轴向向熔池送进和沿焊缝方向前移外，为了获得一定宽度的焊缝，焊条还应沿垂直于焊缝的方向横向摆动，如图 11-9 所示。焊条沿其轴向均匀向下送进时，其速度应与焊条的熔化速度相同，否则会引起电弧长度发生变化。电弧长度过大，会导致电弧飘浮不定，熔滴飞溅；电弧长度过小，则容易发生粘连。运条时还应注意控制焊条与焊件间的角度，平焊时焊条的基本角度如图 11-10 所示。

图 11-9 运条基本动作

1—轴向送进；2—焊条前移方向；3—焊条横向摆动

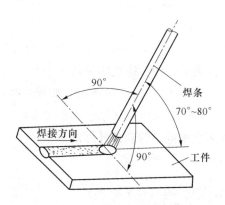

图 11-10　平焊时的焊条角度

（三）熄弧

熄弧是指焊缝结束或一根焊条用完准备连接后一根焊条时的收尾动作。焊缝结束时的熄弧，应在熄弧前让焊条在熔池处作短暂停顿或作几次环形运条，使熔池填满，然后将焊条逐渐向焊缝前方斜拉，同时抬高焊条，使电弧自动熄灭；连续熄弧，应在熄弧前减小焊条与焊件间的夹角，将熔池中的金属和上面的熔渣向后赶，形成弧坑后再熄弧。连接时的引弧应在弧坑前面，然后拉回弧坑，再进行正常焊接。

第二节　气焊与气割

一、气焊

气焊是利用氧气和可燃性气体混合燃烧所产生的热量，将焊件和焊丝熔化而进行焊接的一种方法。

气焊的优点是设备简单，操作灵活方便，能焊接多种金属材料。气焊的缺点是火焰温度低，加热缓慢，生产率低；热量不够集中，焊体受热范围大，因而热影响区较宽，焊件容易变形；火焰对熔池的保护性差，焊缝质量不高，难于实现机械化生产。

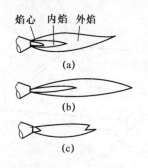

图 11-11　氧-乙炔焰
（a）中性焰；（b）碳化焰；（c）氧化焰

工业生产中，一般采用氧-乙炔焰来焊接薄钢板、有色金属及其合金、钎焊刀具和铸铁的补焊等。

（一）氧-乙炔焰

氧气和乙炔混合燃烧的火焰称为氧-乙炔焰。根据氧气量和乙炔量的比例不同，气焊时可将气焊火焰分成三种：中性焰、碳化焰、氧化焰，如图 11-11 所示。

（1）中性焰。氧气和乙炔容积的比值为 1~1.2，火焰内部温度可达 3 000℃~3 200℃。中性焰应用最广，适用于焊接低碳钢、中碳钢、合金钢、紫铜和铝合金等材料。

（2）碳化焰。氧气和乙炔容积的比值小于1，火焰内部温度最高可达2 700℃～3 000℃。由于氧气较少，火焰燃烧不充分，有过剩的碳。碳化焰适用于焊接高碳钢、铸铁和硬质合金等材料，焊接其他钢材时会使焊缝金属增碳，使其变得硬脆。

（3）氧化焰。氧气和乙炔容积的比值大于1.2，火焰内部温度最高可达3 100℃～3 300℃。由于火焰中有剩余的氧气，使整个火焰具有氧化性，会影响焊缝质量，因此一般不采用。但焊接黄铜时要利用这一特点，使熔池表面生成一层氧化物薄膜，防止锌的蒸发。

电渣焊

（二）气焊设备

气焊所用的设备有氧气瓶、减压器、乙炔发生器、回火防止器和焊炬，如图11-12所示（目前市场上有乙炔气瓶供应）。

激光焊

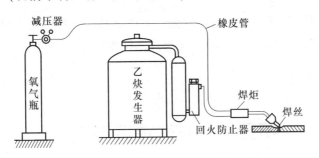

摩擦焊

图 11-12　气焊装置示意图

二、气割

气割是利用氧-乙炔焰将割缝金属加热到能够在氧气流中燃烧的温度（燃点），然后开放切割氧，使割缝金属燃烧，氧化成熔渣，并从切口中吹掉，从而将金属分离的过程，如图11-13所示。

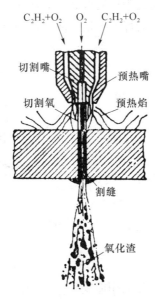

图 11-13　氧气切割

（一）对氧气切割材料的要求

（1）金属材料的燃点必须低于其熔点，否则切割前金属先熔化，会导致切口凹凸不平。

（2）燃烧时生成的金属氧化物熔点应低于金属材料本身的熔点，而且金属氧化物的流动性要好，以便易于被氧气流从切口中吹掉。

（3）被割金属燃烧时能放出大量的热能，而且导热性要低，以保证下层金属有足够的预热温度，使切割过程能连续进行。

低碳钢、中碳钢和普通低合金钢能满足上述条件，所以能顺利地进行气割，高碳钢、高合金钢、铸铁、铜、铝等有色金属及其合金，均难于进行气割。

（二）气割的特点和应用

气割设备简单，操作灵活方便，适应性强，生产率高。气割适用于切割厚件、外形复杂以及各种位置和不同形状的零件，因此气割被广泛地用于钢板下料和铸钢件浇冒口的切除。

第三节　其他焊接方法

一、氩弧焊

氩弧焊是以氩气为保护气体的一种电弧焊方法。按照电极的不同，氩弧焊可分为熔化极氩弧焊和非熔化极氩弧焊两种，如图 11－14 所示。熔化极氩弧焊也称直接电弧法，其焊丝直接作为电极，并在焊接过程中熔化为填充金属；非熔化极氩弧焊也称间接电弧法，其电极为不熔化的钨极，填充金属由另外的焊丝提供，故又称钨极氩弧焊。

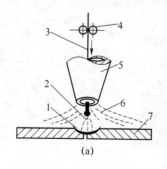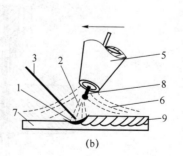

氩弧焊

图 11－14　氩弧焊示意图

（a）熔化极氩弧焊；（b）非熔化极氩弧焊

1—熔池；2—电弧；3—焊丝；4—送丝轮；5—喷嘴；6—氩气；7—焊件；8—钨极；9—焊缝

从喷嘴喷出的氩气在电弧及熔池的周围形成连续封闭的气流。氩气是惰性气体，既不与熔化金属发生任何化学反应，又不溶解于金属，因而能非常有效地保护熔池，获得高质量的焊缝。此外，氩弧焊是一种明弧焊，便于观察，操作灵活，适用于全位置焊接。但是氩弧焊也有其明显的缺点，主要是氩气价格昂贵，焊接成本高，焊前清理要求严格，而且设备复杂，维修不便。

目前氩弧焊主要用于焊接易氧化的非铁金属（如铝、镁、铜、钛及其合金）和稀有金属（如锆、钽、钼及其合金），以及高强度合金钢、不锈钢、耐热钢等。

二、埋弧焊

埋弧焊是使电弧在较厚的焊剂层（或称熔剂层）下燃烧，利用机械（埋弧焊机）自动控制引弧、焊丝送进、电弧移动和焊缝收尾的一种电弧焊方法。

埋弧焊使用的焊接材料是焊丝和焊剂，其作用分别相当于焊条芯与药皮。常用焊丝牌号有 H08A、H08MnA 和 H10Mn2 等。我国目前使用的焊剂多是熔炼焊剂。焊接不同材料应选配不同成分的焊丝和焊剂。例如，焊接低碳钢构件时常选用高锰高硅型焊剂（如 HJ430、HJ431 等），配用焊丝 H08A、H08MnA 等，以获得符合要求的焊缝。

埋弧焊时焊缝的形成过程如图 11-15 所示。焊丝末端与焊件之间产生电弧后，电弧的热量使焊丝、焊件及电弧周围的焊剂熔化。熔化的金属形成熔池，焊剂及金属的蒸气将电弧周围已熔化的焊剂（即熔渣）排开，形成一个封闭空间，使熔池和电弧与外界空气隔绝。随着电弧前移，前方的焊件、焊丝和焊剂不断熔化，熔池后方边缘的液态金属则不断冷却凝固形成焊缝。熔渣则浮在熔池表面，凝固后形成渣壳覆盖在焊缝表面。焊接后，未被熔化的焊剂可以回收。

埋弧焊

与手弧焊比较，埋弧焊焊接质量好，生产率高，节省金属材料，劳动条件好，适用于中、厚板焊件的长直焊缝和具有较大直径的环状焊缝的平焊，尤其适用于成批生产。

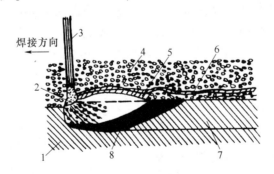

图 11-15 埋弧焊焊缝的形成过程

1—基本金属；2—电弧；3—焊丝；4—焊剂；5—熔化了的焊剂；6—渣壳；7—焊缝；8—熔池

三、电阻焊

电阻焊是利用电流通过焊件的接触面时产生的电阻热对焊件局部迅速加热，使之达到塑性状态或局部熔化状态，并加压而实现连接的一种压焊方法。

按照接头形式不同，电阻焊可分为点焊、缝焊和对焊等，如图 11-16 所示。

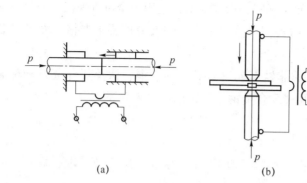

图 11 - 16　电阻焊主要方法
(a) 对焊；(b) 点焊；(c) 缝焊

点焊

（一）点焊

点焊时，待焊的薄板被压紧在两柱状电极之间，通电后使接触处温度迅速升高，将两焊件接触处的金属熔化而形成熔核。熔核周围的金属则处于塑性状态，然后切断电流，保持或增大电极压力，使熔化金属在压力下冷却结晶，形成组织致密的焊点。整个焊缝由若干个焊点组成，每两个焊点之间应有足够的距离，以减少分流的影响。

点焊主要用于 4 mm 以下的薄板与薄板的焊接，也可用于圆棒与圆棒（如钢筋网）、圆棒与薄板（如螺母与薄板）的焊接。焊件材料可以是低碳钢、不锈钢、铜合金、铝合金、镁合金等。

（二）缝焊

缝焊的焊接过程与点焊相似，只是用转动的圆盘状电极取代点焊时所用的柱状电极。焊接时，圆盘状电极压紧焊件并转动，依靠摩擦力带动焊件向前移动，配合断续通电（或连续通电），形成许多连续并彼此重叠的焊点，称为缝焊焊缝。

缝焊主要用于有密封要求的薄壁容器（如水箱）和管道的焊接，焊件厚度一般在 2 mm 以下，低碳钢可达 3 mm，焊件材料可以是低碳钢、合金钢、铝及其合金等。

（三）对焊

对焊是利用电阻热使对接接头的焊件在整个接触面上形成焊接接头的电阻焊方法，可分为电阻对焊和闪光对焊两种。

对焊

（1）电阻对焊是将焊件置于电极夹钳中夹紧后，加预压力使焊件端面互相压紧，再通电加热，待两焊件接触面及其附近加热至高温塑性状态时，断电并加压顶锻（或保持原压力不变），接触处产生一定塑性变形而形成接头。它适用于形状简单、小断面的金属型材（如直径在 20 mm 以下的钢棒和钢管）的对接。

（2）闪光对焊时，焊件装好后不接触，先通电，再移动焊件使之接触。强电流通过时使接触点金属迅速熔化、蒸发、爆破，高温金属颗粒向外飞射而形成火花（闪光）。经多次闪光加热后，焊件端面达到所要求的高温，立即断电并加压顶锻。闪光对焊接头质量高，焊前清理工作要求低，目前应用比电阻对焊广泛。它适用于受力要求高的重要对焊件。焊件可以是同种金属，也可以是异种金属。

四、钎焊

钎焊是采用熔点比母材低的金属材料作钎料，将焊件和钎料加热至高于钎料熔点、低于焊件熔点的温度，利用钎料润湿母材，填充接头间间隙并与母材相互扩散而实现连接的焊接方法。根据钎料的熔点不同，钎焊分为硬钎焊与软钎焊两种。

钎料熔点高于450℃的钎焊称为硬钎焊。硬钎焊常用的钎料有铜基钎料和银基钎料。其接头强度较高（$\sigma_b > 200$ MPa），适用于钎焊受力较大、工作温度较高的焊件，如工具、刀具等。硬钎焊所用加热方法有氧乙炔焰加热、电阻加热、感应加热、焊接炉加热、盐浴加热、金属浴加热等。

钎料熔点低于450℃的钎焊称为软钎焊。软钎焊常用的钎料有锡铅钎料等。其接头强度较低（$\sigma_b < 70$ MPa），适用于钎焊受力不大、工作温度较低的焊件，如各种电子元器件和导线的连接。软钎焊所用加热方法有烙铁加热、火焰加热等。

钎焊时一般要用钎剂。钎剂和钎料配合使用，是保证钎焊过程顺利进行和获得致密接头的重要措施。软钎焊常用的钎剂有松香、焊锡膏、氯化锌溶液等；硬钎焊常用的钎剂由有硼砂、硼酸等混合组成。

第四节　焊接应力与变形

一、焊接应力与变形产生的原因

焊接过程中，焊件受到的是不均匀的局部加热和冷却，加热时的局部膨胀受到未膨胀部分的约束，冷却时的局部收缩受到周围不收缩部分的约束。

因此，加热时局部膨胀的金属被未膨胀的金属所阻碍而受到压应力，未膨胀的金属则受到拉应力；冷却时局部收缩的金属被不收缩的金属所阻碍而受到拉应力，不收缩的金属则受到压应力，结果产生了焊接应力。当应力大于焊件材料的屈服极限时，焊件就发生变形。

二、焊接变形的基本形式

焊接变形的基本形式，如图 11 - 17 所示。

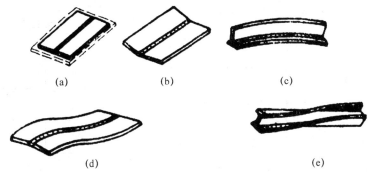

图 11 - 17　焊接变形的基本形式

（a）收缩变形；（b）角变形；（c）弯曲变形；（d）波浪式变形；（e）扭曲变形

收缩变形是由焊缝的纵向和横向收缩所引起的变形；角变形是由焊缝截面形状不对称或焊接次序不合理所引起的变形；弯曲变形是在焊接丁字梁时，由于焊缝布置得不对称，焊缝纵向收缩引起的变形；波浪式变形是焊接薄板时，由于薄板在焊接应力的作用下丧失了稳定性而引起的波浪式变形；扭曲变形是由焊缝在构件横截面上布置不对称或焊接工艺不合理所引起的变形。

三、防止和减少焊接变形的措施

为防止和减少焊接变形，应进行合理的焊接结构设计和采取必要的工艺措施。

（一）合理的焊接结构设计

（1）在保证结构承载能力的条件下，尽量减少焊缝数量、长度和截面积。厚件要采用两面坡口进行焊接。

（2）结构中的焊缝应尽量对称分布，避免密集和交叉。

（3）尽量选用型材、冲压件代替板材拼焊，以减少焊缝数量和变形。

（二）工艺措施

（1）反变形法。焊前把焊件安装成与焊接变形相反的位置，以抵消焊后所发生的变形，如图 11-18 所示。

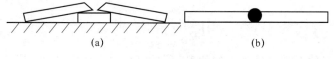

图 11-18　反变形法
(a) 焊前；(b) 焊后

（2）刚性固定法。焊前把焊件固定在坚固的夹具内，用强制手段来减少焊接变形。但这种方法会增加焊接应力，所以只适用于塑性较好的低碳结构钢。

（3）选择合理的焊接次序。合理的焊接次序如图 11-19 所示。

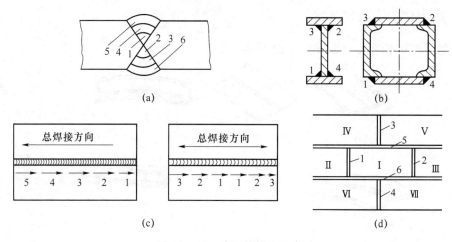

图 11-19　合理的焊接次序
(a) X 垂坡口；(b) 对称截面梁；(c) 长焊缝的逆向分段焊；(d) 钢板组合件的拼接

四、焊接变形的矫正

矫正过程的实质是使结构产生新的变形来抵消已发生的变形。常用矫正方法有机械矫正法和火焰矫正法。

（一）机械矫正法

机械矫正法是利用机械外力来进行矫正，如图 11-20 所示。

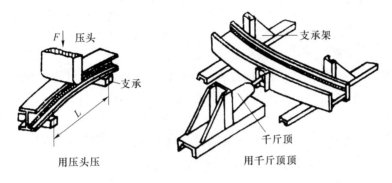

图 11-20　机械矫正法

（二）火焰矫正法

火焰矫正法通常采用氧-乙炔火焰在焊件的适当部位上加热，使焊件在冷却收缩时产生与焊接变形大小相等、方向相反的变形，以矫正焊件的变形，如图 11-21 所示。但火焰加热温度一般应控制在 500℃~800℃，不宜过高。

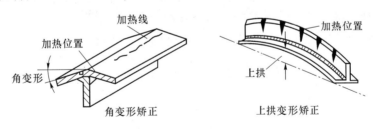

图 11-21　火焰加热矫正法

五、减少和消除焊接应力的方法

焊接应力对于塑性好的低碳钢构件危害不大，但对中碳钢、合金结构钢、高合金钢和铸铁焊件，则可能导致焊缝和热影响区的开裂，所以要采取措施减少和消除焊接应力。

（1）对焊件要进行合理的结构设计及采取必要的工艺措施。

（2）将焊件预热到 350℃~400℃，然后再进行焊接，这是最有效的减少焊接应力的办法。预热可使焊缝区金属和周围金属的温度差减小，又可使焊后比较均匀地同时缓慢冷却，减少焊接应力和变形。

（3）焊后退火处理也是常用和最有效的消除焊接应力的一种方法。即将焊件加热到 600℃~650℃，保温一定时间，然后缓慢冷却。经过退火处理的焊件一般可消除 80% 以上的焊接应力。

第五节　常用金属材料的焊接

一、金属的焊接性

金属材料的焊接性，是指被焊金属在采用一定的焊接工艺方法、焊接材料、工艺参数及结构型式的条件下，获得优质焊接接头的难易程度。

同一种金属材料，采用不同的焊接方法或焊接材料，其焊接性可能会有很大的差别。

焊接性一般包括两个方面：一是工艺可焊性，主要是指焊接接头出现各种裂纹的可能性；二是使用可焊性，主要是指焊接接头在使用过程中的可靠性，包括焊接接头的力学性能及其他特殊性能（如耐热、耐蚀性等）。金属材料这两方面的焊接性可通过估算和试验方法来确定。

钢的焊接性主要取决于钢中的化学成分，尤其是碳的含量，因此常用碳当量来估算钢的焊接性。国际焊接协会推荐的估算碳钢和低合金钢的碳当量公式如下：

$$CE = C + \frac{Mn}{6} + \frac{Cr + Mo + V}{5} + \frac{Ni + Cu}{15} \quad (\%)$$

式中 C、Mn、Cr、Mo、V、Ni、Cu 为钢中该元素的含量百分数。

根据经验：CE < 0.4% 时，钢材塑性良好，淬硬倾向不明显，可焊性优良，焊接时一般不需要预热；CE = 0.4% ~ 0.6% 时，钢材塑性下降，淬硬倾向明显，可焊性较差，焊接时需要采用适当的预热和一定的工艺措施；CE > 0.6% 时，钢材塑性较低，淬硬倾向很强，可焊性不好，焊接时必须预热到较高温度和采取严格的工艺措施。

二、碳钢和低合金钢的焊接

低碳钢的碳当量低，塑性好，焊接性能也好，焊接时一般不需要预热，焊后也不需要热处理。低碳钢适合于各种焊接方法来进行焊接。中碳钢的碳当量较高，焊接时在近缝区容易产生淬硬组织和冷裂缝，因此焊接时应尽量选用低氢型焊条，并对焊件进行预热。高碳钢的碳当量更高，可焊性更差，一般不用做焊接结构件，而只用于焊补一些损坏的机件。

普通低合金钢的焊接性能与一般低碳钢很相似，焊接性能良好。但随着普通低合金钢的强度级别提高，焊接性能随着变差，焊接时需采用工艺措施。一般是焊前预热，焊后及时热处理以消除焊接应力。

三、铸铁的焊补

铸铁一般不用做焊接构件，但铸件在生产和使用过程中，会出现各种铸造缺陷和裂缝，此时可采用焊补的方法修复使其继续使用。铸铁的焊补方法有热焊法和冷焊法。

热焊法是焊前将铸件整体或局部加热至600℃~700℃，焊接过程中温度不低于400℃，焊后缓慢冷却，这样才能有效地防止白口和裂缝的产生，热焊法的焊补质量较好。

冷焊法是焊前不加热或加热温度低于400℃，焊缝易产生白口和裂纹，为减少白口层和裂纹，应尽量采用小电流，短焊弧，窄焊缝，短焊道（每次焊缝长度一般不超过50 mm），焊后立即用锤轻击焊缝，以松弛焊接应力，待焊缝冷却后再继续焊接。冷焊法比热焊法生产效率高，成本低，劳动条件好，但冷焊的焊缝质量要比热焊的差。

焊补铸铁用的焊条有铸铁芯铸铁焊条、钢芯石墨化铸铁焊条、镍基铸铁焊条和铜基铸铁焊条等。

四、有色金属及其合金的焊接

（一）铝及铝合金的焊接

铝及铝合金的焊接特点是：铝易氧化成氧化铝（Al_2O_3），氧化铝组织致密，熔点高，焊接时易形成氧化物夹渣；液态铝能大量吸收氢，而固态铝几乎不溶解氢，因此熔池在凝固时易形成气孔，铝的导热系数大，所以要求使用大功率或能量集中的热源，厚度较大时应预热；铝的线膨胀系数较大，易产生焊接应力与变形，甚至裂缝，铝在高温时的强度、塑性很低，焊接时会引起焊缝的塌陷和焊穿，因此常需采用垫板。

目前焊接铝及铝合金的常用方法有氩弧焊、气焊、电阻焊和钎焊。氩弧焊时，氩气能可靠地保护熔池，焊接质量较高。气焊时必须采用气焊熔剂（气剂401）以去除表面氧化物和杂质。不论用哪种焊接方法，焊前都必须严格清除焊接处表面的氧化物和杂质。

（二）铜及铜合金的焊接

铜及铜合金的焊接特点是：铜的导热性很高，所以焊接时必须采用较大的热量，一般还需预热；铜的线膨胀系数大，易产生焊接应力与变形；铜在液态时能吸收大量氢，凝固时溶解度下降，易形成气孔，铜合金中的合金元素（如锌、锡、铅、铝等）易氧化和蒸发，使焊接接头处的力学性能下降。

铜及铜合金常用的焊接方法有氩弧焊、气焊、手弧焊和钎焊。氩弧焊时，氩气能可靠地保护熔池，接头质量较好。气焊时必须用气焊熔剂（气剂301）以去除表面氧化物和杂质。手弧焊时应选用相应的铜及铜合金焊条。

第六节 焊接结构设计

设计焊接结构时，既要考虑结构强度和工作条件等使用性能要求，还要考虑焊接工艺过程的特点，才能获得优质的产品和降低产品的成本。

一、焊接结构材料的选择

焊接结构材料除应满足使用性能要求外，还应具有良好的焊接性，以保证焊接结构的安全可靠。

低碳钢和强度级别不高的低合金钢具有良好的焊接性，应优先选用。含碳量大于0.5%的碳钢和含碳量大于0.4%的合金钢焊接性能差，一般不宜采用，镇静钢的组织致密，钢材质量较高，可以作重要的焊接结构用材，沸腾钢焊接时易产生裂缝，厚板焊接时还有层状撕裂倾向，不宜作承受动载荷和严寒条件下工作的重要焊接结构。焊接构件要尽量应用各种型材，这样可减少焊缝数量和焊接工作量，同时还提高了结构的强度和刚性。

二、焊接方法的选择

设计焊接结构时，确定了结构材料后，就应考虑用什么焊接方法生产，以保证获得优良的焊接接头，并有较高的生产率。选择焊接方法时，要注意焊接方法的适用范围、焊件的厚度及现场设备等因素。例如，低碳钢可用各种方法进行焊接。如果焊件是薄板轻型结构，无密封要求的可用点焊，有密封要求的可用缝焊。如果焊件板厚是中等厚度（一般指 10 ~ 20 mm），可采用手弧焊或操弧焊；手弧焊操作灵活方便，适宜短缝及不同空间位置的焊接；埋弧自动焊适宜焊接长焊缝和大直径环形焊缝，尤其适用于大批量生产。如果焊件板厚的厚度很大，可选用电渣焊。焊接合金钢、不锈钢等重要构件及铝合金等，应采用氩弧焊以确保焊接接头质量。表 11 - 2 为各种焊接方法的特点。

表 11 - 2　各种焊接方法的特点

焊接方法	热影响区大小	变形大小	生产率	可焊空间位置	适用板厚/mm
气焊	大	大	低	全	0.5 ~ 3
手工电弧焊	较小	较小	较低	全	可焊 1 mm 以上，常用 3 ~ 20
自动埋弧焊	小	小	高	平	可焊 3 mm 以上，常用 6 ~ 60
氩弧焊	小	小	较高	全	0.5 ~ 25
CO_2 保护焊	小	小	较高	全	0.8 ~ 30
电渣焊	大	大	高	立	可焊 25 ~ 1 000 mm，常用 35 ~ 400
等离子弧焊	小	小	高	全	可焊 0.025 mm 以上，常用 1 ~ 12
点焊	小	小	高	全	可焊 10 mm 以下，常用 0.5 ~ 3
缝焊	小	小	高	全	3 mm 以下

三、接头设计

选择接头形式时，要考虑结构形状、使用要求和焊接工艺等因素。焊接接头的基本形式有对接、搭接、角接和 T 形接等。

对接接头应力分布均匀，接头质量容易得到保证，适用于重要的受力焊缝（如锅炉、压力容器等结构的焊缝），搭接接头受力时会产生附加弯矩，降低接头强度，但搭接接头不用开坡口，装配尺寸要求不高，适用于受力不大的平面连接（如桥梁、厂房屋架等结构），当接头构成直角连接时，必须采用角接头或 T 形接头。

设计焊接接头时，接头处两侧的钢板厚度应相等或相近，这样焊接时受力均匀，避免应力集中及因两边受热不匀造成焊不透等缺陷。

四、焊接结构工艺性

焊接结构设计时，必须充分注意焊接过程的工艺性要求，使焊缝布置合理，结构强度高，应力小，变形小，操作方便。

（1）焊缝位置应便于操作，一般应多用平焊缝，少用立焊缝和横焊缝，尽量不用仰焊缝。要有足够的空间实行焊接。

（2）焊缝应尽量避开最大应力或应力集中的位置，以提高结构强度。

（3）焊缝的布置应有利于减少焊接应力和变形。为此应尽量减少焊缝的数量，避免焊缝密集与交叉，并使焊缝对称分布。

（4）焊缝应尽量避开机械加工面，以免影响加工表面的精度。

第七节　常见的焊接缺陷及其产生原因

在焊接生产过程中，由于焊接工艺参数选择不当、焊前准备工作不充分、焊工技术水平不高或操作不当等原因，均可能造成各种焊接缺陷。常见的焊接缺陷如图 11 – 22 所示。常见焊接缺陷产生的主要原因见表 11 – 3。

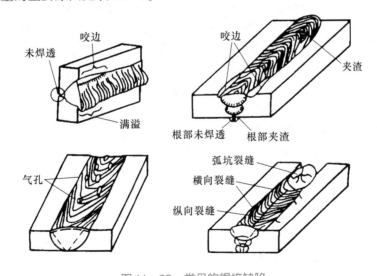

图 11 – 22　常见的焊接缺陷

表 11 – 3　常见焊接缺陷产生的主要原因

缺陷名称	产生的主要原因
咬边	焊接电流太大，焊条角度不合适，电弧过长，焊条横向摆动的速度过快
气孔	焊接材料表面有油污、铁锈、水分、灰尘等；焊接材料成分选择不当；焊接电弧太长或太短；焊接电流太大或太小

续表

缺陷名称	产生的主要原因
夹渣	电流过小，熔渣不能充分上浮；运条方式不当；焊缝金属凝固太快，焊缝周围不干净，冶金反应生成的杂质浮不到熔池表面
未焊透	焊接电流太小，焊接速度太快；焊件装配不当，焊条角度不正确，电弧未焊透工件
裂纹	焊接材料化学成分选择不当，造成焊缝金属硬、脆，在焊缝冷凝后期和继续冷却过程中形成裂纹；金属液冷却太快，导致热应力过大而形成裂纹；焊接结构设计不合理，造成焊接应力过大而产生裂纹

思考题

一、判断题

1. 焊前预热能使热影响区的性能和母材一样。　　　　　　　　　　　　　　（　　）
2. 铝及铝合金用气焊比用氩弧焊焊接质量更好。　　　　　　　　　　　　　（　　）
3. 摩擦焊和钎焊都能焊接异种金属。　　　　　　　　　　　　　　　　　　（　　）
4. 中碳钢含碳量比低碳钢高，所以强度较高，可焊性也较好。　　　　　　　（　　）
5. CO_2 气体保护焊适用于焊接有色金属。　　　　　　　　　　　　　　　（　　）
6. 钎焊的焊接温度低，故只用于焊接低熔点金属材料。　　　　　　　　　　（　　）
7. 焊接高压容器时应采用酸性焊条。　　　　　　　　　　　　　　　　　　（　　）
8. 增加焊接结构的刚性，可以减小应力和变形。　　　　　　　　　　　　　（　　）

二、简答题

1. 试述焊接、钎焊和粘接在本质上有何区别？
2. 怎样才能实现焊接？应有什么外界条件？
3. 能实现焊接的能源大致有哪几种？它们各自的特点是什么？
4. 简述焊接电弧加热区的特点及其热分布。
5. 简述焊接接头的形成及其经历的过程，它们对焊接质量有何影响？
6. 试述提高焊缝金属强韧性的途径。
7. 什么是焊接？其物理本质是什么？
8. 常用的焊接方法有哪些？
9. 简述手工电弧焊冶金过程特点。其特点与焊接质量有何关系？
10. 简述焊条的选用原则。
11. 酸性焊条与碱性焊条各有什么优缺点？
12. 产生焊接应力与变形原因是什么？如何预防？如何矫正？
13. 手工电弧焊时为什么要开坡口？有哪几种形式？
14. 试简述电阻焊特点。

第十二章 零件选材及加工工艺分析

第一节 零件的失效形式和选材原则

一、机械零件的失效形式

所谓失效，是指零件在使用过程中，由于尺寸、形状或材料的组织与性能发生变化而失去原设计的效能。零件失效的具体表现为：完全破坏而不能工作；严重损伤不能安全工作；虽能工作，但已不能完成规定的功能。零件的失效，特别是那些没有明显征兆的失效，往往会带来巨大的损失，甚至导致重大事故。

一般机器零件常见的失效形式有以下三种：

1. 断裂

包括静载荷或冲击载荷下的断裂、疲劳断裂、应力腐蚀破裂等。断裂是材料最严重的失效形式，特别是在没有明显塑性变形的情况下突然发生的脆性断裂，往往会造成灾难性事故。

2. 表面损伤

包括过量磨损、表面腐蚀、表面疲劳（点蚀或剥落）等。机器零件磨损过量后，工作就会恶化，甚至不能正常工作而报废。磨损不仅消耗材料、损坏机器，而且耗费大量能源。

3. 过量变形

包括过量的弹性变形、塑性变形和蠕变等。不论哪种过量变形，都会造成零件（或工具）尺寸和形状的改变，影响它们的正确使用位置，破坏零件或部件间相互配合的位置和关系，使机器不能正常工作，甚至造成事故。如高压容器的紧固螺栓若发生过量变形而伸长，就会使容器渗漏；又如变速器中的齿轮若产生过量塑性变形，就会使轮齿啮合不良，甚至卡死、断齿，引起设备事故。

引起零件失效的原因很多，涉及零件的结构设计、材料的选择与使用、加工制造、装配及维护保养等方面。而合理选用材料就是从材料应用上去防止或延缓失效的发生。

二、选材的基本原则

（一）材料的使用性能应满足零件的使用要求

使用性能是指零件在正常使用状态下，材料应具备的性能，包括力学性能、物理性能和化学性能。使用性能是保证零件工作安全可靠、经久耐用的必要条件。不同机械零件要求材料的使用性能是不一样的，这主要是因为不同机械零件的工作条件和失效形式不同。因此，对某个零件进行选材时，首先要根据零件的工作条件和失效形式，正确地判断所要求的主要使用性能，然后根据主要的使用性能指标来选择较为合适的材料；有时还需要进行一定的模拟试验来最后确定零件的材料。对于一般的机械零件，则主要以其力学性能作为选材依据。对于用非金属材料制成的零件（或构件），还应注意工作环境对其性能的影响，因为非金属材料对温度、光、水、油等的敏感程度比金属材料大得多。表12-1列出了几种零件（工具）的工作条件、失效形式及要求的主要力学性能。

表12-1 几种零件（工具）的工作条件、失效形式及要求的主要力学性能

零件（工具）	工作条件			常见失效形式	要求的主要力学性能
	应力种类	载荷性质	其他		
紧固螺栓	拉、切应力	静		过量变形、断裂	强度、塑性
传动轴	弯、扭应力	循环、冲击	轴颈处摩擦、振动	疲劳破坏、过量变形、轴颈处磨损	综合力学性能、轴颈处硬度
传动齿轮	压、弯应力	循环、冲击	摩擦、振动	齿折断、疲劳断裂、磨损、接触疲劳（点蚀）	表面高硬度及疲劳强度、心部较高强度、韧性
弹簧	扭弯应力	交变、冲击	振动	弹性丧失、疲劳破坏	弹性极限、屈强比、疲劳极限
冷作模具	复杂应力	交变、冲击	强烈摩擦	磨损、脆断	硬度、足够的强度、韧性
压铸模	复杂应力	循环、冲击	高温、摩擦、金属液腐蚀	热疲劳、脆断、磨损	高温强度、抗热疲劳性、足够的韧性与硬度
滚动轴承	压应力	交变、冲击	滚动摩擦	疲劳断裂、磨损、接触疲劳（点蚀）	接触疲劳强度、硬度、耐蚀性、足够的韧性

在对零件的工作条件、失效形式进行全面分析，并根据零件的几何形状和尺寸、工作中所受的载荷及使用寿命，通过力学计算确定出零件应具有的主要力学性能指标及其数值后，即可利用手册选材。但是还应注意以下几点：第一，材料的性能不单与化学成分有关，也与加工、处理后的状态有关。金属材料尤为明显。所以要弄清手册中的数据是在什么加工、处

理条件下得到的。第二，材料的性能还与试样的尺寸有关，且随试样截面尺寸的增大，其力学性能一般是降低的。因此，必须考虑零件尺寸与手册中试样尺寸的差别，并进行适当的修正。第三，材料的化学成分、加工、处理的工艺参数本身都有一定的波动范围，所以其力学性能数据也有一个波动范围。一般手册中的性能数据，大多是波动范围的下限值，即在尺寸和处理条件相同时，手册中的数据是偏安全的。

(二) 材料的工艺性应满足加工要求

材料的工艺性是指材料适应某种加工的能力。在选材中，与使用性能比较，材料的工艺性能常处于次要地位。但在某些特殊情况下，工艺性能也会成为选材的主要依据。高分子材料的成形工艺比较简单，切削加工性比较好。但其导热性差，在切削过程中不易散热，易使工件温度急剧升高而使其变焦（热固性塑料）或变软（热塑性塑料）。陶瓷材料成形后硬度极高，除了可以用碳化硅、金刚石砂轮磨削外，几乎不能进行其他加工。金属材料如果用铸造成形，最好选择共晶成分或接近共晶成分的合金；如果用锻造成形，最好选用组织呈固溶体的合金；如果是焊接成形，最适宜的材料是低碳钢或低碳合金钢；为了便于切削加工，一般希望钢铁材料的硬度控制在 170~230HBS（这可通过热处理来调整其组织和性能）。

不同金属材料的热处理性能是不同的。碳钢的淬透性差，强度不是很高，加热时易过热而使晶粒长大，淬火时也易变形和开裂。因此，制造高强度、大截面、形状比较复杂的零件，一般应选用合金钢。

(三) 选材时，还应充分考虑经济性

选材时应注意降低零件的总成本。零件的总成本包括材料本身的价格、加工费、管理费及其他附加费用（如零件的维修费等）。据资料统计，在一般的工业部门中，材料的价格要占产品价格的 30%~70%。因此，在保证使用性能的前提下，应尽可能选用价廉、货源充足、加工方便、总成本低的材料，以取得最大的经济效益，提高产品在市场上的竞争力。表 12-2 为我国部分常用工程材料的相对价格，由此可以看出，在金属材料中，碳钢和铸铁的价格比较低廉，而且加工也方便，故在满足零件使用性能的前提下，选用碳钢和铸铁可降低产品的成本。

表 12-2　我国常用金属材料的相对价格

材 料	相对价格	材 料	相对价格
碳素结构钢	1	碳素工具钢	1.4~1.5
低合金结构钢	1.2~1.7	低合金工具钢	2.4~3.7
优质碳素结构钢	1.4~1.5	高合金工具钢	5.4~7.2
易切削钢	2	高速钢	13.5~15
合金结构钢	1.7~2.9	铬不锈钢	8
铬镍合金结构钢	3	铬镍不锈钢	20
滚动轴承钢	2.1~2.9	普通黄铜	13
弹簧钢	1.6~1.9	球墨铸铁	2.4~2.9
注：相对价格摘自1990年上海冶金工业局钢材出厂价格汇编所规定价格，并以碳素结构钢价格为基数1，钢材为热轧圆钢（25~160 mm）；有色金属为圆材。球墨铸铁按市场价确定。			

低合金钢的强度比碳钢高，工艺性能接近碳钢，因此，选用低合金钢往往经济效益比较显著。在选用材料时，还应立足于我国的资源，并考虑我国的生产和供应情况，例如能用硅锰钢的，就尽量不要用铬镍钢。此外，对同一企业来说，所选用的材料种类、规格应尽量少而集中，以便于采购和管理，减少不必要的附加费用。

总之，作为工程技术人员，在选用材料时，必须了解我国的资源和生产情况，从实际情况出发，全面考虑材料的使用性能、工艺性能和经济性等方面的因素，以保证产品性能优良、成本低廉、经济效益最佳。

第二节　零件毛坯的选择

除了少数要求不高的零件外，机械上的大多数零件都要通过铸造、锻压或焊接等加工方法先制成毛坯，然后再经切削加工制成成品。因此，零件毛坯选择是否合理，不仅影响每个零件乃至整部机械的制造质量和使用性能，而且对零件的制造工艺过程、生产周期和成本也有很大的影响。表 12 - 3 列出了常用毛坯生产方法及有关内容的比较，可供选择毛坯时参考。

毛坯的选择包括选择毛坯材料、类别和具体的制造方法。毛坯材料（即零件材料）和毛坯类型的选择是密切相关的，因为不同的材料具有完全不同的工艺性能。通常选择毛坯时必须考虑以下原则。

1. 保证零件的使用要求

毛坯的使用要求，是指将毛坯最终制成机械零件的使用要求。零件的使用要求包括对零件形状和尺寸的要求，以及工作条件对零件性能的要求。工作条件通常指零件的受力情况、工作温度和接触介质等。所以对零件的使用要求也就是对其外部和内部质量的要求。例如机床的主轴和手柄，虽同属轴类零件，但其承载及工作情况不同。主轴是机床的关键零件，尺寸、形状和加工精度要求很高，受力复杂，在长期使用过程中只允许发生极微小的变形，因此选用 45 钢或 40Cr 等具有良好综合力学性能的材料，经锻造制坯及严格的切削加工和热处理制成；而机床手柄，尺寸、形状等要求不很高，受力也不大，故选用低碳钢棒料或普通灰铸铁毛坯，经简单的切削加工即可制成，不需要热处理。再如，燃气轮机上的叶片和电风扇叶片，虽然同是具有空间几何曲面形状的叶片，但前者要求采用优质合金钢，经过精密锻造和严格的切削加工及热处理，并且需经过严格的检验，其制造尺寸的微小偏差，将会影响工作效率，其内部的某些缺陷则可能造成严重的后果；而一般电风扇叶片，采用低碳钢薄板冲压成形或采用工程塑料成形就基本完成了。

由上述可知，即使同一类零件，由于使用要求不同，从选择材料到选择毛坯类别和加工方法，可以完全不同。因此，在确定毛坯类别时，必须首先考虑工作条件对其提出的使用性能要求。

表12-3　常用毛坯的生产方法及其有关内容比较

比较内容 ＼ 生产方法	铸造	锻造	冲压	焊接	型材
成形特点	液态成形	固态下塑性变形		借助金属原子间的扩散和结合	固态下切割
对原材料工艺性能要求	流动性好，收缩率小	塑性好，变形抗力小		强度好，塑性好，液态下化学稳定性好	
适用材料	铸铁，铸钢，有色金属	中碳钢，合金结构钢	低碳钢和有色金属薄板	低碳钢和低合金结构钢，铸铁，有色金属	碳钢，合金钢，有色金属
适宜的形状	形状不受限制，可相当复杂，尤其是内腔形状	自由锻件简单，模锻件可较复杂	可较复杂	形状不受限	简单，一般为圆形或平面
比较适宜的尺寸与质量	砂型铸造不受限	自由锻不受限，模锻件 <150 kg	不受限	不受限	中、小型
毛坯的组织与性能	砂型铸造件晶粒粗大、疏松、缺陷多、杂质排列无方向性。铸铁件力学性能差，耐磨性和减振性好；铸钢件力学性能较好	晶粒细小、较均匀、致密，可利用流线改善性能，力学性能好	组织细密，可产生纤维组织。利用冷变形强化，可提高强度和硬度，结构刚性好	焊缝区为铸态结构，熔合区及过热区有粗大晶粒，内应力大；接头力学性能达到或接近母材	取决于型材的原始组织和性能
毛坯精度和表面质量	砂型铸造件精度低和表面粗糙（特种铸造较高）	自由锻件精度较底，表面较粗糙；模锻件精度中等，表面质量较好	精度高，表面质量好	精度较低，接头处表面粗糙	取决于切削方法
材料利用率	高	自由锻件低，模锻件中等	较高	较高	较高

续表

比较内容 \ 生产方法	铸造	锻造	冲压	焊接	型材
生产成本	低	自由锻件较高，模锻件较低	低	中	较低
生产周期	砂型铸造较短	自由锻短，模锻长	长	短	短
生产率	砂型铸造低	自由锻低，模锻较高	高	中、低	中、低
适宜的生产批量	单件和成批（砂型铸造）	自由锻单件小批，模锻成批、大量	大批量	单件、成批	单件、成批
适用范围	铸造件用于受力不大，或承压为主的零件，或要求减振、耐磨的零件；铸钢件用于承受重载而形状复杂的零件，如床身、立柱、箱体、支架和阀体等	用于承受重载、动载或复杂载荷的重要零件，如主轴、传动轴、丝杠和曲轴等	用于板料成形的零件	用于制造金属结构件，或组合件和零件的修补	一般中、小型简单件

2. 降低制造成本，满足经济性

一个零件的制造成本包括其本身的材料费以及所消耗的燃料费、动力费用、人工费、各项折旧费和其他辅助费用等分摊到该零件上的份额。在选择毛坯的类别和具体的制造方法时，通常是在保证零件使用要求的前提下，把几个可供选择的方案从经济上进行分析、比较，从中选择成本低廉的方案。

一般来说，在单件小批量生产的条件下，应选用常用材料、通用设备和工具、低精度低生产率的毛坯生产方法。这样，毛坯生产周期短，能节省生产准备时间和工艺装备的设计制造费用。虽然单件产品消耗的材料及工时多些，但总的成本还是较低的。在大批量生产的条件下，应选用专用材料、专用设备和工具以及高精度高生产率的毛坯生产方法。这样，毛坯的生产率高、精度高。虽然专用材料、专用工艺装备增加了费用，但材料的总消耗量和切削加工工时会大幅度降低，总的成本也较低。通常的规律是：单件、小批生产时，对于铸件应优先选用灰铸铁和手工砂型铸造方法；对于锻件应优先选用碳素结构钢和自由锻方法；在生产急需时，应优先选用低碳钢和手工电弧焊方法制造焊接结构毛坯。在大批量生产中，对于铸件应采用机器造型的铸造方法，锻件应优先选用模型锻造方法，焊接件应优先选用低合金高强度结构钢材料和自动、半自动的埋弧焊、气体保护焊等方法制造毛坯。

3. 考虑实际生产条件

根据使用要求和制造成本分析所选定的毛坯制造方法是否能实现，还必须考虑企业的实际生产条件。只有实际生产条件能够实现的生产方案才是合理的。因此，在考虑实际生产条件时，应首先分析本厂的设备条件和技术水平能否满足毛坯制造方案的要求。如不能满足要求，则应考虑某些零件的毛坯可否通过厂际协作或外购来解决。随着现代工业的发展，产品和零件的生产正在向专业化方向发展，在进行生产条件分析时，一定要打破自给自足的小生产观念，将生产协作的视野从本企业、本集团的狭小天地里解脱出来。这样就可能确定一个既能保证质量，又能按期完成任务，经济上也合理的方案。

上述三条原则是相互联系的，考虑时应在保证使用要求的前提下，力求做到质量好、成本低和制造周期短。

第三节 零件热处理的技术条件和工序位置

热处理是机械制造过程中的重要工序。正确分析和理解热处理的技术条件，合理安排零件加工工艺路线中的热处理工序，对于改善金属材料的切削加工性能，保证零件的质量，满足使用性能要求，具有重要的意义。

一、零件热处理的技术条件及标注

需要热处理的零件，设计者应根据零件的性能要求，在图样上标明零件所用材料的牌号，并应注明热处理的技术条件，以供热处理生产和检验时使用。

热处理技术条件的内容包括：零件最终的热处理方法、热处理后应达到的力学性能指标等。零件经热处理后应达到的力学性能指标，一般仅需标注出硬度值。但对于某些力学性能要求较高的重要零件，例如动力机械上的关键零件（如曲轴、连杆、齿轮等），还应标出强度、塑性、韧性指标，有的还应提出对金相显微组织的要求。对于渗碳件则还应标注出渗碳淬火、回火后的硬度（表面和心部）、渗碳的部位（全部或局部）、渗碳层深度等。对于表面淬火零件，在图样上应标出淬硬层的硬度、深度与淬硬部位，有的还应提出对显微组织及限制变形的要求（如轴淬火后弯曲度、孔的变形量等）。

在图样上标注热处理技术条件时，可用文字对热处理条件加以简要说明，也可用国家标准（GB/T 12693—1990）规定的热处理工艺分类及代号来表示。热处理技术条件一般标注在零件图标题栏的上方（技术要求中），如图 12-1 所示。在标注硬度值时应允许有一个波动范围，一般布氏硬度范围为 30～40，洛氏硬度范围在 5 左右。例如，"正火 210～240HBS""淬火回火 40～45HRC"。

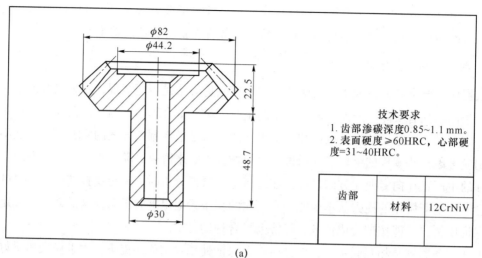

技术要求

1. 齿部渗碳深度0.85~1.1 mm。
2. 表面硬度≥60HRC，心部硬度=31~40HRC。

齿部		
	材料	12CrNiV

(a)

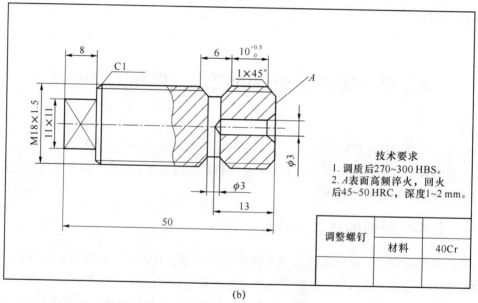

技术要求

1. 调质后270~300 HBS。
2. A表面高频淬火，回火后45~50 HRC，深度1~2 mm。

调整螺钉		
	材料	40Cr

(b)

图12－1 热处理技术条件的标注示例

（a）整体热处理时的标注图例；（b）局部热处理时的标注图例

二、热处理的工序位置

零件的加工都是按一定的工艺路线进行的。合理安排热处理的工序位置，对于保证零件质量、改善切削加工性能具有重要意义。根据热处理的目的和工序位置的不同，热处理可分为预先热处理和最终热处理两大类。其工序位置安排的一般规律如下：

（一）预先热处理的工序位置

预先热处理包括退火、正火、调质等。其工序位置一般均紧接毛坯生产之后，切削加工之前；或粗加工之后，精加工之前。

1. 退火、正火的工序位置

通常退火、正火都安排在毛坯生产之后、切削加工之前，以消除毛坯的内应力，均匀组织，改善切削加工性，并为最终热处理做组织准备。对于精密零件，为了消除切削加工的残余应力，在切削加工工序之间还应安排去应力退火。

2. 调质处理的工序位置

调质工序一般安排在粗加工之后，精加工或半精加工之前。目的是获得良好的综合力学性能，或为以后的表面淬火或易变形的精密零件的整体淬火做好组织准备。调质一般不安排在粗加工之前，是为了避免调质层在粗加工时大部分被切削掉，失去调质的作用，这对淬透性差的碳钢零件尤为重要。调质零件的加工路线一般为：下料—锻造—正火（退火）—切削粗加工—调质—切削精加工。

在实际生产中，灰铸铁件、铸钢件和某些钢轧件、钢锻件经退火、正火或调质后，往往不再进行其他热处理，这时上述热处理也就是最终热处理。

（二）最终热处理的工序位置

最终热处理包括各种淬火、回火及表面热处理等。零件经这类热处理后，获得所需的使用性能，因零件的硬度较高，除磨削加工外，不宜进行其他形式的切削加工，故最终热处理工序均安排在半精加工之后。

1. 淬火、回火的工序位置

整体淬火、回火与表面淬火的工序位置安排基本相同。淬火件的变形及氧化、脱碳应在磨削中去除，故需留磨削余量（直径在 200 mm、长度在 100 mm 以下的淬火件，磨削余量一般为 0.35~0.75 mm）表面淬火件的变形小，其磨削余量要比整体淬火件的小。

（1）整体淬火零件的加工路线一般为：下料—锻造—退火（正火）—粗切削加工、半精切削加工—淬火、回火（低、中温）—磨削。

（2）感应加热表面淬火零件的加工路线一般为：下料—锻造—退火（正火）—粗切削加工—调质—半精切削加工—感应加热表面淬火、低温回火—磨削。

2. 渗碳的工序位置

渗碳分整体渗碳和局部渗碳两种。当零件局部不允许渗碳处理时，应在图样上予以注明。该部位可镀铜以防渗碳，或采取多留余量的方法，待零件渗碳后淬火前再切削掉该处渗碳层。

整体渗碳件的加工路线一般为：下料—锻造—正火—粗、半精切削加工—渗碳、淬火、低温回火—精切削加工（磨削）。

局部渗碳件的加工路线一般为：下料—锻造—正火—粗、半精切削加工—非渗碳部位镀铜（留防渗余量）—渗碳—淬火、低温回火—精加工（磨削）。去除非渗碳部位余量。

第四节　典型零件材料和毛坯的选择及加工工艺分析

常用机械零件按其形状特征和用途不同，主要分为轴类零件、套类零件、轮盘类零件和箱座类零件四大类。它们各自在机械上的重要程度、工作条件不同，对性能的要求也不同。因此，正确选择零件的材料种类和牌号、毛坯类型和毛坯制造方法，合理安排零件的加工工艺路线，具有重要意义。下面就以几个典型零件为例进行分析。

一、轴类零件

轴类零件是回转体零件，其长度远大于直径，常见的有光滑轴、阶梯轴、凸轮轴和曲轴等，在机械设备中，轴类零件主要用来支承传动零件（如齿轮、带轮）和传递转矩，它是各种机械设备中重要的受力零件。

1. 车床主轴的工作条件和性能要求

（1）承受交变的弯曲应力与扭切应力，有时受到冲击载荷作用。

（2）主轴大端内锥孔和锥度外圆，经常与卡盘、顶尖和刀具锥体有相对摩擦。

（3）花键部分与齿轮经常有磕碰或相对滑动。

由于该主轴是在滚动轴承中运动，承受中等载荷，转速中等，有装配精度要求，且受一定冲击力。由此确定其性能要求如下：①主轴应具有良好的综合力学性能；②内锥孔和外锥圆表面、花键部分应有较高的硬度和耐磨性。

2. 材料选择

轴类零件的材料一般选碳素钢、合金钢或铸铁。根据上述主轴的工作条件和性能要求，确定主轴材料选择 45 钢。

3. 毛坯选择

该轴为阶梯轴，最大直径（ϕ100 mm）与最小直径（ϕ3 mm）相差较大，选圆钢毛坯不经济，故应选锻造毛坯为宜，在单件小批生产时，可采用自由锻生产毛坯；在成批大量生产时，应采用模锻生产毛坯。

4. 加工工艺路线及分析

生产中，该主轴的加工工艺路线为：

下料—锻造—正火—粗切削加工—调质—半精切削加工—锥孔及外锥体的局部淬火、回火—粗磨（外圆、外锥体、锥孔）—铣花键及键槽—花键高频淬火、回火—精磨（外圆、锥孔及外锥体）。

其中正火、调质为预先热处理，锥孔及外锥体的局部淬火、回火与花键的淬火、回火属于最终热处理。它们的作用分别为：

（1）正火。主要是为了消除毛坯的锻造应力，降低硬度以改善切削加工性，同时也均匀组织，细化晶粒，为调质处理做组织准备。

（2）调质。主要是使主轴具有良好的综合力学性能。调质处理后，其硬度达 220 ~ 250HBS，强度可达 σ_b = 682 MPa。

（3）淬火、回火。主要是为了使锥孔、外锥体及花键部分获得所要求的硬度。锥孔和外锥体部分可用盐浴快速加热并水淬，经回火后，其硬度应达 45 ~ 50HRC，花键部分用高频加热淬火，以减少变形，经回火后，表面硬度应达 48 ~ 53HRC。

为了减少变形，锥部淬火应与花键淬火分开进行，并且锥部淬火、回火后，需用磨削纠正淬火变形。然后再进行花键的加工与淬火。最后用精磨消除总的变形，从而保证主轴的装配质量。

二、轮盘类零件

轮盘类零件的轴向尺寸一般小于径向尺寸，或两个方向尺寸相差不大，属于这一类的零件有齿轮、带轮、飞轮、锻造模具、法兰盘和联轴器等。由于这类零件在机械中的使用要求和工作条件有很大差异，因此所用材料和毛坯各不相同。下面以齿轮为例进行分析。

齿轮是各类机械中的重要传动零件，主要用来传递扭矩，有时也用来换挡或改变传动方向，有的齿轮仅起分度定位作用。齿轮的转速可以相差很大，齿轮的直径可以从几毫米到几米，工作环境也可有很大差别。因此，齿轮的工作条件是较复杂的，但大多数重要齿轮仍有共同特点。

（一）齿轮的工作条件和性能要求

1. 工作条件

（1）由于传递扭矩，齿根承受较大的交变弯曲应力。

（2）齿的表面承受较大的接触应力，在工作中相互滚动和滑动，表面受到强烈的摩擦和磨损。

（3）由于换挡、启动或啮合不良，轮齿会受到冲击。

2. 性能要求

根据上述齿轮工作条件，要求齿轮材料应具备以下性能：

（1）齿面有高的硬度和耐磨性。

（2）齿面具有高的接触疲劳强度和齿根具有高的弯曲疲劳强度。

（3）齿轮心部要有足够的强度和韧性。

（二）齿轮材料和毛坯的选择

由以上分析可知，齿轮一般应选用具有良好力学性能的中碳结构钢和中碳合金结构钢；承受较大冲击载荷的齿轮，可选用合金渗碳钢；一些低速或中速低应力、低冲击载荷条件下工作的齿轮，可选用铸钢、灰铸铁或球墨铸铁；一些受力不大或在无润滑条件下工作的齿轮，可选用塑料（如尼龙、聚碳酸酯等）；中、小齿轮一般选用锻造毛坯；大量生产时可采用热轧或精密模锻的方法制造毛坯；在单件或小批量生产的条件下，直径100 mm以下的小齿轮也可用圆钢为毛坯直径500 mm以上的大型齿轮，锻造比较困难，可用铸钢、灰铸铁或球墨铸铁铸造毛坯，铸造齿轮一般以辐条结构代替锻造齿轮的辐板结构在单件生产的条件下，常采用焊接方法制造大型齿轮的毛坯。

（三）典型齿轮材料和毛坯选择及加工工艺路线举例

1. 机床齿轮

C6132 车床的变速器齿轮。该齿轮工作时受力不大，转速中等，工作较平稳且无强烈冲击，工作条件较好。

性能要求：对齿面和心部的强度、韧性要求均不太高；齿轮心部硬度 220～250HBS，齿面硬度 45～50HRC。

适用材料：根据齿轮的工作条件和性能要求，该齿轮材料宜选 45 钢或 40Cr、40MnB。

毛坯制造方法：该齿轮形状简单，厚度差别不大，可选圆钢作毛坯，但齿轮的性能稍差，故应选锻造毛坯。在单件小批生产时，可采用自由锻生产；在成批大量生产时，宜采用胎膜锻等方法生产。

工艺路线：齿轮毛坯采用锻件时，其加工工艺路线一般为：下料—锻造—正火—粗加工—调质—精加工—齿部表面淬火＋低温回火—精磨。

2. 汽车变速器齿轮

其工作条件比机床齿轮恶劣。工作过程中，承受着较高的载荷，齿面受到很大的交变或脉动接触应力及摩擦力，齿根受到很大的交变或脉动弯曲应力，尤其是在汽车启动、爬坡行驶时，还受到变动的大载荷和强烈的冲击。

性能要求：要求齿轮表面有较高的耐磨性和疲劳强度，心部保持较高的强度与韧度，要求根部 $\sigma_b > 1\,000$ MPa，$\alpha_k > 60$ J/cm^2，齿面硬度 58～64HRC，心部硬度 30～45HRC。

适用材料：根据齿轮的使用条件和性能要求，确定该齿轮材料为 20CrMnTi 或 20MnVB。

毛坯类型的齿轮毛坯生产方法：该齿轮形状比机床齿轮复杂，性能要求也高，故不宜采用圆钢毛坯，而应采用模锻制造毛坯，以使材料纤维合理分布，提高力学性能。单件小批生产时，也可用自由锻生产毛坯。

工艺路线及分析：根据所选材料，制订该齿轮的加工工艺路线为：下料—锻造—正火—粗、半精切削加工（内孔及端面留余量）—渗碳（内孔防渗）、淬火、低温回火—喷丸—推拉花键孔—磨端面—磨齿—最终检验。

该工艺路线中热处理工序的作用是：

（1）正火。主要是为了消除毛坯的锻造应力，获得良好的切削加工性能；均匀组织，细化晶粒，为以后的热处理做组织上的准备。

（2）渗碳。为了提高齿轮表面的碳含量，以保证淬火后得到高硬度和良好耐磨性的高碳马氏体组织。

（3）淬火。其目的是使齿轮表面有高硬度，同时使心部获得足够的强度和韧性。由于 20CrMnTi 是细晶粒合金渗碳钢，故可在渗碳后经预冷直接淬火，也可采用等温淬火以减小齿轮的变形。

工艺路线中的喷丸处理，不仅可以清除齿轮表面的氧化皮，而且是一项可使齿面形成压应力，提高其疲劳强度的强化工序。

三、箱座类零件

这类零件一般结构复杂，有不规则的外形和内腔，且壁厚不均。这类零件包括各种机械设备的机身、底座、支架、横梁、工作台，以及齿轮箱、轴承座、阀体、泵体等。质量从几千克至数十吨，工作条件也相差很大。其中一般的基础零件如机身、底座等，以承压为主，并要求有较好的刚度和减振性；有些机械的机身、支架往往同时承受压、拉和弯曲应力的联合作用，或者还受冲击载荷；箱体零件一般受力不大，但要求有良好的刚度和密封性。

鉴于箱座类零件的结构特点和使用要求，通常都以铸件为毛坯，且以铸造性能良好、价格便宜，并有良好耐压、耐磨和减振性能的铸铁为主；受力复杂或受较大冲击载荷的零件，则采用铸钢件；受力不大，要求自重轻或要求导热良好，则采用铸造铝合金件；受力很小，要求自重轻等零件，可考虑选用工程塑料件。在单件生产或工期要求紧迫的情况下，或受力较大，形状简单，尺寸较大，也可采用焊接件。如选用铸钢件，为了消除粗晶组织、偏析及铸造应力，对铸钢件应进行完全退火或正火处理；对铸铁件一般要进行去应力退火或时效处理；对铝合金铸件，应根据成分不同，进行退火或淬火时效处理。

思 考 题

一、判断题

1. 失效是指零件在使用过程中发生破断的现象。　　　　　　　　　　　　　　（　　）

2. 由于一般非金属材料的成形工艺简单、成本低，所以应尽可能采用非金属代替金属件。　　　　　　　　　　　　　　　　　　　　　　　　　　　　　　　　　　　（　　）

3. 制作机械零件应采用结构钢，而不能采用工具钢。　　　　　　　　　　　　（　　）

4. 加工直径为 10 mm 孔所用的麻花钻，应采用 T10 钢制作。　　　　　　　（　　）

5. 毛坯成形方法的确定，主要考虑使用性、工艺性等，而与生产批量无关。　（　　）

6. 零件的经济性主要取决于原材料的价格。　　　　　　　　　　　　　　　　（　　）

7. 零件选材和毛坯成形方法往往是唯一的、不可替代的。　　　　　　　　　　（　　）

二、简答题

1. 选择材料的一般原则有哪些？简述它们之间的关系。

2. 汽车、拖拉机的变速器齿轮和后桥齿轮，多半用渗碳钢制造，而机床变速器齿轮又多半用中碳（合金）钢来制造，请分析原因。上述三种不同齿轮在选材、热处理工艺方面，可能采取哪些不同措施？

3. 某齿轮要求具有良好的综合力学性能，表面硬度 50～55HRC，用 45 钢制造。加工工艺路线为：下料→锻造→热处理→机械粗加工→热处理→机械精加工→热处理→精磨。试说明工艺路线中各个热处理工序的名称、目的。

4. 零件毛坯选择有哪些基本原则？应主要考虑哪几方面问题？

5. 请选择自行车链条片的材料、毛坯成形和热处理工艺。

6. 为什么齿轮多用锻件毛坯，而带轮、手轮多用铸造毛坯？

7. 零件的失效形式主要有哪些？

8. 零件失效的主要原因是什么？

9. 选择零件材料应遵循哪些原则？在利用手册上的力学性能数据时应注意哪些问题？

10. 选择零件毛坯应遵循哪些原则？

11. 毛坯质量检验常用方法有哪几种？

12. 零件的使用要求包括哪些？

13. 生产批量对毛坯加工方法的选择有何影响？

14. 为什么轴杆类零件一般采取锻件，而机架类零件多采用铸件？

附　　录

附录一　《金属材料与热处理》实验指导书

实验一　布氏硬度试验

实验目的

1. 了解布氏硬度测定的基本原理、应用范围及布氏硬度计的主要结构。
2. 掌握布氏硬度试验操作方法步骤。

实验设备及试样

1. 布氏硬度试验计（布氏硬度试验计如图1所示）。

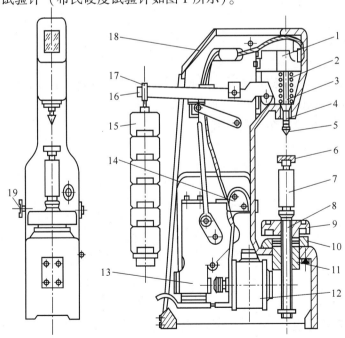

图1　HB—3 000 型布氏硬度机简图

1—小杠杆；2—弹簧；3—压轴；4—主轴衬套；5—压头；6—可更换工作台；
7—工作台立柱；8—螺杆；9—升降手轮；10—螺母；11—套筒；12—电动机；
13—减速器；14—换向开关；15—砝码；16—大杠杆；17—吊环；18—机体；19—电源开关

2. 读数显微镜（读数显微镜简图如图 2 所示）。

3. 淬火钢、退火钢、铸铁等试样。

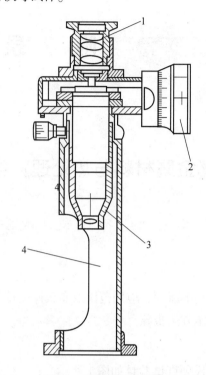

图 2　读数显微镜简图

1—目镜；2—读数指示套；3—物镜；4—镜筒

实验原理

用一定直径的钢球或硬质合金球，以相应的试验力压入试样表面，经规定时间后，卸除试验力，测量试样表面的压痕直径，如图 3 所示。根据压痕直径的大小，再从专用的金属布氏硬度数值表中查出相应的布氏硬度值。

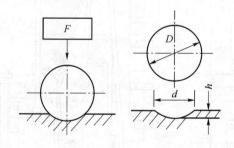

图 3　布氏硬度试验原理图

读数显微镜构造及使用

1. 读数显微镜构造如图 2 所示。

2. 使用步骤。

（1）将仪器放置于被测试件上，使被测试件的被测部分用自然光或灯光照明，使压痕清晰呈现。移动显微镜使上分划线的一根刻度线（或零线）与回转圆形压痕一边相切。

（2）转动读数指示套，带动下分划板上的刻度线移动，使之与圆压痕一边相切，如图4所示。

（3）上分划线上一格为 1 mm，读数指示套上一格为 0.01 mm。两种读出数相加之和即是该压痕的直径。

（4）在压痕的垂直方向上测两次，分别为 d_1、d_2，取 $d = (d_1 + d_2) \div 2$。

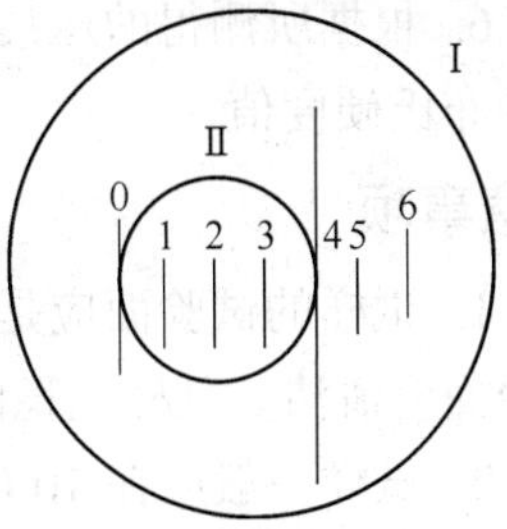

图4 测量示例

I—镜筒；II—压痕

实验步骤

1. 检验布氏硬度试验计工作是否正常。

2. 按照表1布氏硬度试验规范确定压头类型、试验力、试验力保持时间。

3. 将选择好的压头装入硬度计的主轴衬套内并紧固，调好实验力保持时间和试验力砝码。将试样平稳地放在工作台上，顺时针转动手轮，使试样测试表面垂直于压头加力方向，直至试样与球体紧密接触手轮空转时为止，即加预载荷 10 kgf（9.8 N）完毕。

表1 布氏硬度试验规范（GB 231—1984）

材料	硬度范围 /HBS	F/D^2 (0.102 F/D^2)	钢球直径 D /mm	试验力 F * /kgf	试验力保持时间 /s
钢、铸铁	140～450	30	10	3 000（29.42 kN）	10～15
			5	750（7.355 kN）	
			2.5	187.5（1.839 kN）	
	<140	10	10	1 000（9.807 kN）	10～15
			5	250（2.452 kN）	
			2.5	62.5（612.9 N）	
铜及铜合金	≥130	30	10	3 000（29.42 kN）	30
			5	750（7.355 kN）	
			2.5	187.5（1.839 kN）	
	36～130	10	10	1 000（9.807 kN）	30
			5	250（2.452 kN）	
			2.5	62.5（612.9 N）	
铝及铝合金	8～35	2.5	10	250（2.452 kN）	60
			5	62.5（612.9 N）	
			2.5	15.6（153.2 N）	

注：1. 当试验条件允许时，应尽量选用 ϕ10 mm 球；

2. 当有关标准中没有明确规定时，应使用无括号的 F/D^2。

4. 打开电源开关，待电源指示灯亮后，再启动按钮开关，当加荷指示灯明亮时，表示试验力开始加上，此时立即拧紧定时压紧螺钉（若为半自动布氏硬度试验计加载指示灯亮），即自动开始计时，达到预定加载时间后，加载指示灯灭，试验力自动卸除。

5. 关闭电源，反时针方向转手轮，使工作台下降，取下试样。用读数显微镜测量试样表面压痕直径 d 并记录实验数据，检查数据符合要求后，将砝码取下，以免影响硬度计的测量精度。

6. 根据所测得的压痕直径 d 和试验力大小，根据专用的《金属布氏硬度数值》查出相应的布氏硬度值。

注意事项

1. 试样的试验面应是光滑平面，不应有氧化皮及外来污物。试样支撑面、压头表面及试台面应清洁。试样应稳固地放置于试台上，保证在实验过程中不发生位移和挠曲。

2. 试样一般应在 10℃～35℃ 温度范围内进行。布氏硬度试样厚度至少应为压痕深度的 10 倍。试验后，试样支撑面应无可见变形痕迹。

3. 在每次更换压头、试台或支撑座后及大批试样实验前，均应按照 JJGI150—1983《布氏硬度计检定规程》对硬度计进行日常检查。

4. 压痕中心距试样边缘距离应不小于压痕平均直径的 2.5 倍，两相邻压痕中心距离不应小于压痕平均直径的 4 倍。布氏硬度小于 35 时，上述距离分别为压痕平均直径的 3 倍和 6 倍。试验后，压痕直径应在 0.24～0.26 之间，否则无效，应换用其他载荷做试验。

5. 注意安全用电。

试验结果及处理

1. 计算的硬度值大于等于 100 时，修约至整数；硬度值为 10～100 时，修约至一位小数；硬度值小于 10 时，修约至两位小数。（修约方法按 GB 1.1—1981《标准化工作导则编写标准的一般规定》执行）。

2. 应尽量避免将布氏硬度换算成其他硬度或抗拉强度。当必须进行换算时，应按照 GB 1172—1974《黑色金属硬度及强度换算值》、GB 3771—1983《铜合金硬度与强度换算值》及 GBn 166—1982《铜合金硬度与强度换算值》换算。

实验报告

实验二　　洛氏硬度试验

实验目的

了解洛氏硬度测定的基本原理及洛氏硬度计的主要结构。

实验设备及试样

1. 洛氏硬度计（洛氏硬度计简图如图 5 所示）。

2. 淬火钢、退火钢、铸铁等试样。

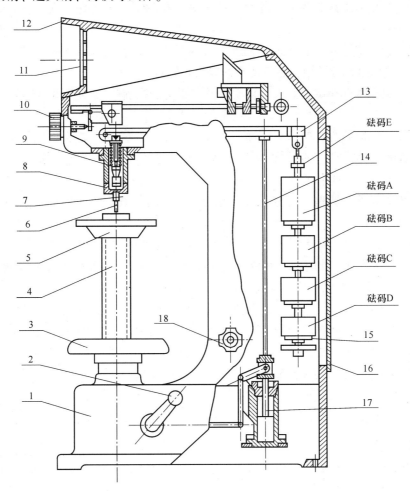

图 5　洛氏硬度计原理示意图

1—机身；2—手柄；3—手轮；4—丝杠；5—工作台；6—压头；7—紧固螺钉；8—主轴；9—弹簧；10—调整旋钮；

11—投影屏；12—顶罩；13—杠杆；14—撑杆；15—砝码台；16—后盖板；17—活塞；18—变换旋钮

实验原理

在初始试验力 F_0 及主试验力 F_1 的先后作用下，将压头（金刚石圆锥体或淬火钢球）

压入试样表面，经规定保持时间后，卸除主试验力。用测量的残余压痕深度增量计算硬度值。

实验步骤

1. 试样的准备：准备 3 件试样，试样被试表面应精细制备，使其平滑，不得带有油脂、氧化皮、漆层、裂纹、显著加工痕迹、凹坑和其他污物。否则必须清洗干净。

2. 工作台的选择及安装：工作台必须保证试样稳妥地置于其上，并使被试表面与压头垂直。

3. 总负荷的预选：总负荷的变换必须在试验前完成，在试验过程中切不可再进行变换，否则易使压头遭到损坏。根据试验方法和试样厚度，选择 150 kg 的试验负荷。

4. 将机身后端电源插头接上电源后，打开机身右侧下方的光源开关，使在投影屏上能看到清晰的影像。

5. 根据试验要求选用 120° 金刚石压头，并将压头安装在主轴 8 的孔中，安装时应使压头的肩部与主轴端面紧密接触，然后适当拧紧紧固螺钉 7。

6. 根据试验需要选择试验负荷，转动机身右侧的变换旋钮 18 使所需 150 kg 的试验负荷数字对正标记。

7. 将手柄 2 推向后方，然后将试样放在工作台 5 上，转动手轮 3 使试样的试面与压头接触，继续缓慢转动手轮，使试样继续升高，此时投影屏上的基线（横线）与左边刻度 "100" 接近重合（上下偏移不大于 5 小格）。

8. 旋转投影屏下的调整旋钮 10，使分划板上的刻度 100 与投影屏横线重合。此时预负荷 10 kg 业已施加在试样上。

9. 拉动手柄 2，使其离开死点位置，则主负荷缓慢施加在试样上，投影屏上的刻线慢慢回行而停止在一定位置，此时标尺所指示的压痕深度，是在总负荷作用下试样的弹性变形也计算在内，因此不能以此作为硬度的读数。

10. 将手柄 2 推向后方，使主负荷卸除，此时试样受 10 kg 的初负荷，压痕的弹性已恢复。此时投影屏上横线对准标尺的数字，即为洛氏硬度值。如果用金刚石圆锥压头，施加 60 kg、150 kg 负荷，则在投影屏的左边上读出 HRA 或 HRC。如果用直径为 $\phi 1.588$ mm 钢球压头，施加 100 kg 负荷，则在投影屏的右边上读出 HRB。

11. 降下工作台取出试样。

在每个试样上测试次数不少于 3 次，取平均值为所测硬度值。

注意事项

1. 试样的试验面、支承面、试台表面和压头表面应清洁。试样应稳固地放置在试台上，以保证在实验过程中不发生位移及变形。

2. 在任何情况下，不允许压头与试台及支座接触。试样支承面、支座和试台工作面上均不得有压痕。

3. 在实验过程中，实验装置不应受到冲击和振动。

4. 调整示值指示器至零点后，应在 2～8 s 内试加全部主试验力，不得有冲击和振动。

试样两相压痕中心距离至少应为压痕直径的 4 倍，但不小于 2 mm。任一压痕中心距试样边缘距离至少应为压痕直径的 2.5 倍，但不得小于 1 mm。

实验结果处理

1. 实验报告给出的洛氏硬度值应精确到 0.5 个洛氏硬度单位。

2. 应尽量避免将洛氏硬度值换算成其他硬度或抗拉强度，当必须进行换算时，应按照 GBn 166、GB 1172、GB 3771 换算。

实验报告

实验三　金相实验

实验目的

1. 掌握钢在平衡状态下的显微组织，加深对化学成分、组织与力学性能之间的相互关系的理解。掌握常用铸铁石墨的形态、形成过程及石墨的形态与力学性能之间的相互关系。

2. 了解金相试样的制备过程及金相显微镜的大致结构。

3. 了解金相显微镜的使用方法。

实验设备及试样

1. 金相显微镜（金相显微镜结构如图6所示）

2. 标准试样一套。

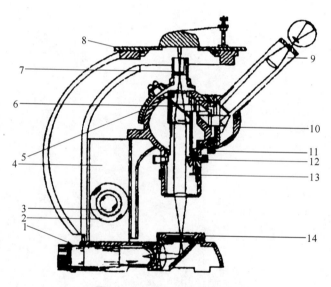

图6　金相显微镜结构简图

1—偏心圈；2—粗调焦距手轮；3—微调焦距手轮；4—传动箱；5—转换器；6—半反光镜；7—物镜；
8—载物台；9—目镜；10—目镜管；11—固定螺钉；12—调节螺钉；13—视物光栅圈；14—孔径光栅

实验原理

经抛光后的试样一般情况下看不到显微组织，因此，试样必须进行化学浸蚀。将抛光后的试样磨面浸在浸蚀剂中，在化学溶解或电化学腐蚀的作用下，由于浸蚀界面上原子排列错乱，各个晶粒的位向不同，各种组成相的物理化学性能和相界面电位有别，因此，受腐蚀的程度也不一样，在显微镜光束照射下，具有不同的反光相能，从而可以看到其显微组织。如图7所示。

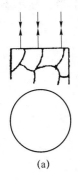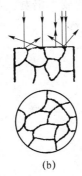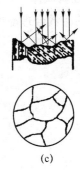

(a)	(b)	(c)

图 7 金相浸蚀原理图

(a) 抛光面, 不显示组织; (b) 浸蚀适度, 显示出晶界 (凹陷处);
(c) 浸蚀过度, 显示出晶粒明暗

实验步骤

1. 准备好金相标准试样一套, 按观察试样所需总的放大倍数, 选配好金相显微镜的物镜和目镜, 并装在显微镜上。移动载物台, 使物镜位于载物圈的孔中央, 然后将试样的观察面正对物镜倒置在载物圈上, 并扣上压片弹簧夹。将显微镜光源灯泡 (6 ~ 8 V) 接入变压器的低压一端, 变压器的高压一端与 220 V 电源连接, 注意勿将灯泡直接与 220 V 电源相接, 以免烧坏灯泡。

2. 用双手慢旋粗调焦距手轮, 使试样缓慢靠近物镜, 同时在目镜上观察, 视场由暗到亮, 调至看到组织。然后再旋动微调焦距手轮, 直到看到最清晰图像为止。调节动作要缓慢, 勿使试样与物镜相碰。加入滤色玻璃片, 调节孔径光栅, 以成像清晰为宜。调节视场光栅, 一般观察时, 通常将视场光栅调节到恰恰大于所选目镜的视场即可。

3. 绘制所观察到的显微组织示意图。

4. 重复上述步骤, 观察其余试样的显微组织。

5. 观察完毕, 应立即关灯, 关掉电源, 盖上防尘罩。

注意事项

1. 在观察时, 每当更换目镜或物镜, 均应相应调节孔径光栅或现场光栅。

2. 显微镜的镜头切忌用手指触摸, 清洁镜头应使用镜头纸, 严禁用普通纸张或手巾等去擦拭。

3. 使用微动手轮调焦时, 微动指示刻线不得超过上下极限刻线, 否则, 将扭坏传动齿轮, 使微调机构失效。

实验结果处理

1. 从显微镜观察到的个别图形, 有时会误认为是组织的组成物。例如镜头上的灰尘、试样表面的 "金属扰乱层"、锈蚀或污物以及试样浸蚀过度等现象, 都会使观察时出现假象, 应仔细鉴别, 经消除后, 再重新观察。

2. 观察金属试样时选配显微镜合适的放大倍数，如放大倍数不当，显示不清，可调换目镜或物镜的倍数合理配用，重新进行观察。

实验报告

附录二　硬度换算表

硬度换算表：布氏硬度与洛氏硬度									
布氏硬度 HB	洛氏硬度　HR			抗拉强度	布氏硬度 HB	洛氏硬度　HR			抗拉强度
硬质合金球 3 000 kg	标尺 A 60 kg	标尺 B 100 kg	标尺 C 150 kg	（约磅/英寸²）	硬质合金球 3 000 kg	标尺 A 60 kg	标尺 B 100 kg	标尺 C 150 kg	（约磅/英寸²）
—	85.6	—	68.0	—	331	68.1	—	35.5	166 000
—	85.3	—	67.5	—	321	67.5	—	34.3	160 000
—	85.0	—	67.0	—	311	66.9	—	33.1	155 000
767	84.7	—	66.4	—	302	66.3	—	32.1	150 000
757	84.4	—	65.9	—	293	65.7	—	30.9	145 000
745	84.1	—	65.3	—	285	65.3	—	29.9	141 000
733	83.8	—	64.7	—	277	64.6	—	28.8	137 000
722	83.4	—	64.0	—	269	64.1	—	27.6	133 000
712	—	—	—	—	262	63.6	—	26.6	129 000
710	83.0	—	63.3	—	255	63.0	—	25.4	126 000
698	82.6	—	62.5	—	248	62.5	—	24.2	122 000
684	82.2	—	61.8	—	241	61.8	100.0	22.8	118 000
682	82.2	—	61.7	—	235	61.4	99.0	21.7	115 000
670	81.8	—	61.0	—	229	60.8	98.2	20.5	111 000

　　根据德国标准 DIN50150，以下是常用范围的钢材抗拉强度与维氏硬度、布氏硬度、洛氏硬度的对照表。

抗拉强度 $\sigma_{\rm b}$ /$(\rm N \cdot mm^{-2})$	维氏硬度/HV	布氏硬度/HB	洛氏硬度/HRC
250	80	76.0	—
270	85	80.7	—
285	90	85.2	—
305	95	90.2	—
320	100	95.0	—
335	105	99.8	—
350	110	105	—
370	115	109	—
380	120	114	—

参 考 文 献

[1] 赵忠．金属材料及热处理[M]．北京：机械工业出版社，2007.
[2] 刘会霞．金属工艺学[M]．北京：机械工业出版社，2001.
[3] 孙学强．机械制造基础[M]．第二版．北京：机械工业出版社，2008.
[4] 罗会昌．金属工艺学[M]．北京：高等教育出版社，2001.
[5] 王雅然．金属工艺学[M]．第二版．北京：机械工业出版社，2007.
[6] 郁兆昌．金属工艺学[M]．第二版．北京：高等教育出版社，2006.
[7] 刘劲松．金属工艺基础与实践[M]．北京：清华大学出版社，2007.
[8] 凌爱林．工程材料及成型技术基础[M]．北京：机械工业出版社，2005.
[9] 成大先．机械设计手册[M]．北京：化学工业出版社，2002.
[10] 丁德全．金属工艺学[M]．北京：机械工业出版社，2003.
[11] 王正品．金属功能材料[M]．北京：化学工业出版社，2004.
[12] 邓文英．金属工艺学[M]．第五版．北京：高等教育出版社，2008.
[13] 罗吉相．金属工艺学[M]．第二版．武汉：武汉理工大学出版社，2010.
[14] 张至丰．金属工艺学[M]．北京：机械工业出版社，2009.
[15] 司乃钧．金属工艺学[M]．北京：高等教育出版社，2001.